住房城乡建设部土建类学科专业"十三五"规划教材

高等学校风景园林（景观学）专业推荐教材

景观游憩学

Introduction to Landscape Recreation

吴承照　著

中国建筑工业出版社

图书在版编目（CIP）数据

景观游憩学 = Introduction to Landscape
Recreation / 吴承照著.—北京：中国建筑工业出版
社，2021.12
住房城乡建设部土建类学科专业"十三五"规划教材
高等学校风景园林（景观学）专业推荐教材
ISBN 978-7-112-26749-1

Ⅰ.①景… Ⅱ.①吴… Ⅲ.①景观学 Ⅳ.①P901

中国版本图书馆CIP数据核字（2021）第211277号

为了更好地支持相应课程的教学，我们向采用本书作为教材的教师提供课
件，有需要者可与出版社联系。
建工书院：http://edu.cabplink.com
邮箱：jckj@cabp.com.cn 电话：（010）58337285

责任编辑：陈 桦 王 跃 杨 虹
文字编辑：柏铭泽
责任校对：张 颖

住房城乡建设部土建类学科专业"十三五"规划教材
高等学校风景园林（景观学）专业推荐教材

景 观 游 憩 学
Introduction to Landscape Recreation
吴承照 著

*

中国建筑工业出版社出版、发行（北京海淀三里河路9号）
各地新华书店、建筑书店经销
北京雅盈中佳图文设计公司制版
河北鹏润印刷有限公司印刷

*

开本：787 毫米 ×1092 毫米 1/16 印张：$20\frac{3}{4}$ 字数：418 千字
2022 年 7 月第一版 2022 年 7 月第一次印刷
定价：59.00 元（赠教师课件）
ISBN 978-7-112-26749-1
（38570）

前 言

本教材主要包括 8 章内容：基本原理、价值与资源、活动行为、健康影响、生态影响、规划设计、体验增强、综合效益。

第 1 章在系统总结分析国内外有关景观与游憩关系研究成果基础上，提出景观游憩学的七大理论，正是这些理论的存在，才使景观游憩学具有强大的生命力，在学科发展与规划设计实践中具有不可替代的价值。

第 2 章主要阐述游憩价值与资源分类及其评价方法，掌握如何科学识别景观游憩价值及其资源特征，深刻理解游憩需求的景观响应机制及其供需匹配关系。

第 3 章主要介绍游憩活动分类系统、时空行为、地域行为特征及其研究方法，深刻理解游憩行为的时间、空间、地域性规律，了解不同地域游憩活动相互关系、行为模式及其组合特征，了解景观与游憩供需关系中的需求行为特征。

第 4 章主要介绍景观与游憩交互作用的健康效应及其影响机制，健康影响是国内外学者日益关注的研究领域，景观特质、景观尺度、游憩行为方式等对健康影响均不相同，不同患者对景观特质感知也不相同，相应具有不同疗愈效果。景观游憩健康效应的深入研究极大地推动了风景园林学理论发展，从美学理论、生态理论走向健康理论体系的建构。

第 5 章主要介绍景观与游憩交互作用的生态效应及其影响机制，从生态要素影响、生态系统影响二个层面总结国内外研究成果、研究方法趋势及在国家公园管理中应用。了解景观游憩价值实现所产生的生态变化机制，为景观游憩资源可持续利用奠定科学基础。

第 6 章主要介绍游憩策划与规划设计方法，把理论与实践紧密结合起来，建立面向社会健康发展的景观环境规划设计方法，重点研究城市游憩系统空间布局、国家公园游憩规划设计方法、游憩环境与设施设计，游憩策划与规划设计理论方法技术的发展有力提升了风景园林学应对社会经济发展需求的能力。

第 7 章主要基于景观信息场理论讨论景观游憩体验增强的规划设计方法，探讨人与景观环境之间的信息交流机制，以及信息交流有效性评价方法，以瘦西湖世界遗产为例分析景观价值与游客实际获取信息之间的差距及其形成原因，在此基础上初步提出信息有效性评价以及信息增强途径及其规划方法。

第 8 章主要从理论应用与管理实践角度讨论景观游憩在经济、社会、文化发展、国土空间规划、自然保护事业中的作用，景观游憩产业化的途径与调控政策，揭示了世界国家公园及自然保护地管理模式产生的内在理论基础，强调基于可持续性的人地空间关系设计必须重视空间与需求、功能、管理的结合，四位一体是风景园林规划设计的必然趋势。

同景观游憩学最密切的学科是风景园林学、城乡规划学、医学、生态学、社会学、地理学、环境心理学等，景观游憩学既具有理论性又具有实践性。其理论性体现在以科学研究为基础对户外游憩发生发展规律性的分析及其与景观环境互动关系的机理的解释，资源保护、可持续利用与管理机制研究，其实践性主要集中于景观游憩策划与旅游规划设计、自然资源保护利用与管理、城市开放空间系统规划等三个方面，基础性、应用性、综合性是其三个基本性质。

本教材由国家自然科学基金项目资助（50478102，51278347，32071835）。

本教材配有 MOOC 课程，感兴趣的读者请登录智慧树（www.zhihuishu.com），中国大学 MOOC（www.icourse163.org）同步学习。

目 录

绪　论

当代社会一个突出的热点就是强调资源循环利用（Reuse）、城市更新（Regeneration）、生态恢复（Restoration）等，我们生活在"Re"时代，这些"Re"的共同特点是强调物质资源与物质空间的再利用，低碳、高效、循环，实际上我们生活的社会、每个家庭、每个人更需要再生，在紧张的生活节奏和竞争压力下身心需要一个健康的恢复机制和健康的生活环境，这个再生对应的英文单词即是"Recreation"，中文译为游憩。游憩是闲暇时间内从事积极健康的行为活动，是人类生存与发展的必要性活动之一，游憩同其他行为活动的本质区别是强调身心再生——个人再生、家庭再生、社会再生，在紧张工作之余需要调节恢复身心健康、培育家庭情感、促进社会发展。影响游憩质量的主要因素是时间与环境，环境包括物理环境、生态环境和社会环境。闲暇时间长短取决于科技水平、工作制度以及个人家庭发展计划，环境质量与环境供给水平直接影响着游憩质量。测量游憩质量的主要指标是健康影响程度与健康水平，按照世界卫生组织关于健康的定义，分生理、心理、精神、社会健康四个方面，这 4 个维度的变化因人而异，因环境而异，具有普遍性，也有特殊性，景观游憩学主要任务是研究发现普遍性规律、揭示特殊性内在机理。

对"景观"一词的理解主要是对"观"字的理解，"观"即看，这是比较普遍的理解，实际上还另有三层含义：看到的样子、建筑（如道观）、思想观念或价值观、世界观等，综合这些理解，可以发现"景观"的内涵是很丰富的，不仅仅是外在的视觉的景象，还有景观建筑、风景的思想观念等内涵，景观同风景园林的关系本质上是社会分层的关系，皇家园林、私家园林代表的是两个不同社会阶层的生活景观，风景名胜代表的是名人雅士与宗教活动景观，对于普通百姓来说日常生活环境是最基本的社会景观，我们称之为人民景观。

景观环境是每个人日常生活的户外空间，人与环境关系一般分为物质与精神关系，早在 2000 年前孔子即说过大自然不仅提供人类食物，也给人类带来精神愉悦，健康是人与环境的物质与精神关系综合作用的产物。

物质关系主要是生存关系，物流、能流、信息流的交换关系，按照生态系统服务理论，调节、供给、支持服务属于人与自然的物质关系，自然界为人类提供空气、水、食物、材料、能量等，维持人类的生存状态，人类利用自身的学习智慧，不断发明创造，自然资源的使用从木材、石材到遗传基因、微量元素提取，科技发展对自然资源利用日益精细化，人与环境物质关系日益精密化、精确化。

精神关系包含哲学层面上的思想意识价值观、世界观、自然观、宇宙观，以及心理层面上的情绪、情感，如兴奋激动、平静满足、抑郁紧张等，环境属性对精神影响差异很大，大面积自然荒野景观、风景独特景观、优美的建筑环境、城市拥挤环境、杂乱无序的景观，噪声、污染、拥挤等对心理、精神影响差异比较大。

健康关系是物质与精神关系的综合效应，既有刚性一面，也有柔性、可塑性一面，景观设计与行为活动是重要调节手段，近几年学界对此关注日益增加。景观环境的审美过程是情感情绪调节过程，是精神滋养过程，不同行为方式调节效果不同。

从人居环境角度分析景观环境与人类关系，可概括为"真、善、美"关系，"真"即科学，安全居住、安全生活，影响对居住环境——栖居地的选择行为，亲近感与陌生感、简单性与复杂性、安全与危险的直觉感知；"善"即充足的资源、宜人的气候；"美"即优美的风景、精神的愉悦，对情感与情绪的调节，对价值观的影响，培育家园的记忆和识别，帮助辨认故乡，如英格兰北部的湖区、欧洲的阿尔卑斯山、杭州的西湖、安徽的黄山，地域景观被赋予一种精神与灵魂，又如中国传统乡村土地中有山神、土地神、海神、河神等。景观的意义是景观设计必须遵循的基本原则，抚育心灵拯救社会。景观对人类精神的影响还受到主观因素的干扰如经历、教育、文化传统、私人生活、记忆和理性等。

随着科技发展，人们闲暇时间日益增多，如何科学合理使用闲暇资源是人类社会面临的重大问题。闲暇文明是继农业文明、工业文明、信息文明之后的一种重要文明形态，又称休闲文明或游憩文明，闲暇文明的突出特征是基于个性重建的一种崭新的积极生活方式，社会交往、健康生产与知识创造是闲暇使用的主要形态，也是精神文明发展的动力来源。闲暇文明中的人与自然关系更加和谐、融合，休闲游憩是景观发展的重要动力之源。学习景观游憩学，对风景园林发生、发展的规律与特征的认识更加清晰，对风景园林的未来发展有更准确的把握。创造空间，引领生活，为生活而设计。

景观游憩学是闲暇游憩学与风景园林学两个相对独立学科的交叉学科，闲暇游憩学主要是社会经济及其文化科学领域对游憩的系统研究，探讨价值观、社会经济发展、文化发展、健康发展与游憩的互动关系，为国家制定游憩政策提供依据，涉及的学科有经济学、社会学、文化学、心理学、地理学、法律学等。风景园林学的核心目标之一就是游憩境域的规划设计与营造，为人类创造丰富多样的健康的生活环境，闲暇游憩学为游憩境域的营造与发展提供了重要理论支撑。

景观与游憩关系是人与自然关系的重要组成部分，景观游憩过程可以概括为美育、体育、智育、德育过程，景观环境对人的精神与健康影响过程是通过活动行为过程来实现的，人与自然的游憩关系是风景园林学的核心理论，游憩境域是风景园林规划设计追求的终极目标。自然属性不同，人地关系不同，荒野自然、近自然、人工自然与棕地游憩价值不同，设计目标也不相同。从游憩价值角度研究景观，发现不同层次、不同地域、不同属性的景观有游憩价值的共性，也有游憩独特性，景观规划设计所追求的理想目标就是使景观基本功能满足的同时游憩效益最大化。

景观游憩学是研究景观与游憩交互影响的科学，包括景观对个人的身心健康调节、恢复作用，以及对社会再生与健康发展的调整和促进作用。其中景观环境对人类身心恢复调节中的作用和途径是目前最为关注的研究内容，从风景美学走向景观疗愈功能是风景园林学科理论科学化的重要发展，主要呈现为三大核心方向：一是景观空间与游憩行为、体验、健康、生活方式的互动关系，二是游憩与生态系统的关系，三是资源可持续利用与管理的关系。景观是地球表层的物质形态，是地质、地貌、水文、植被、土壤、气候等自然要素的综合体，是人类游憩活动的直接载体，给人以情感与愉悦，也要求人类必须在其生态承受能力的范围之内活动，才能实现可持续利用。可持续管理是协调景观资源保护与游憩发展矛盾之间的必然选择，是维护资源可持续利用与游憩旅游可持续发展动态平衡的一种管理模式，借助于现代信息技术与动态监控技术，对游憩地域生态系统、资源环境变化、游憩体验质量等进行监测和评估，从宏观与微观层次、系统与要素层次等方面进行评估与调控。景观游憩学的基本思想是创造丰富多样的户外游憩空间，创新生活多样性，积极促进户外运动社会的发展，促进国民健康水平的提升与资源的持续利用。

景观游憩学涉及三个因素：人、环境、管理，是跨学科的综合性研究，实验室研究与野外调查研究相结合。主要研究方法有科学实验、野外调查、信息技术应用、统计与模型分析、大数据行为分析评价与制图等。建立实验室开展科学实验是风景园林学科学化的重要进展，主要分两个方面：一是景观游憩的健康影响实验，使用 VR 和医学监测仪器，对研究样本生理指标的医学监测，建立健康影响相关分析模型，目前有很多便携式仪器，可以在野外开展实地监测；二是景观游憩的生态影响实验，利用生态影响监测仪器对土壤、水质、大气、噪声、植被等进行监测，建立分析模型，研究游憩行为的生态影响机理。

以大数据为代表的现代信息技术在游憩行为监测分析中逐渐得到广泛使用，GPS/GIS 同能量消耗仪的综合使用有效解决了行为分布、活动强度与景观环境的空间相关机制建设的问题，结合情绪量表的使用可以精准掌握研究样本游憩行为同景观环境的交互关系机制。

第 1 章

景观游憩基本理论

1.1 游憩的性质与内涵界定

1.1.1 游憩内涵多重性

游憩有三重含义：一是时间层面上的概念，同闲暇紧密关联，是闲暇时间内从事积极健康的活动，与休闲同义；二是价值层面上的概念，同健康、文明、精神、社会文化、经济发展联系在一起，强调游憩的意义与价值，这一层面很多学科如社会学、心理学、文化学、人类学等都在研究；三是空间环境层面上的概念，同景观环境、设施联系在一起，可规划、可设计、可运作、可管理，这一层面同风景园林、城市公园、国家公园、遗产保护利用规划与管理、自然资源保护与管理等学科密切相关。

国际上围绕游憩形成两支队伍：一是学术研究与人才培养，以不同层次专业、学术研究机构、规划设计机构为载体，在这个层面上对"Recreation"的内涵与外延界定比较混乱，国内对此的翻译也比较多，如休闲、游憩、娱乐、康乐、旅游等；二是政府管理、各类社会组织及俱乐部（商业或非商业），游憩产业稳步快速发展。游憩学是门跨学科、多层次、内涵丰富的综合性学科，其社会目标是积极倡导户外运动社会的健康发展，创造资源可持续利用的生态文明城市和充满生活情趣的公园城市。从 IFPRA，IFLA，ASLA 研究成果以及美国一些大学公园游憩与旅游（PRT）系专业设置来看，户外游憩是游憩学的主流研究方向，而这一方向的核心就是自然资源保护利用与管理的综合研究，现在国内一些学者介绍的 LAC，ROS，VERP，VIM 等理论就是这一领域的重要理论。

闲暇与游憩密切关联，闲暇具有双重性，既是时间的概念又是休闲游憩的概念，工作之余自由支配的时间即为闲暇时间，在闲暇时间内自主发生的积极活动即为游憩，有再构筑、再创造、再恢复之意；随着科技发展，闲暇时间日益增多，闲暇成为社会发展的一项重要资源，如何科学合理使用闲暇资源是人类社会面临的重大问题。闲暇文明中的城市形态是以自然游憩系统为主导的空间形态，自然中的城市与城市中的自然和谐统一。

旅游与游憩是因果关系，应为游憩需求而外出旅行，旅行需要经济支持，因为消费而能带动相关产业发展，具有经济性、商业性，旅游业因此被定义为服务业、经济产业。旅游的本质是游憩性的、非商业的，需要服务业支持，但不等于服务业，这一点在理论上应该严格区别开来。

游憩空间一般分基本空间与体验空间两类，现在有关体育运动的基本空间的设计标准基本同国际标准接轨，如篮球场、网球场、游泳池等，但有关露营、野餐、健行等在我国日益兴起的户外游憩活动缺少相关规划设计标准，体验空间标准也基本空白。当前我们需要研究以至解决两大问题：一是游憩思想与理论同风景园林规划设计、城市规划设计的紧密结合，融为一体，如同生态思维、审美思维一样，形成风景园林师的游憩思维，拓展风景园林学科视野与基础，为实现为生活而设计的理想奠定根本基础，积极推进城市开放空间系统规划研究与实践；二是针对我国社会生态游憩需求与生态环境保护的突出矛盾，探讨资源保护利用与管理一体化的规划方法。

从游憩角度重新认识城市空间、资源环境的价值，历史文化、农业、森林、水体、湿地、草地等对游憩的价值，对健康的价值，对儿童成长、情感联系的重要性。

景观对个人或社会的精神与健康的积极调节作用，无论通过视觉或其他各类活动来获取这种效果通称为游憩，是景观精神与健康功能的通称，这种功能是人与环境之间交互行为来实现的。

1.1.2 游憩与生活的关系

休闲游憩是人类生活的重要组成部分，从古代特殊阶层转向现代社会的大众化，已经成为一种社会现象和社会问题，是经济社会发展的双刃剑，是政府的重要责任。适宜游憩机会的提供是满足认知与审美需求（Maslow，1954）的关键，户外游憩给很多人带来愉悦与激情，在人类文明进程与框架中，休闲游憩从相对不重要的边缘逐步走向生活中心、社会中心的位置上，从少数人的独享变成多数人的权利，户外游憩潜在的商业机会被扩展为一种"大商业"现象。

1996 年中国社科院的一项调查就揭示了中国城市居民闲暇时间超过工作时间，哈尔滨、天津、上海三城市居民每周当中平均一天的工作时间为 261.43 分钟，闲暇时间 336.99 分钟，差 75.56 分钟，在一周的时间周期中闲暇时间比工作时间多 528.92 分钟，约 9 个小时，年闲暇时间比工作时间总量多 550 个小时，双休日、10 个法定假期合计 114 个带薪休假日，闲暇时间超过了工作时间，从时间比例结构来看，中国似乎已进入闲暇社会，但在国民心态上人们并没有感受到闲暇社会的到来，每个人都在紧张忙碌中。休闲游憩发生于非工作时间，但日益商业化，游憩需要人花钱去买"时间"、交通与资源，汽车、通信与财富的增加促进了休闲社会的到来，但事实上社会价值体系与经济结构的制约使休闲社会并没有很快到来，社会价值系统是通过奖金激励工作，社会经济结构—共同资本主义—需要大众消费、大众游憩而不是闲暇自由（Kando，1975）。从个人角度，休闲游憩储备能量用于工作，从社会角度，休闲游憩维护、支持经济系统。

游憩与生活的关系可以从需要论、层次论、生态论、圈层论等 4 个理论中得以清晰体现。

1. 马斯洛生活需要理论把人的需要分 5 个阶段：生理、安全、尊重、爱、健康与自我实现，游憩是第一与最后一个阶段的重要目标与载体。

2. 生活层次理论（层次论）基于普通正常人的日常生活特征，分三个层次：第一、第二、第三生活，游憩是第三生活方式。

第一生活：休息、饮食、排泄、生殖。

第二生活：家务、生产、交换、消费。

第三生活：表现、创造、游戏、冥想。

3. 生活圈理论（圈层论）基于人类日常生活行为的空间分布特征，提出基本生活圈、必要生活圈、享受生活圈等以住居为中心的常态生活行为空间分布特征，不同发展阶段的居民生活圈领域范围不同，在以畜力为主的农业社会的居民生活圈远远小于现代社会的居民生活圈。

4. 生活生态理论（生态论）是在综合生活层次理论和生活圈层理论基础上，针对日常生活中人的行为与环境相互关系的稳定状态呈现出特定的时序性与领域性，是一种生活生态现象。人与其所处的物质环境、社会文化环境之间的相互交流、相互作用的稳定状态呈现出一种生活方式、一种社会文化生态景观。

对游憩双重性的理解与时间、空间、目标有关，对于一个具体的游憩地来说，可以把游憩作为活动、行为来理解，我们关心的是该地域开展什么游憩活动更合理？对环境带来什么影响？如何控制、引导？从国家与城市长远发展的角度，把游憩作为国民健康战略的重要组成部分，我们关心的是游憩对健康的生活方式、生活质量的影响以及国家与城市游憩资源开发战略。

1.1.3　游憩与健康的关系

户外活动不足是当今城市居民重点关注的健康问题，是造成死亡、疾病和残疾的重要潜在危险因素。世界卫生组织（WTO）基于全球调查提出：户外活动不足或静坐生活方式是全世界引起死亡的前 10 位原因之一，全球有 60%~85% 的成年人没有达到维持健康所需的户外活动水平，每年有超过 200 万人死因源于体力活动不足；久坐生活方式增加了患病的概率，使心血管疾病、糖尿病、肥胖发生的概率增加 1 倍，并很大程度上增加了结肠癌、高血压、骨质疏松、抑郁或焦虑发生的概率。

引起久坐行为的主要因素是个体、社会文化、物质环境等，现代社会对基础设施的巨大投入，促使人们养成了久坐的生活方式。

游憩与健康关系研究的难点在于户外活动对健康影响的测量，现代意义上的健康已不是单纯的生理健康，按照世界卫生组织的定义，健康包括生理、心理、精神、社会等方面的综合状态，穆斯（Moos）社会生态学模型提出 4 组与健康有关的环境因素：物质环境（自然、人工）、组织环境、人群、社会风气。

$$H=f\ (P,\ L,\ E)$$

式中　　P——个人的生物学特性；

　　　　L——生活方式；

　　　　E——环境。

　　用生态学知识解释健康的决定因素、理解健康问题；采取综合性措施来影响健康的决定因素。

　　环境对健康的影响因子主要有机构水平、社区水平、政策水平等三个方面。

　　机构水平：学校教育、工厂鼓励、卫生服务中心与保险公司的促进；

　　社区水平：社区游憩组织、便利设施方便性、密度直接影响居民的户外行为；

　　政策水平：间接水平，大量修建快速公路，对步行系统投入不足，学校体育设施投入减少，大楼中心步行楼梯的关闭等。

1.1.4　游憩与环境的关系

　　游憩与环境的关系包括游憩与自然环境的关系，以及游憩与建成环境的关系，游憩—环境系统是人地系统中的一个子系统，生态学中的一个分支—游憩生态学。

　　广义游憩生态学研究所有游憩活动之间的协调机理，包括游憩与环境、游憩与社会、游憩与文化等多方面的关系。

　　狭义游憩生态学专门研究游憩与自然环境关系，揭示游憩与环境相互作用的机理，自然生态系统在游憩作用下发展演变的规律，以及环境特征对游憩体验的影响机理。不同地域游憩与环境相互关系不同，游憩行为与游憩地之间有着作用与反作用的关系，游憩地对人类游憩行为有一定的引导作用和限制作用，反过来人的行为对游憩地的环境会造成一定的影响。

1.1.5　游憩与土地的关系

　　土地是游憩的载体，各种形态的土地为丰富多样的户外游憩活动提供了丰富的资源如湖泊、河流、山地、森林、沙漠、冰雪、湿地、田园等，土地格局与土地生态属性决定土地游憩适宜性与规模性，土地的社会属性、文化属性、政治属性决定了土地开展游憩活动的社会成本、文化成本与政治成本。生存环境、生活环境与城市规划向更加科学化、人性化方向迈进，城市户外环境越来越休闲化，逃离空间越来越少。

1.1.6　游憩与人居环境的关系

　　游憩是人类生活的必要组成部分，是人类精神文化活动、健康发展、知识创造、自我发展的重要载体，是人居环境系统的重要组成部分，人居环境分自然环境、生产环境、生活环境、游憩环境等四部分，自然、生产、生活环境同样具有游憩功能，游憩多样性创造了丰富多彩的人居环境。现代公园城市理论发展强调城市公园化，自然系统资本化，强调景观绿地生态价值转化与生活生产空间的自然系统游憩价值。1933 年《雅典宪章》提出游憩是城市四大功能之一，现有城市普遍缺乏绿地和空地，新建住宅区应预先留出空地作为建造公园、运动场和儿童游戏场之用，在人口稠密地区，清除旧建筑后的地段应作为游憩用地，城市附近的河流、海滩、森林及湖泊等自然风景优美的地区应加以保护，以供居民游憩之用。

1.1.7 影响户外游憩活动的因素

户外游憩同很多活动一样，人们对户外游憩机会的使用程度受到多种因素的制约，如年龄、性别、阶层、收入、种族、设施与机会的缺乏、不适宜的政策、规划与管理等，户外游憩对自然环境的压力日益增大，在家庭、社区及区域的经济影响中日趋重要，在政治决策中享有较高的优先权，对规划师与决策制定者是一个很大的挑战，从某种程度上来说，这些挑战也是"极好的任务"，没有对与错的答案，规划、管理与政治是全方位开放的。

自然环境下的游憩体验与建成环境下的游憩体验需求是不同的，前者涉及自然资源保护、可持续利用与管理，后者与建成环境的可持续发展密切相关，两者的共同特点是物质环境与功能的协调性。

自然系统是户外游憩的生态与物理空间基础，气候、地貌、水体、生物等多样性为户外游憩提供了多样的游憩环境。闲暇、收入、流动性、人口、年龄、教育、土地制度等社会因素影响游憩偏好、规模，土地制度影响游憩供需平衡关系。距离与交通便捷程度影响游憩地类型与分布、使用密度与频率，19 世纪 70 年代每天游憩距离 4.8km，20 世纪 80 年代 96km，周末与假期距离从 16km 扩展到 320km（高速公路、高铁等）。技术发展特别是交通技术发展直接导致时空压缩，极大改变了传统旅行游憩的时空格局，创新了更加多样的户外游憩活动，如深海潜水、极地运动、登山、滑雪、滑翔、低空飞行、自然教育等。

1.2 景观与游憩的交互动力

1.2.1 游憩是景观创新与发展的动力

景观是游憩的空间载体与容器，景观具有多重功能，游憩是基本功能之一，也是终极目标。游憩使自然景观人文化，人文景观厚重化，自然生态系统演变为人文生态系统、宗教名山、风景名胜等。根据现代人的需求创造出独特的主题景观体验，这些景观多数具有可复制性和明显的生命周期，如各类机械游乐园、高尔夫球场、水上乐园等。

游憩需求是风景园林发展的直接动力，中国 2000 多年以小农经济为基础的封建社会形成稳定的生活生产方式和人居环境模式，私家园林、皇家园林是中国古典园林的杰出代表，是中国古代人居环境的象征，也是风景园林学科成为一级学科的重要支撑。古典园林的重要功能是游憩功能—私家生活与社会交往功能，生活方式不变，园林也不变。1978年改革开放以来，社会经济制度的根本变革激发了人们丰富多样的游憩需求，从古典园林走向城市各类公园、主题园、文化娱乐体育设施、休闲街区、郊野公园、森林公园、湿地公园、度假区、风景区等，古典园林成为世界文化遗产，也是展示历史上的一种生活方式。

1.2.2 景观是充满能量的游憩容器与载体

地理学与风景园林学中的景观概念具有一个共同特点即自然主导与风景特质，自然与风景是人类生活中最重要的环境因素，对人类的心理与精神具有重要的调节、恢复作用。景观的这种价值的发掘、利用与创意可以赋予原生景观一种生命的力量、文化的力量。不同的景观这方面的潜能是不同的，有些景观游憩潜能大，有些景观游憩潜能小，游憩价值评价是识别景观游憩潜能的一种有效途径，景观是充满能量的游憩容器与载体。

为了最大程度减少游憩对景观的生态影响，提高景观的游憩质量，环境适宜性与游憩适应性的匹配是最佳的选择。景观空间是由多种要素及其结构所形成的复杂系统，具有多重价值和使用方式的多样性。

无论是自然景观还是人文景观，属性均是多层次的，自然景观基本属性是其物理特征，气候水文地质地貌生物土壤等6要素及其相互作用所形成的生态系统特征，不同气候带（温度带、湿度带）适合开展不同类型的游憩活动（表1-1），坡度不同的地貌形态适合开展不同的游憩活动，有些植被观赏价值

表1-1 水景观的多重利用特性

依赖于水的活动	
水的审美欣赏	汽船
冲浪	漂流
独木舟	帆船运动
赛艇	贝壳收集
浮木收集（Driftwood gathering）	贝壳类动物收集
垂钓	小船巡航
船屋	潜水
冰钓	冲浪
冰球	游泳
滑冰	乘船航行
冰艇	蹚水
航模	猎水鸟
戏水	滑水

续表

频繁接触水的活动	
戏沙	驾车兜风
观鸟	放松
露营	岩石或化石收集
徒步旅行	季节之家
自然研究	观光
绘画素描	雪橇
摄影	阳光浴
野餐	散步

（表格来源：史蒂芬·卡普兰、雷切尔·卡普兰，1981：314）

高，有些植被抵抗力强；其次是生态特征：抵抗力、恢复力、承载力等；再者是独特性与稀缺性，归属为遗产级别或保护级别，游憩活动的限制更多，禁止开展不适宜的游憩活动。这种对应关系我们称为环境适应性。

1.2.3 景观与游憩的互动性

互动性是当代景观设计的主流，在生态适应与文化创意之间不断创造出具有独特游憩体验质量的游憩景观。荒野景观的野性是游憩者的需求和追求，必须开展与其相适应的野性景观设计；城市公园是居民休闲健身与社会交往的绿色文化空间，游憩需求是第一位的，景观是为适应这个需求而创造的，这种对应关系我们称之为互动适应性。

景观与游憩的对应受多种因素的影响，同样的景观可以开展不同类型的游憩活动，如一定规模的水体可以开展各类游憩活动，区位、理念、技术、地理、经济社会等因素都对游憩活动的选择产生影响。游憩景观是在外部因素与环境因素的综合作用下孕育出来的。

景观因游憩不断社会化，从简单结构的自然文化系统演变为融社会经济一体的复杂结构的系统。

1.3 景观游憩的基本理论

1.3.1 健康促进理论

1. 自然哲学与阴阳五行理论

在中国，中医学与自然有着紧密的联系。传统中医的理论和概念都源于中国古代自然哲学，阴阳五行理论将人与自然环境联系为一个整体，人内在脏腑与自然天地四时之气相通相应，平衡协调。中国古代很早就意识到了自然环境与人体健康紧密关系，这在中国传统自然哲学、养生理论、风水学和古典园林营造实践中均有体现。

在中国传统哲学中，对人与自然关系的思考可以概括为"天人合一"这一理念。中国古人很早就把天地自然宇宙的运行规律与人体生命活动特性相关联，认识到自然环境保持协调平衡状态时，人会在外在协调的大环境中受到影响而达到身体内在的平衡健康状态。因此，顺应和保护自然、将人与自然看作不可分割的整体是古人遵循的重要原则。人与自然之间维持着怎样的关系，会对人类自身的存亡有巨大的影响，只有与自然环境保持和谐的关系，人类才能健康长久地生存繁衍，人类文明才会绵延不断。

中国传统的养生理论可分为五个方面，包括"饮食养生""中医养生""环境养生""宗教养生"和"运动养生"，其中"中医养生""环境养生"和"运动养生"尤为注重自然对人健康的影响。

传统中医学起源于《周易》，其基础理论为阴阳平衡论和五行相生论。中医将人体看作是一个微缩的宇宙天地系统，五脏六腑都与外界自然相互联系呼应，人要想获得健康长寿就必须顺应天时，顺应自然发展演变的规律时令，在《逸周书·时训解》中就记录了古人如何依据二十四节气来调整饮食、起居和活动，以达到保健养生的目的。中医学经典《黄帝内经》以"天人相应"为理论基础，将构成世界的五大基本物质"金木水火土"和人体的"肝心脾肾肺"相对应，并概括出"养性养心、吐纳自然、劳作有度、运动有节"的养生内涵。在自然景观中活动可以满足人劳形舒体、回归大自然的需求，在自然环境中吐纳呼吸、顺通经络、疏通气血，以达到养生目的。《黄帝内经·素问》中《宣明五气篇》提到"久卧伤气，久坐伤肉"，就是说人必须要通过运动才能滋养体内的生气，而运动的最好场所就是在自然环境中，运动过程中对氧气的需求增加，如果在有空气污染的环境中运动则适得其反，因此在空气清新的自然环境中运动是绝佳的养生方式之一。

2. 亲生命假说

艾德华·威尔森（E. O. Wilson）1984年提出"亲生命天性（Biophilia）"假说，[①]认为人有接触自然环境的需求，在心智上、感情上、生理上和精神上依赖与自然的联系，并在天性上喜欢从属于自然系统和自然过程，具体表现为人们喜爱具有生命或类似生命形式的非人工环境。人类对自然环境的积极态度是由遗传基因决定的。罗格·乌尔里希（Roger Ulrich）认为人类对没有威胁的自然表达出的亲生命天性有三个主要方面：喜欢和接近自然，精神恢复和压力恢复，高级认知功能增强。注意力恢复理论、压力缓解理论与亲生命假说的观点均一致认为，满足人的亲生命需求，有着非常广泛的心理效益。

根据进化论的观点，人类对自然环境做出的反应与对城市环境和现代艺术

---

① R. Kellert Stephen, Osborne, Wilson Edward. The Biophilia Hypothesis[M]. Washington: Island Press, 1995.

等刺激物的反应不同。人类对某些自然要素和环境做出的反应，其实是为了适应生存环境和争取生存机会，是进化过程中对自然的适应。

对于早期的人类来说，环境的选择对生活机会和潜在危险有着重要的影响。进化过程中，人类对空间和开敞度的视觉感知与安全性密切相关。人们偏爱空间开敞，有着稀树草原风景的自然环境，因为这些环境可以提供多样的生活必需品，动植物丰富，视野通透潜在的危险性降低，遭到近距离藏匿的肉食动物袭击的可能性小。同时，广义的功能进化理论认为相对于现代的合成材质比如玻璃和硬质的材质，人类在视觉上更偏爱自然要素，比如水、植被、花卉等。人类偏爱这些自然要素的原因是这些环境直接或间接地暗示了存在或可以找到两个生存的必需品：食物和水源。

3. 注意力恢复理论

卡普兰（Kaplan）的"注意力恢复理论"（The Attention Restoration Theory，ART）从环境认知过程的角度解释环境的健康恢复效益，认为人类具有无意识注意和目标性注意两种能力。[①] 人在工作时为了保持专注和清醒、抑制分心，会使用大量的定向注意力（Directed Attention）资源，时间长了会使人疲劳，从而导致情绪不稳定、易怒和精神压力。为了恢复定向注意力资源，ART研究人员提出了三个主要方法：睡眠、冥想和促进无意识注意力（Involuntary Attention）。无意识注意力主要是由具有"软魅力"（Soft Fascination）特征的环境促成的，自然环境是这方面的典型，暴露在自然环境中能够恢复人的定向注意力资源，有助于减轻压力、心理疲劳和负面情绪，特别是当具有以下特征时恢复性效果更好，这四大特征是：远离性（Being Away）、魅力性（Fascination）、延展性（Extent）和相容性（Compatibility）。"远离"是指远离个人日常生活环境或习惯，通过停止对定向注意力的消耗来避免精神疲劳，"延展"是指所处的环境有足够的感知空间来激发人的进一步探索，人可以在这样的环境中感知到另一个更大的世界，"魅力"是指环境在各个方面吸引无意识注意力的程度，"相融"是指场景和人的意愿之间的匹配，即环境能够支持个人预期的活动。人与环境交互的恢复过程涉及四个阶段，分别是"清空大脑""恢复定向注意力""认知平静"和"深度反思"。[②]

同景观恢复性理论密切相关的理论有压力缓解理论、注意力恢复理论、新生命性假说、唤醒理论、超负荷理论等，随着相关研究的不断深入，也涌现出其他一些理论，如园艺治疗论、行为场景论、场所依赖论、心流理论、具身认知论、可供性理论和绿色运动论。其中最基础的两大理论是罗杰·乌尔里希于

---

① Kaplan Stephen. The Restorative Benefits of Nature：Toward an Integrative Framework[J]. Journal of Environmental Psychology，1995，15（3）：169-182.

② Collado Silvia，Staats Henk，Sorrel Miguel A. A Relational Model of Perceived Restorativeness：Intertwined Effects of Obligations，Familiarity，Security and Parental Supervision[J]. Journal of Environmental Psychology，2016，48：24-32.

1983年提出的"压力缓解理论"和史蒂芬·卡普兰、雷切尔·卡普兰于1989年提出的"注意力恢复理论"。

4. 压力缓解理论

乌尔里希是美国得克萨斯A&M大学健康设计学教授，长期从事医院建筑设计研究，提出循证设计、压力缓解等知名理论，他认为日常生活工作充满了压力，自然景观环境能够较好地舒缓人的精神压力和焦虑紧张情绪，纷杂的城市人工环境则会阻碍人们从压力中恢复，让人觉得疲劳。结合生理指标的实证研究发现，通过缓解压力，神经系统改善免疫系统运作，从而提高对感染和疾病的抵抗力，有助于身体康复。

压力缓解理论（Stress Reduction Theory）与"亲生命天性"假说互为印证，认为人类对自然中丰富多样的生命充满热爱，其实可能是人类代代相传的基因。从理论来源上看，压力痊愈理论侧重情感过程，基于唤醒理论、心理演化理论和文化学习理论，指出观看高度自然的景色能减轻压力，改善心情，并有益于增强免疫系统的功能。乌尔里希将注意力恢复看作是压力减轻的一个方面，精神疲劳通常不是孤立发生的，负面情绪也可能造成感知功能的下降，同时伴有多样的生理系统回馈。压力痊愈理论认为短时的和无意识的情感反应，在人与环境的第一反应中起到重要作用，继而发生的意识过程，对注意力、生理反应和行为都会有影响。[①]

乌尔里希将"压力"定义为"一个人在面对威胁和挑战时，生理、心理和行为上做出反应的过程"，从压力中恢复包括心理和生理状态的积极变化，认知和行为表现的提升，他强调"恢复"是通过减轻压力而不是补充定向注意疲劳来实现的。人类对平静、无害的自然环境有一种与生俱来的偏好，因此人类在没有潜在危险和威胁的自然环境中能够产生恢复性反应（如减轻压力和负面情绪），这可以通过心理反应（如情绪反应）和心理生理反应（如心率、血压和皮肤电导）来检测。但是如果一个人害怕某种特定的自然元素或者认为自然环境是不安全的，那么此时环境就没有恢复效益；此外，心理进化观点也指出，人类面对自然环境中可能存在的危险和威胁产生一种压力反应是正常的。

情感与美感反应是压力缓解理论中的二个重要概念。"情感（Affect）"在心理学中有不同的范畴，比如广义的情感不仅包括喜、怒、哀、乐等情绪，还包括口渴和饥饿等有着生理信号作用的感觉。狭义的情感与情绪同义，英文中与"Emotion"和"Mood"同义。无论是自然环境还是城市环境，情感都对知觉体验和行为有着重要作用，情感状态反映了人与环境的互动状态。对情感的研究，也关系到环境规划与设计，比如视觉评价，城市植被的保护和公园绿地的建设，以及风景区管理和游憩。

① Ulrich R.S, Simons R.F, Losito B.D, et al. Stress Recovery During Exposure to Uatural and Urban Environments[J]. Journal of Environmental Psychology，1991，11：201-230.

"美感反应（Aesthetic Response）"指对事物的偏好与快乐的感觉，以及精神生理活动之间的联系。研究表明，世界各国的人，即便说着不同的语言，有着不同的文化背景，但是在最基本的情绪和表情上有着共同点，并且是与生俱来的。虽然情感是共同的，但是对于不同的人或者同样的人在不同的年龄、经历和文化背景下，其认知是不同且变化的，因此人的知觉体验（Conscious Experience）是复杂多样的。

总体而言，这两大理论均根植于进化论和伯莱因的心理生物学理论。[①]卡普兰的注意力恢复理论侧重于认知，是关于定向注意疲劳的认知恢复；而乌尔里希的压力缓解理论侧重于情感，是关于压力的情感恢复；总体而言，二者都能用来解释为什么自然环境对人类有益。

5. 心流体验理论

米哈里·契克森米哈（Mihaly Csikszentmihalyi）的心流（Flow）体验理论，[②]对活动带来愉快和满足感等积极的心理健康效益进行了解释和支持。其中，"心流"是指在做某事时全神贯注、投入忘我，甚至感觉不到时间存在的一种状态。这样一件事完成后，会有一种充满能量且非常满足的感受。很多活动，如爬山、打球、玩游戏、阅读、演奏乐器，甚至从事一些工作，都可以体验到心流。

6. 社会生态系统理论

行为医学中的社会生态系统理论认为：人的健康行为受个体内在（心理、生物和情感）、人际（社会支持和文化）、实体环境（体育锻炼设施、空间景观）和政策等因素的影响，当这些因素同时交互作用时，干预的效果最优。[③]这一理论证明了从行为活动干预的角度通过规划设计促进健康行为、提升积极健康影响的可能。

20世纪末，神经科学领域的研究发现了大脑与免疫系统的相互关系对保持健康的重要性。人类依靠大脑感知环境，环境的正负面信息经由感官抵达大脑，大脑通过分泌神经化学物质影响免疫系统的作用，从而促进或抑制身体康复。在生病时，免疫分子的释放又会在一定程度上影响认知、记忆、情感等大脑功能。这一发现和相关研究，从新的角度阐释了环境对生理、心理健康的影响机制。

7. 景观的健康效益总体框架

在健康科学框架中景观的作用是恢复性与辅助治疗，在精神与心理治疗中景观特别是大尺度自然风景与荒野景观具有积极的能动作用。物质供给、感官刺激、活动增强是自然景观健康影响的三个维度，清洁空气、负氧离子、干净

① Akpinar Abdullah. How is Quality of Urban Green Spaces Associated with Physical Activity and Health? [J]. Urban Forestry & Urban Greening，2016，16：76-83.

② Nakamura Jeanne，Csikszentmihalyi，Mihaly. The Concept of Flow [M].Berlin：Springer Netherlands，2014.

③ 陈佩杰，翁锡全，林文弢. 体力活动促进型的建成环境研究：多学科、跨部门的共同行动 [J]. 体育与科学，2014，35（1）：22-29.

的水、静谧的环境等是自然环境独有的健康保健作用，鸟鸣、花香、色彩、岩石奇观等感官刺激可以有效缓解身心压力，在自然景观中开展各类挑战性活动可以带来独特的体验、收获、精神感悟价值。目前研究主要集中在两个方面：影响机理和实际效益评价，随着研究深入将逐步建构景观健康效益的理论框架及其理论技术体系，实现从《本草纲目》到"景观纲目"的跨越。

游憩增强包括时间增效、景观增质、健康增强三个方面的共同作用，提升景观环境的健康效益。

时间增效是指在刚性工作制度下科学合理安排个人与家庭的闲暇时间与运动旅行计划，提高闲暇时间的利用效率，积极参与各类户外游憩活动，提高健康生活质量。

景观增质是指建构科学的户外开放空间系统、高品质的游憩景观体系和便捷的游憩服务体系，促进丰富多样的户外休闲活动、体力活动、社会交往活动的发生，以自发性、高频率、高质量、智能化促进景观健康效益的提升。

健康增强是指科学的游憩活动可以有效提高景观的健康效益，游憩在景观健康影响中的作用是动力机制，通过游憩行为活动加强了景观恢复性功能，景观恢复性是目前学界公认的景观健康理论，有关这方面研究成果日益增多，从恢复性机制来看，基于视觉行为的景观恢复性研究比较多，基于游憩活动行为的景观恢复性研究成果相对比较少。

（1）基于感官刺激的景观健康影响

1）景观类型对恢复性效益的影响

恢复性、调节性、疗愈性、社会性是自然景观对健康影响的主要特征，景观类型与特征是主要的影响因素。偏远的荒野景观与普通的绿色空间相比，人们可以从荒野地区获得不同和更深层次的益处，比如灵感和超越性的体验。荒野区域能够提供更好的整体性体验的治疗价值，从而促进人的健康和福祉；景观的恢复性效果同水体密切相关，海岸具有积极的治疗价值；不同类型的乡村景观（自然景观、生产性景观和村落景观）对压力缓解均有积极作用，生产性景观在压力缓解方面效果最好；老年人在山林景观内放松效果最好，其次是草坪景观，而在滨水景观、农田景观和湿地景观中放松效果较弱。

2）景观特征对恢复性效益的影响

景观环境特征如景观的自然程度、生物多样性水平、植被类型、植被密集程度、森林的林分结构属性、空间开敞程度等对恢复性效益的影响明显，具有高度自然性和生物多样性的环境能给人带来更大的幸福感，从而有更高的恢复性效益，缓解压力和放松身心的效果也更好。

在森林公园中，当人们所看到的植被越密集、所屏蔽的建筑越多，则景观的恢复性效益更大。即使在同一片森林中，不同林分结构属性（即林分成分的高度、直径、乔灌木冠层的水平和垂直分布）也具有不同的恢复性效益，高大的成熟松树配上少量的下层灌木所构成的视野相对开放的森林具有更强的恢复效果。此外，当环境能够提供更多的前景和更少的避难所时，具有更好的恢复性效益。在城市公园或是街旁绿地中，较高的草地覆盖率、较多的树木和较大的绿地面积影响自然环境的恢复性的效果。多样化、荒野化和自然化的混合种植结构比规整的种植结构更具有恢复性。城市公园的恢复性效益与公园的植物种类、色彩、草坪覆盖面积、水景、地形起伏度等有关，还与居民在公园内的行为活动模式相关。视线有部分围合感，且能看到远景的半开敞空间恢复性效益最佳。罗艳艳（2015）等通过对公园的景观质量评价与恢复度测试，发现公园的植物景观要素比设施要素、气候要素和管理要素对感知恢复度的影响更大。

3）对生理健康的影响

从现有文献来看，发现自然景观—行为—生理恢复关系的是罗杰·乌尔里希医生，1984年针对外科手术康复期的病人他展开了二项恢复状况的研究：一是通过护士对46名病人的检查记录，发现能从房间里看到自然景观的病人，对止痛药的需求更少，生命体征更好，恢复也更好，住院时间更短；二是让受试者观看一部诱发压力的电影后分别观看自然视频与都市视频，通过对心率、血压、肌肉紧张、皮肤电导率等生理指标的检测和参与者的自我报告，他发现观看自然视频的参与者恢复得更快、更彻底。

新西兰学者对绿地与四种不佳健康状况（心血管疾病、超重、整体健康状况差和精神健康状况不佳）之间的关系研究，发现自然景观规模—行为—健康之间的关系，在周围拥有更多绿地的参与者中，四种不佳健康状况的概率较低。增加与绿色环境的接触可以减少唾液皮质醇、降低心率和舒张压、降低高密度脂蛋白胆固醇，以及降低早产风险、Ⅱ型糖尿病风险、全因死亡率，降低中风、高血压、血脂异常、哮喘和冠心病的发生率。

日本学者对"森林浴"的健康影响研究，通过监测血压、脉搏率、心率变异性（HRV）、唾液皮质醇浓度和唾液中免疫球蛋白A的浓度等手段，发现森林步行能够影响心脏代谢参数、降低压力荷尔蒙、血压和空腹血糖水平，以及焦虑水平，减少交感神经活动，还可改善老年妇女的动脉僵硬度和肺功能。

中国学者近几年也在开展这方面的科学研究。李树华、金荷仙、姜斌、谭少华、陈筝、王欣歆、王志芳等学者从不同角度开展文献研究实验研究，论文数量逐年增多。

4）对心理健康的影响

自然景观—行为—心理调节恢复之间关系也得到很多科学研究的实证，在自然保护区散步时，人们的积极情绪增加，愤怒情绪减少，而在城市环境散步时则相反。与在城市环境中行走的参与者相比，在自然环境中行走的参与者在后续的注意力测试中有更好的表现，他们的积极情绪得到了明显提升，抑郁和焦虑水平则有所下降。公共绿地的总体数量和总面积与心理健康显著相关，以自然为特征的公园和以游憩或体育活动为特征的公园对居民都具有心理健康促进作用。

在实验室模拟自然研究中发现自然景观在恢复人的注意力、缓解精神压力和疲劳方面优于城市景观，丘陵和湖泊场景的恢复性效益得分最高，而城市场景的得分最低。自然和含有水元素的景观比城市景观恢复性效益更好。园林绿地内的植物景观和水景相较于地面铺装景观，可以更好地安稳情绪，促进身心放松。观看有自然场景的照片比没有树木的城市场景的照片，能够显著降低负面情绪、激发正面情绪。自然环境的恢复性效果较好，城市环境较差，体育和娱乐环境则介于两者之间。另一类则是通过一定的手段使受试者预先感到精神疲劳，随后观察他们更倾向的环境。研究发现，当参与者注意力疲劳时，更倾向于在森林中漫步，而不是在城市里散步，并且只有暴露在自然场景下的参与者才会恢复到足够的注意力能力。

人类作为一个基本的有机体，与自然存在多种联系：直接的或间接的，内在的或外在的。自然深深地影响我们，也许我们还没意识到，人类一项古老的、传统的、普遍的，与自然深深接触的行为就是宗教或朝圣，沉思体验可以产生一种内在动机，促进思想与行动之间发生关联，形成一种表现为更高层次的镇静或愉悦的体验流，这种在自然或简单环境中产生的情感和思想能转化成影响环境决策的行为，最近的科学研究取得了令人兴奋的成果。

5）对社会健康的影响

自然景观—行为—社会健康之间关系也被日益增多的研究所证实，在促进社会交往和互动，强化人际关系方面具有积极的作用。公共绿地为社会交往提供了场所和机会，增进人们的归属感，减少社会孤立，产生社会资本，使人的获得感和幸福感得到提升，这一点对城市中的老年群体特别重要。有研究发现，社会因素（如邻里关系）对公园使用频率的影响比公园本身的特征更大。

6）对精神健康的影响

精神健康是人类总体健康的一个基本维度，与心理健康稍微有所不同，精神健康更加侧重人的精神和灵性层面，与宗教、教会、信仰或灵魂相关。具体来看，精神健康包括四个维度：第一层，个人与自己的关系，比如对自我意识、自我价值、人生意义的探索和认同；第二层，个人与他人的关系，健康程度则体现在关系的质量和深度，包括爱、正义感、希望、宽恕和信任等；第三层，个人与环境的关系，具体表现在人对所处的物质世界的关系、培育，或者敬畏感与新奇感，比如对从自然的美景中获得愉悦和震撼的体验；第四层，个人与上帝、宇宙、超自然等超验领域的关系，具体表现在宗教、信仰等精神层面，比如对上帝和宇宙的敬畏，有坚定的信仰等等。

许多研究表明，人们可以从荒野中获得更多精神层面的益处，比如灵感和超越性的体验，最新的一项对加拿大自然公园的研究发现，荒野能够提供更好的整体性体验和治疗价值，从而促进人的健康和福祉。自然可能是人们体验精神感觉的最初来源，与自然的强烈精神联系是世界各地土著民族心理的一个重要特征，土著的灵性是建立在人、动植物和景观在本质上是相互关联的概念上的。在经历荒野的过程中，一种与地球和大自然的力量相联系的感觉会产生奇特的精神治愈效果。①

（2）基于游憩活动的健康增强作用

"自然环境＋体力活动"是目前比较理想的日常健康促进模式，常见的运动方式是跑步、健走、球类运动、滑板运动、放风筝、集体舞、儿童游戏活动、郊野自行车、登山、涉水、划船、攀岩、滑翔等，常见的活动场地是公园、绿道、郊野公园、自然保护地等，不同体质、不同年龄阶段的群体适合选择不同类型游憩活动。有关这些活动对健康影响的机理与效果正在进行中，这对深入认识自然景观的资源价值和保护价值有非常重要意义（图1-1）。不仅要关注健康、行为、容量等单要素研究，也要关注景观价值—行为—容量与健康关系的综合研究，特别是针对特定健康价值需求的景观—行为—容量关系研究更能揭示景观健康影响机理。所有的自然景观均具有四类健康价值，但不同类型不同区位的自然景观其价值是不一样的，同一保护地的内部自然景观价值也是不同的，决定价值高低的影响因素是哪些？每类价值的利用方式和管理模式有什么特点？公园景观规划设计如何响应健康价值的保护利用，实现景观健康效益最大化。随着研究的深入开展，景观健康促进与恢复理论将不断丰富，景观在健康中国战略实施中将发挥更加重要作用。

马明、蔡镇钰将绿色开放空间的健康作用过程分为自然康复与治疗效用、

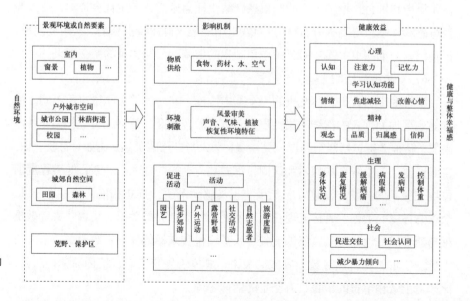

图1-1　景观的健康影响机理与健康效益框架

---

① Irene G. Powch. Wilderness Therapy：What Makes It Empowering for Women? [J]. Women and Therapy, 1994, 15 (3-4)：11-27.

促进体力活动与增加社会资本三个方面。[①] 李立峰、谭少华将城市公园对人群的健康干预方式分为直接干预与间接干预，其中通过主观知觉感知良好的自然物理环境属于一种直接干预方式，而以活动为媒介，通过公园环境引导活动，则属于间接方式。[②] 丹尼利·沙纳汉（Danielle F. Shanahan）等将自然环境的生态系统特征带来的视觉作用和生理物理学作用视为生态系统功能，包括促进压力缓解、促使人驻足停留和活动，从而带来积极的健康影响。[③]

1.3.2 体验空间理论

1. 游憩体验过程是人与环境信息交流过程

游憩者在游憩地的信息交流与身体运动过程，包括生理体验、心理体验、精神体验（社会交往、获取知识、自我实现等），是游客与环境之间物质、能量、信息交流过程，这个过程存在一个最佳体验质量空间，在英文文献中对应的单词是"penumbra of space"，从目前所查阅的资料来看，Penumbra of space 最早出现在"*Land and Leisure—Concepts and Methods in Outdoor Recreation*"（1979）一书中，Harvey S.Perloff 和 Lowdon Wingo, Jr. 在其撰写的 *Urban Growth and the Planning of Outdoor Recreation* 章节中提出，户外游憩者使用空间大小取决于特定游憩活动的特征，野餐者、远足者、狩猎者等对空间的需求是不同的，每一个活动空间的外围都有一个"penumbra of space"，其大小随活动和使用者的变化而变化，直接影响游憩体验质量的高低，在"penumbra of space"范围内存在一点，超越这一点游憩体验质量会迅速下降。

"penumbra of space"在《朗文当代高级英语辞典》里的解释是："a slightly dark area between full shadow or darkness and full light"；［术语］半影，半阴影。此词原本是天文学术语，意即（日食、月食或太阳黑子的）半影；在完全阴影和完全照明区之间被部分遮挡的阴影，同时有外部、边缘区域、外围的引申义。所以这个单词可以直译为影子空间、半影空间，显然这样的直译太抽象。

心理学家吉布森在《视觉感知的生态研究方法》（*The Ecological Approooach to Visual Perception*）一书中，提出物质世界的视觉秩序具有外在表象与内在价值双重性，这种内在价值是视觉环境的特定功能（Affordance），这个"affordance"含义同中文"境"字意义类同，中国台湾学者译为支应性，杨锐教授提出境其地理论，也是强调景观特定的内在价值，这种价值是一种整体性思维模式,从环境生态位的角度考虑人的需求与环境物质组成属性之间的关系，

---

① 马明，蔡镇钰. 健康视角下城市绿色开放空间研究——健康效用及设计应对 [J]. 中国园林，2016（11）：66–70.

② 李立峰，谭少华. 主动式干预视角下城市公园促进人群健康绩效研究 [J]. 建筑与文化，2016（7）：189–191.

③ Shanahan Danielle F，Robert Bush，Gaston Kevin J，Lin Brenda B，Julie Dean，Elizabeth Barber，Fuller Richard A. Health Benefits from Nature Experiences Depend on Dose [J]. Scientific Reports,2016(6).

从感知层面洞察了环境的游憩价值和意义，打破了主客体相分离的思维模式。这个理论强调所有的空间都具有三重价值或功能：物理空间与心理、精神空间价值，过去人们重视物理空间和物质资源的价值，忽视了物理空间中心理精神空间的存在与价值，事实上正是这类价值的存在使得物理空间更有意义，具有游憩恢复功能。

2. 基本空间与体验空间

人类活动空间可以分为两个层次：一是基本空间，即活动发生所需的最小空间，骑自行车的物理空间只需 0.75m 宽，一个人步行物理空间 0.5m 即可。二是空间环境，即物理空间外围的空间，这个空间的大小与质量决定了使用效益与满意度。在景观环境中这种空间对游憩体验有着重要影响。任何游憩活动都需要使用空间，空间面积多大、什么性质的空间取决于游憩活动特征，野餐者只需围绕一个桌子或火炉的一块小地方，健行者需要能舒适散步的路线，狩猎者需要在射程范围内的全部地块，另一方面，同样大小的狩猎空间，以森林或高楼大厦为背景，游憩体验是完全不同的（图 1-2）。

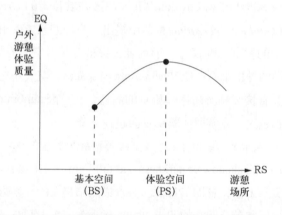

图 1-2 体验空间与基本空间关系模式

我们可以设想一次完美的游憩体验，以野餐为例，浮现在我们脑海里的有些什么呢？一张野餐布，上面放满了各色美味。就这些吗？肯定不止，浮现在我们眼前的应该是这样一幅优美的画面：群山环抱着一湖碧蓝的池水，绿树葱葱，阳光明媚，鸟儿在林中歌唱，微风过处，树影婆娑，花草摇曳，三五好友围坐一起，谈笑风生，在他们前面的野餐布上摆满了各种各样的好吃的，吃饱喝足了，躺在草地上小憩一会，真可谓偷得浮生半日闲。

空间环境是人获取信息刺激的主要来源，人们正是在使用和感受空间环境的同时，综合各种信息并结合以往的经验对环境做出判断和心理评价，进而以自己的行为对空间环境做出反应。基本空间是游憩行为发生的必要条件（表 1-2），"penumbra of space"是游憩体验的充分条件。游憩体验质量高低，在很大程度上取决于"penumbra of space"质量好坏。

高质量的游憩体验不仅仅取决于单独的实体要素，它是一组完整的场景，包含了多个要素，是硬件设施、环境、氛围、心态、意识、行为的综合，而良

表1-2 体育游憩活动基本空间一览表

活动类型		基本空间
体育运动	乒乓球	7m×14m，4.76m 净空高度
	羽毛球 单打	13.4m×5.18m，周边 2m 缓冲带，最小净空高度 9m
	羽毛球 双打	13.4m×6.1m，周边 2m 缓冲带，最小净空高度 9m
	排球	18.0m×9.0m，周边 3m 缓冲带，净空 7m
	篮球	28.0m×15.0m，周边 2m 无障碍区
	手球	40.0m×20.0m，周边 2m 无障碍区
	足球（11 人）	105.0m×70.0m
	橄榄球（美式 11 人）	109.728m×48.768m，球门后达阵区 5-22m
	垒球	R ≥ 67.06m，线外 7.62~9.14m 为有效比赛区
	棒球	场地最小面积 1.1 万 m²
	曲棍球	91.4m×55.0m，缓冲区 4~5m
	水球 男子	30.0m×20.0m，水深 1.8m 以上
	水球 女子	25.0m×17.0m，水深 1.8m 以上
	冰球场	56.0m×26.0m，61.0m×30.0m，角园弧半径 8.5m
	自行车比赛	国际标准场地周长 333.33m
	射箭场 12 人	28.0m×20.0m
	射箭场 6~8 人	28.0m×12.0m
	射箭场 3~5 人	28.0m×7.0m
	马术	盛装舞步比赛 60.0m×20.0m，障碍赛场地 2500.0m²
	滑雪比赛	越野滑雪线路宽 4~5m，雪厚 0.1m 以上；室外滑雪场不小于 6000m²，室内滑雪场面积不小于 3000m²

好的 "penumbra of space" 是其中至关重要的组成部分。

对 "penumbra of space" 的翻译面临直译和意译的选择，通过上面的分析可以看出游憩体验空间是 "penumbra of space" 的本质含义，也易被大众所接受。我们认为 "penumbra of space" 可以译为 "体验空间"，为获得最佳游憩体验质量所需要的空间，是一种心理空间的物化。人们选择某一游憩场所，意味着选择某种游憩体验。

3. 体验空间具有一定的空间范围，体验空间与游憩体验质量密切相关

受人感官的生理限制，外界空间对人的行为产生影响的范围也是有限的，超出一定范围的外部空间对游憩活动不产生任何影响。10km 以外的噪声显然不会打扰野餐的人们的好兴致。体验空间具有一定空间范围，对使用者的心理感受产生重要影响，不同规模的外围空间带给同一使用者的游憩体验是不同的；相同规模、不同性质的外围空间带给同一使用者的游憩体验也不同。

体验空间（Penumbra of Space）是影响人们游憩体验质量的游憩空间外围环境，不影响其游憩活动正常开展，但是影响使用者游憩体验质量。不同规模大小的外围空间带给同一使用者的游憩体验是不同的；相同大小、不同性质的

外围空间带给同一使用者的游憩体验也不同。

体验空间的研究为风景区、旅游区、公园、景观规划设计、城市设计提供了有效的理论和方法论指导，需要进一步深入具体研究的是不同类别游憩活动的体验空间的标准，这是体验设计具体化、规范化的重要途径。

4. 体验空间的结构

体验空间是一个多维的信息交互网络结构，是视觉、嗅觉、听觉、触觉等全感官感受接受的信息场。从设计角度至少包括五个层次：

生态空间，充分考虑设计场地的周边环境特征，充分利用场地自然因素创造空间。

物理空间，物理空间的设计，二维或三维空间的设计。

文化空间，文化空间的设计，赋予物理空间文化意义。

心灵空间，心灵感受空间的设计，情感空间。

社会空间，促进社会交往的设计，社会象征。

5. 影响体验空间的因素

什么样的游憩体验可以使行为主体满意？什么样的体验又可以算作高质量的体验？影响因素很多，其中最主要的是人、空间、活动、设施与服务管理等五类因素。

人的因素：对于同一游憩活动而言，不同年龄、性别、文化程度的人群会有不同的游憩感受；而对于同一类人，游憩活动的不同也会直接导致游憩体验的不同。

不同年龄、不同职业、不同心情的游憩者对空间的感受与需求是不同的，不同性格特征的人，如内向型性格、外向型性格、一般性格，过于敏感型、一般型、不敏感型性格，自尊感和自我认同感强（私密性需要较高）、一般、自尊感和自我认同感弱（私密性需要较低）性格等，对同样的活动，游憩体验质量差别比较大。

空间的因素：每一项游憩活动都有一个对应的体验空间，每项活动参与者属性都影响体验空间的大小，体验空间的性质影响游憩活动的选择。游憩行为与活动所发生的空间环境特征对游憩体验质量有重要影响，对空间环境的感知是通过视觉、嗅觉、听觉、味觉、触觉、知觉等完成的。

每个人对空间的感知都有一个领域性：生理安全空间、心理安全空间、文化安全空间、舒适度空间、体验空间。对这些空间有综合感受与偏好感受，存在统计概率，具有稳定性与动态性，存在最佳体验质量与环境属性，可能是自然环境或人工环境、荒野环境、现代环境。

活动的因素：动态的活动与静态的活动对空间的需求是不同的。动态活动如划船、射击、骑马、攀岩等，静态活动如静坐、垂钓等。

空间的层次与体验空间的定位：主要影响因素有设施的因素、服务与管理因素，在众多因素中空间与环境是最重要的因素，从统计规律来看，不论主体有多大差异，对环境与空间的需求有其共同性，这为制定规划设计规范提供了基础。

6.体验空间的度量方法

基于上述三个影响因素，可以构建一个基本模型：

$$S=f\,(p,\,a,\,e)$$

式中 p——人；

　　　　a——活动；

　　　　e——环境。

按照统计规律，对使用者满意度、体验质量与空间领域关系的进行测评，对每项活动的空间需求进行研究，确定基本空间与影子空间，两套指标。

7.体验空间的意义

体验空间是游憩体验质量的保障，是游憩地拥挤与舒适评价基准，是景观游憩规划设计的依据，基于行为特征的规划设计，为游憩空间规划设计提供新的视角和设计要素，也是确定游憩设施与活动的分布密度的依据。

从行为流畅性、安全性转向行为体验质量与空间关系，是规划设计的理论基础。

1.3.3　体验层级理论

吴家骅在《景观形态学》中指出，对美感的研究是从感受到理解和从分析到更深的感受的双向过程，是从感受到推理的探索。审美活动必须要有审美对象，完美的审美体验包括三方面的内容：真实、实用、感觉良好。真实是指判断审美对象是什么；实用是指审美对象的使用价值；感觉良好是指审美对象的外在形态是否赏心悦目。

美感存在一种等级划分问题，对于不同立场的人，美感的评价是不一致的。和传统的美学理论不同，在设计中审美过程本质上是分析性的。所谓的"官能印象"被统一在一个对欲望的更深更广范围内的分析过程之中。体验官能印象的方式也存在着不同。不同观察者对不同的内容敏感，各自关注的审美内容不一致。

审美可以划分为三个层次，世俗审美、情感审美与移情审美。世俗审美是建立在价值判断上的初级层次审美体验。人类的审美，源自欲望的满足，即可以享用的即是"美"。原始人类的岩画表现的对象不是自然景观，而是动物形体。历史学家的解释是岩画表现了早期的捕猎者对肉类食物的需要。

情感审美是审美主体排除实用功利、科学价值等外部干扰，用艺术的、情感的眼光观赏景观，尽情地领略自然景观或人文景观的美。爱德华·布洛提出"审美距离"的观点，去理解审美活动，认为审美活动既不纯粹是主观的、理想的，也不纯粹是客观的、现实的，而是在这两者间保持适当"距离"所获得的审美效应。

最高层次的审美体验，就是中国造园理论中的"移情"。移情是一种心理直觉过程，不是面对审美对象思考与琢磨之后的感受，而是在面对审美对象时自然而然的、突发的、不期而遇的感受。移情跟联想的不同之处在于：联想是以触动为先导，在这种触动下主体作为一种被动的感知和联想，移情却是一种积极主动的投射。所谓投射，就是在知觉中把个人的人格和感情投射到（或转移到）对象当中，与对象融为一体。

审美体验的三个层次在游憩环境体验中都会存在：比如对人文景观的审美，通常就带有价值判断的成分在，是一种世俗审美；对自然景观的审美，往往容易排除实用功能，以纯粹艺术的、情感的眼光去观赏，是一种情感审美；至于移情审美，也普遍见于审美活动中。

游憩者参加游憩项目活动，目的跟审美体验一样，是为了愉悦或者恢复身心。只不过审美体验是一种静态的，与体验对象保持一定空间距离、心理距离的体验，而项目活动体验是动态的、参与性的，体验对象可能是人，可能是物，也可能只是一种经历。审美体验通常不需付出多少体力，更重心理感受而不重生理感受，是一种心理上的享受；项目活动体验则需要大量的体力消耗，生理感受相当重要，心理感受是随着运动获得生理的快感或者疲惫后的松弛感，而逐渐积累起来的。即是说，审美是视觉、听觉、嗅觉为基础所引起的心理感觉，活动是在身体运动的基础上引发的生理快感、心理快感。

具体游憩项目有对应的专业性质量要求，我们可以将之称为专业度，是指该项目达到何种专业性水准，也可称为专业水准度，这是游憩项目评价中最关键的一个因子。

游憩活动体验有三方面内容：

1. 生理上的感官刺激，主要指从身体的运动中感受身体上的刺激，疲劳、身体运动等。各种机械游乐园最为突出。

2. 心理上的自我调节，获取心情上的愉悦，是一种休闲、放松性体验。

3. 精神上的能力展示、获取效益的展示性体验，个人能力展现、拓展，战胜挑战获得成就感，个人地位、关系的展现。

1.3.4 游憩场景理论

特定景观环境引致休闲游憩人群集聚的社会文化空间现象，是"人看人"理论的游憩版，在城市历史街区、商业街区、公园以及各类游憩旅游空间中均普遍存在的一种现象。

传统的心理学着重个体行为间差异的研究，对环境和场景的现象缺乏解释。生态心理学建立了行为与环境之间的联系，认为不同环境对行为的影响超过了个体差异对行为造成的影响。人的行为是个复杂的过程，既与其内部组成相关，比如肌肉、神经等，又与外部组成相关，比如场地和社会环境。不同场地环境对应了特定的质量行为（Molar Behavior），人们生活中的各类行为与时间、空间和地点有着连带的固定关系，这些人、时、地、行为的结合被称为场景单元，多个场景单元组成了场景环境，具有整体性的结构。

场景同场所近义，强调空间与社会的活动过程，均指人所感受的'内在'的程度（瑞福，1976），叶树源先生在《建筑与哲学观》一文中提到"物理性的空间尺度是三度的""生活空间是四度的""自象"是人在心中所生的"象"，是五度的；"意境是设计人心中的现象，这个'象'也是五度的"。显然他认为场所的内涵比空间更丰富，涉及面也更加的广博，人们平时所感受到的更多的是场所而不是单纯的物理空间。

场所是一种包含空间、时间、活动、交往、社会与文化意义等多种内容的具体空间。它与人们的活动和认识有关，包含了特定的意义，能激发人们的联想。只有当空间从社会文化、历史事件、人的活动及地域特定条件中获得文脉意义时，才能称为场所。它由城市物质形体环境、人的行为空间和社会空间交织在一起而构成。人们对场所的感知是整个空间、整个场所产生的一种潜在的、无形的场力在起作用的过程，是以一种合力的方式，而不是单个要素起作用，是整体的与感情的反应，并且这种整体的与感情的反应有相当大的部分是人们所不能够明确地意识到的。首先是无意识地领受，然后才是以特定的文字去分析与评估它们。

游憩场景是游憩地中游憩活动发生的具体地点，如野餐地、露营地等，在城市游憩系统中游憩场景的类型比较多样，公园类、商业街类、文化类、体育类、娱乐类、历史街区类、街头休闲类、风景道类、广场类等，无论其游憩功能是专门化的还是附属性的，均是游憩场景的一种类型。

游憩场景的基本特点是其社会性、生活性，是城市公共生活的中心，是城市居民日常交往的基本空间，非本地居民的访问者通过这些场景感受到城市文化、体验城市文化，是深度了解这个城市的重要场所。

描述游憩场景的主要指标是期望、满意度、密度、拥挤认知模式与行为调适等。

1. 密度、拥挤与满意度

游憩密度与满意度关系比较复杂，既有正相关关系也有负相关关系，有时游憩密度提升引起满意程度下降，而游憩者有时又期待游憩密度的提升，如狩猎者期望狩猎次数的增加。密度与满意度有时可能并非正相关，自然地、高度开发地区对密度、满意度的要求不同；接触次数与满意度关系比密度更为密切。密度是就数量而言，拥挤是某密度下的负效益评估；是否拥挤常常是个人主观判断，因人而异，社会及心理因素的变化影响比较大。

2. 期望、资源冲击认知与行为调适

不同游憩地有不同衡量标准，游客对此认知不同，如遗留垃圾及残留物，最常遭到游客抱怨；拥挤是游客反应最为强烈的环境骚扰，游客会调整游憩期望或改变游憩目的地，以适应使用水准的提升。行为调适的研究，大多数在探讨有关游客移动与拥挤认知间的相关性，对行为调适进行验证。安德逊（Anderson D.H.）1981年指出，游憩者乐于从高密度使用场所，转移到适度、低密度使用场所去获取体验，使用者对于垃圾、噪声、破旧露营地、大型团体、机动船舶、其他游客入侵等现象，最容易产生规避而另找游憩场所的行为。

游客对环境的反应是依据个人期望及其规范而定。人们常使用不同策略，减少因游客密度所引起的冲突，个人可能修正有关对于期望及偏好的认知，来降低对拥挤负效益的认知程度。

随着使用程度的增加，游客期望、规范的不断调整，某个游憩地可能会逐渐改变其体验类型，而提供不同类型的游憩体验。游客要么适应提高的使用水准，要么转而选择其他使用水准低的游憩地（Altman I，1975；Schmidt D 及 J.Keating，1977；Ditton，R.B 等，1983；Shelby B.T）。

1.3.5　游憩机会理论

游憩机会是使用者选择其所偏好的游憩环境及其所偏好的游憩活动，获得所需求的满意体验，是环境、活动、体验、管理四位一体的综合性概念，具有层次多级性，分两大谱系：自然保护地谱系和区域城乡景观谱系。

自然保护地游憩机会谱系：以生态敏感性为基础、游憩资源利用与管理为目标、实现综合效益最大化，是自然资源游憩产出谱系。

区域城乡景观游憩机会谱系：从游憩体验环境角度游憩机会可以分为六类：都市、乡村、有路的自然环境、半荒野有机动车辆的环境、半荒野无机动车辆的环境、荒野环境。

界定游憩机会的六个要素：可及性、相容性、可塑性、社会互动、可接受的游客冲击程度、可接受的制度化管理（表1-3）。

表1-3　游憩机会界定要素

界定要素	可及性	兼容性	可塑性	社会互动性	承载性（生态性）	管理性
界定指标	困难度	可相容	景观改变程度	频繁接触	可接受的冲击强度	可严格管理
	道路	不相容	景观改变明显性	接触较少	可接受的冲击频度	中等程度管理
	步径		经营复杂度	无接触		无管理
	交通工具		设施多样性			

根据这六个要素和相关指标，可以对游憩环境进行分类和分区，宏观上分类，中微观上分区。这六个要素也可以作为游憩资源评价依据。

在这六个要素中最基本的是生态性，其次是可塑性、兼容性。

1. 游憩体验与游憩活动的关系

游憩活动是产生游憩体验的必要条件，此外资源条件、经营管理方式、个人价值观、期望水准等也是影响因素，使用者态度与偏好影响游憩体验质量。

2. 游憩需求与游憩体验的相关性

游憩区的物理环境与资源条件影响游憩者的动机与需求，并决定了游憩行为与游憩活动形态，进而影响游憩体验。物理环境、社会环境与经营管理环境影响游憩体验最为显著。

游憩机会概念的逻辑体系是以生态保护为基础、游憩资源利用与管理为目标、实现综合效益最大化，是自然资源游憩产出过程（表1-4）。

表1-4　自然资源户外游憩的产出过程

决策者	产出发展的阶段	户外游憩产出系列			其他自然资源产出系列		
		露营	垂钓	猎鹿	灌溉用水	伐木	纸浆材料
资源经营者	原始资源	游憩资源	钓场	鹿群栖息地	集水区	森林	森林
	第一阶段产出（现场"出售"）	露营机会	钓鱼机会	猎鹿机会	每一百平方米产水量	锯好的圆木	缚好的木头
中间阶段或最终产出的使用者	第二阶段产出	—	渔猎品、肉	狩猎品、肉	玉米	木材	纸
	第三阶段产出	—	—	—	牛排	房屋	报纸
	感受到的效益（产出物使人感到满意）	恢复活力、家庭团聚、增进自然知识、乐趣等	技术发展、食物、身份、运动、恢复活力等	技术发展、食物、身份、运动、恢复活力等	食物、身份、友谊等	遮蔽物、投资机会、安全空间、私密性、怀旧等	娱乐、宣传、知识等
	终极效益（社会与个人）	健康、稳定婚姻、增进资源保育、地方收入	增进自信、维持生机、提高生产力、健康等	增进自信、维持生机、提高生产力、健康等	维持生机、健康、社会接受性等	健康收入、免于破坏、增加生产力等	健康、财富、消息灵通的市民等

注：①在这个架构中，游憩产出系列较其他产出系列的中间阶段为少；

②本架构系自 Driver 及 Brown1975 研究报告。转引自 [1] 陈水源. 游客游憩需求与游憩体验之研讨 [J]. 户外游憩研究，1988（3）：39. [2] 郭瑞坤，游憩体验与相关环境属性之动态评估方法 [J]. 户外游憩，1994，7（2）：37-56.

游憩机会概念在我国使用很少，国内习惯使用的一词是功能分区，在国家公园等保护地分区中有专门的游憩区，在城市公园规划设计中有景观分区，游憩以活动形式定位于各分区中，游憩作为公园主导功能没有得到充分的体现，生态保护与游憩体验的有机融合需要在环境、活动、管理、社会四个维度的高度统一才能实现，公园是服务居民游憩需求的公共空间，社会认同是公园管理的基本目标之一，游憩机会响应了这个要求，这个概念值得在国内推广使用。

1.3.6 游憩需求理论

游憩需求是个人参与游憩活动的心理及生理上的需要或欲望，是参与游憩活动前的心理欲求，具有目标导向性，指向游憩体验及满足感的实现。游憩活动仅是实现其目标的工具，游憩体验是游客参与游憩活动后的各种心理产出，满意度是游客获得游憩体验后整体的心理感受。

现实需求（有效需求）：游憩者在个人限制条件下（如社会经济条件、过去经验等），面对特定的资源供给情况，所表现参与游憩活动的意愿；

潜在需求：游憩者因受到某些现实条件的限制而没有显现出来的需求，限制因素可能是风俗习惯、心理障碍、经济能力不足、交通不便、体能限制、缺乏相关知识等。

20 世纪 70 年代 Driver 等倡导游憩行为研究，把户外游憩需求分为四个层次：

第一层次：活动需求，传统研究的重点；

第二层次：环境需求，物理环境、社会环境与经营环境的组合；

第三层次：多重满意需求，享受户外环境、应用和磨炼技能、加强家庭成员间情感、健身、探索自然、个人价值实现、逃避工作压力等；

第四层次：最终效益需求，个人或社会性效益。

1975 年 Driver 和 Brown 提出游憩需求与效益的社会心理模式，游憩需求分为五个层次：活动需求、环境需求、体验需求、收获需求、满意需求。需求实现的基本条件是时间、经济、环境。整个游憩资源系统的产出一是游憩体验，二是个人及社会效益。

1.3.7 登高眺望理论

从动物捕食行为角度思考人类早期生存本能，观察庇护是一种基本的捕食行为，在可供选择的隐藏环境中观察开敞环境中的猎物，从基于生存技能的"隐藏的观察"行为逐步演绎为景观感受行为的基因，成为景观审美活动的隐形行为机制，逐步建立了完整的隐蔽体系的象征物——文化景观体系，在中国风景审美文化中最有代表性的是亭台楼阁象征物体系。根据艾普勒顿景观体验理论，观察掩蔽景观审美体系包括五个部分：①观察—隐蔽体系的象征物，②象征方式和强度，③象征物的空间分布，④观察和隐蔽的象征物之间的均衡，⑤作用于主客体之间的物质媒介。[①]

把观察掩蔽行为放在更大时空背景下可以看出，军事防御体系、森林防火体系、风景游赏体系等均具有观察掩蔽行为的本质属性，登高眺望是景观空间中一种普遍的空间行为，亭、台、楼、阁、塔等风景建筑是登高眺望的最佳场所，在特定地域营造风景，最高点是必须营造的景观，至于高度多少取决于区

① 吴家骅. 景观形态学 [M]. 北京：中国建筑工业出版社，1999：5.

域地形与场地相对高度，亭台楼阁，因地制宜。

1.3.8 总结

人与环境除了视觉空间关系外，还有一层看不见、感受到的关系，英文称为"affordance"，清华杨锐教授提出境其地 ① 思想，何昉教授引用心理场理论解释风景园林的美学特点。② 正是由于境与场的存在，使得景观与环境的不同，物理意义上的环境有了境之后才能成为景观。这种境与场，是一种能量、一种影响心理与精神的能量"affordance"，身临其境，才能接受到这种能量，身心才能得到调整、恢复、激励，景观才具有健康促进功能，今天才日益受到广泛关注。

不同属性景观蕴涵能量大小不同，不同状态的主体接受能量不同，能量转化效率、转化层级也不相同，游憩行为与设施是促进能量转化的重要动力。

对于一个景观区域来说，如何实现能量转化效率最高？游憩机会组合与场景营建是关键。

思考题

1. 景观游憩学作为一门学科，其核心理论是什么？
2. 景观游憩学同风景园林学、旅游学是什么关系？
3. 景观游憩理论的科学基础是什么？

---

① 杨锐. 论"境"与"境其地" [J]. 中国园林，2014，30（6）：5-11.
② 何昉. 从心理场现象看中国园林的美学思想 [J]. 中国园林，1989，5（3）：20-27.

第 2 章

景观游憩资源

2.1 游憩资源的性质

2.1.1 定义

能够满足游憩需求的自然或人文要素、环境、设施、景观、事件均可以称为游憩资源，作为游憩资源至少要具备三个条件：一是人类对景观游憩潜力的认识与知觉；二是社会要有游憩利用的愿望和需求；三是要有能力提供适宜的技术、组织、管理，创造有吸引力的、可进入的安全的游憩环境。游憩资源价值的识别与评价涉及很多因素，如经济、社会、文化、自然、技术等因素。各类积极的景观空间均有积极的游憩资源，一般称之为景观游憩供给，如自然资源的游憩供给、农业景观的游憩供给等。现代生态系统服务理论中文化服务类别主要是游憩服务。

2.1.2 游憩资源的特性

游憩资源具有多样性、动态性、依附性等特征。同一景观具有多种游憩资源，季节变化、天气变化、事件变化、人文环境的变化等都会提供不同的游憩机会，具有不同的游憩体验价值。

多样性：地球环境多样性、人类游憩需求差异性以及人类创造性决定了游憩资源多样性；物质性的与非物质性的，上至太空下至深海，从远古到现代，从现实到虚拟世界，四季及温度、湿度、光照变化等都创造了丰富多样的游憩资源，同一景观具有动态变化的游憩资源。

在城市环境中所有能提供游憩机会的场所：公共开放空间、俱乐部与各种组织、购物中心、工业园、街区、文化场馆、体育场馆等均是游憩资源。城市公园、运动设施、社区游憩中心要占到一定的比例是负责任政府必须做到的，其中很多是商业化运作的如饮食店、运动场、住宿与主题园。

动态性：游憩资源随着时间和空间的变化而变化，随着经济、社会和技术条件的变化有些资源游憩功能会衰退，而另一些过去被忽视的地域显现出新的游憩潜力。自然资源的使用是有文化归属的，在一个时期自然资源对一群人是有价的，但在另外一个不同环境下这些资源的游憩价值可能就会下降甚至无价。

依附性：游憩资源需要物质空间或载体来承载，需要设施与环境支持各类游憩活动，如登山、漂流、滑雪等活动，需要具有挑战性的山地、河流、雪地，这些山地河流雪地是潜在的游憩资源，需要必要的设施与服务来支撑才能变成现实的游憩资源，又如夏季气候凉爽，作为避暑资源，需要优美的景观环境、民居民宿设施来支持，资源价值才能实现，才能开发利用转变为避暑产品、避暑产业。

替代性：在满足游憩期望的情况下游憩环境、活动、场地的互换性，如压力缓解、精神恢复等游憩需求，可以通过多种方式来实现如旅行、游泳、爬山、森林浴、乡居等，这些活动可以发生在社区、郊区、乡村、荒野地等，同样的游憩需求可以用不同的环境或活动来实现，体验是本质，活动与环境是工具，替代性导致目的地竞争。

外在性：在同一景观里户外游憩可以与其他功能共存，如与种植业、畜牧业、水电业的共存，从社会角度，资源的多重利用对资源有限或资源潜力有限的地区非常有意义，从经济角度，资源的多重利用比单一利用会带来更多的收入，用于支付额外的成本。澳大利亚新南威尔士国家公园与野生动物法（1974）提出公园的多重利用，美国《多用途持续生产法案》（The Multiple Use Sustained Yield Act 1960）提出游憩是国家森林主要目标之一，此外还包括狩猎、木材、流域、鱼、野生动物等。

周期性：自然变化的周期性节律如季节、天气、水文变化等产生周期性的游憩资源，自然变化的地域性使得游憩活动开展具有区域差异性、动态变化性等。人为策划的游憩活动如演出表演、节庆活动、机械游乐活动等，作为一种产品，同社会需求密切相关，随社会需求变化而变化，产品生命周期明显，需要不断研发创新。游憩资源随自然节律性与社会发展性而具有周期性。

2.2　游憩资源的分类

2.2.1　国际上游憩资源分类方法

游憩资源分类如同游憩活动分类一样，可以从多种角度进行分类，从经济角度可以分为消耗性资源与可更新资源，从景观属性角度可以分森林、草原、海洋、河流等，从生态角度更多关注组成、结构、功能、过程等与生态系统相关的分类指标，资源分类同资源利用目标是关联的。

游憩资源最早分类系统是1960年克劳森（Clawson）提出的，他根据区位与其他特征如规模、主要用途以及人工开发程度把游憩地与游憩机会区别开来，建立了以资源适宜性为基础以用户为导向的游憩机会谱（表2-1）。克劳森分类系统被广泛应用，事实上以资源为导向与以用户为导向两者必须结合起来，根据区位、自然属性、设施、游憩体验类型与用途等分类指标的组合进行分类，可以分化出很多不同的版本。

1962年美国户外游憩资源评估委员会（ORRRC）提出六级分类法，也是在美国得到广泛认同的一种分类方法，直到1980年被ROS取代。美国国会1958年设立户外游憩资源评估委员会，1962年发布了27个科技报告和一个附件总结报告，1981年合并到国家公园管理局。

表 2-1　克劳森游憩资源的分类系统

不是主要用于游憩的资源环境	为游憩而建的游憩资源环境	为游憩而改建的文化游憩资源	用于被动游憩的建成设施	用于主动游憩的建成设施
农业土地	森林公园	历史建筑	博物馆	游船码头
商业林地	城市/乡村公园	古代遗迹	美术馆	休闲/运动中心
河道	高尔夫球场	废弃的教堂	图书馆	舞厅
池塘	沙滩	仓库/产业建筑	电影院	艺术/社区中心
私人住宅	游艇水道		餐厅	壁球/网球中心
车间	公共步道		宾馆	健身房
街道	运河迁道		商场	泳池
山岳	水道			假日营地
水库	水族馆			台球室
	动物园			体育馆
	主题园			游戏场
	航空博物馆			全天候运动场
	假日营地			体育俱乐部
				主题园
				购物商城

（表格来源：Adapted from Ravenscroft，1992）

　　类型 1：高密度游憩地：道路网、停车场、浴场沙滩、小船码头、浴室、人工湖、游戏场、公厕与餐饮设施，提供各种活动，特别适合白天与周末使用，存在高峰时的压力，但全年平均比较适宜。一般位于城市中心附近，城市公园以及在离城市比较远的国家公园服务区与森林地也会出现。

　　类型 2：一般户外游憩地，属于中密度游憩地，比类型 1 提供更广泛的游憩机会，通过设施开发提供广泛的活动：野营、野餐、垂钓、水上运动、自然散步、户外游戏。公园与森林、商业营地、野餐地、越野车停车场、滑雪地、胜地、溪流、湖泊、海岸带、狩猎保护地等。

　　类型 3：自然环境地，属于低密度游憩地，介于类型 2 与类型 5 之间，管理目标是提供传统的户外游憩体验，鼓励使用者欣赏资源的本来面目。与类型 2 相比，强调自然环境保护而不是人工设施的供给，开发包括道路、游径和基础，不包括精心改造如营地及相关活动，主要游憩活动有狩猎、远足、垂钓、露营、野餐、独木舟、观光等。

　　类型 4：独特的自然地，自然奇迹、壮观的风景、科学上重要性等，具有垄断性。

　　类型 5：荒野地，最本质的特征是不受商业化利用的干扰，处于天然状态。

　　类型 6：历史与文化地，这类地域具有重要历史文化价值，属于文化体验型游憩地，这类资源不提供户外游憩机会，但与假期旅行密切相关。

1976 年德赖弗（Ben Drive）和布朗（Perry Brown）在美国林务局和土地管理局要求下用三年时间开发完善了 ROS 系统，编制了《ROS 用户手册》。ROS 系统的资源环境分类也是六类：荒野地、无机动车的半荒野地、有机动车的半荒野地、有道路的自然区域、乡村区域、城市区域，这个分类包括了从城市到荒野自然的所有资源类型。

与此同时克拉克（Clark）和斯坦基（Stankey）提出国家公园 ROS 系统版本，同样是六分法，但主要是针对国家公园生态保护与游憩管理需求而提出的资源环境分类系统。在每一类环境中游憩资源与游憩体验是不同的，取决于三类要素：第一类是物理、社会和管理要素，物理环境包括 12 个自然环境要素以及历史文化建筑及各类管理设施体系，12 个自然环境要素主要是植物、动物、微生物、水文、土壤、地质、地貌、气候、声音、色彩、气味、星空等；第二类是社会环境包括社区居民、游客数量与行为、管理者素质等；第三类管理环境包括环境卫生、环境秩序、服务态度、收费制度、信息服务、便捷性、及时性等。这三类要素的相互作用共同决定游憩体验质量，为了便于度量可比较，这三类要素的度量指标被简化，物理环境用距离、面积、人类活动证据等三个指标，社会环境用使用者密度来度量，管理环境用管理组织和关注性来度量。这个距离主要是指距离地域边界的最近距离，如无机动车半荒野区域距最近公路铁路必须介于 4.8km 与 0.8km 之间，有机动车半荒野区域距公路 0.8km 以上。[①]

在 ROS 主流分类系统得到官方认同的同时，也有部分学者提出自己的分类系统，如 1981 年查布（Chubb）把游憩资源分为以下六类：

第一类是未开发游憩资源：包括土地、水、植被、动物群；

第二类是私人游憩资源：住宅与第二住宅、私人组织资源（如俱乐部）、公共组织资源（如保护组织）、农场与工业资源；

第三类是商业游憩资源：购物设施、饮食店、运动设施、娱乐公园、博物馆与花园、运动场、营地、各类胜地；

第四类是公益游憩资源：地方与区域公园、运动设施、州与国家公园、国家森林、游径、旅游设施；

第五类是文化资源：公共或私人所有，如图书馆、艺术馆；

第六类是专业资源：分两部分：行政管理如游憩系统组织、政策与金融机构等，经营管理如研究与规划、设计、建设、运营、资源保护与策划。

1980 年戈尔德（Gold）以区位、功能、容量和服务地为基础提出层级分类系统：家庭空间、邻里、社区、区域系统。

1999 年卡特（Cutter）和伦威克（Renwick）提出四类分类法：永久性资源、可更新资源、不可更新资源、潜在资源。

---

① 美国林务局，1982。

2.2.2 中国游憩资源分类研究

国内对游憩与旅游的认识还不统一，旅游作为发展经济的一个重要产业，得到官方的认同和推动，旅游资源分类引起重视，游憩资源分类还是空白。目前使用的旅游资源分类系统是三个层级：主类、亚类、基本类型。主类分八个大类：地文景观、水域风光、生物景观、天象与气候景观、遗址遗迹、建筑与设施、旅游商品、人文活动，资源导向型特色明显。资源客体与游憩需求之间关系没有建立关联，同一类客体具有多重游憩价值，具有多种游憩资源，具有多种游憩利用可能性，取决于游憩价值与社会游憩需求的相互作用。基于游憩价值与需求的相互作用的游憩资源分类系统，更具有针对性、科学性，有利于自然资源利用的集约性和高效性。

1. 从景观游憩价值与游憩效益角度游憩资源一般分为四个层级：本底景观资源、一般游憩资源、特色游憩资源、知识游憩资源。每类景观具有多类多层级游憩资源。

2. 从资源保护管理角度，根据资源环境生态韧性、恢复力与承载力大小游憩资源可以分为低密度、较低密度、中密度、较高密度、高密度游憩资源等类型。

3. 从游憩活动角度建立资源分类系统，特殊环境资源如适宜滑翔、热气球、翼装飞行等低空飞行活动的景观环境，挑战性环境资源如登山、漂流、攀岩等，康复环境资源如温泉、气候、森林等，特殊风景资源如观赏"佛光"、日出、日落、海市蜃楼、星空天象等，一般景观环境资源如徒步越野、自行车、划船、野餐、露营等。适宜每类活动开展的资源环境一般分为3~5个等级，最适宜、较适宜、一般适宜等。按照这个思路，中国国土空间对滑翔、漂流、热气球、登山、攀岩等对景观环境有特殊要求的资源进行分类分级，为建立国家滑翔基地、登山基地、漂流基地、热气球基地、滑雪基地建设提供科学依据，这些地方建立最适宜的运动基地，维护成本最低，资源价值最大化、综合效益最大化。

4. 从游憩行为与游憩资源空间关系角度游憩资源一般分为：日常型、周末型、假日型。

日常型（熟悉地）：在每天的闲暇时间中使用，最常见的形式是城市公园和游戏场，主要活动是高尔夫、网球、游泳、野餐、散步、骑马、参观等，面积数十平方千米，纽约中央公园340hm^2，60%的游憩活动发生在社区与公园内，多数游憩环境是人造的。

周末型（过渡型）：距城市1~2个小时路程，数十平方千米（州立公园、水库、主题园），主要户外活动有野营、野餐、游泳、散步、狩猎、垂钓。

假日型（户外游憩地、原野型、度假区）：山岳、森林、海滩、湖滨、沙漠等，上百平方千米，逗留时间和花费比较大，主要活动有：观光、登山、猎奇、垂钓、狩猎，多为国家公园、自然保护区。

5. 从游憩体验特征角度游憩资源可以分为八类：荒野型、自然生态型、风景游赏型、历史文化型、田园乡土型、休闲康养型、人工娱乐型、商业环境型。分类的基本原则是每类特征指标区别明显。

荒野型：原始自然状态，没有人类居住证据，没有明显人类干扰痕迹，没有机动车道。

自然生态型：大面积自然状态，人工设施建设面积不超过 5%，没有机动车道或一条不超过两车道的机动车道，如森林公园、湿地公园等。

风景游赏型：具有独特美学价值的自然地域，如风景名胜地域。

历史文化型：以历史文化景观为主导的自然文化地域，包括历史建筑、历史村落、历史名镇、古都古城遗址等，如水乡古镇、城镇历史街区等。

田园乡土型：田园风景与乡土村落融为一体的乡野景观。

休闲康养型：以休闲康养为主导功能的自然人工设施集中区域，以各类休闲度假区为代表。

人工娱乐型：以人工娱乐设施为主导的地域，以主题园、游乐城为代表。

商业环境型：各类商业设施集聚的地域如商业街区、步行街、文化街等，可以在城市，也可以在保护地服务区。

2.3 游憩资源评价

2.3.1 资源评价方法比较

由于游憩活动的广泛适应性与游憩载体多样性，使得游憩资源评价不同于风景资源评价，也不同于旅游资源评价，风景资源评价是基于风景价值的分级评判，旅游资源评价是基于资源独特性、奇特性、吸引力的分级评判，而游憩资源评价是基于游憩价值的资源环境特质及其适宜性的分级评判，包括单项活动的适宜性评价与多种活动综合适宜性评价（表 2-2）。评价技术路线如图 2-1 所示。

表 2-2 旅游资源、风景资源、游憩资源评价比较

类别	旅游资源评价	风景资源评价	游憩资源评价
评价对象	旅游价值	风景价值	游憩价值
评价目的	明确旅游资源开发利用潜力	明确风景资源的价值级别	明确自然文化资源的游憩价值
评价指标	独特性、吸引力、可利用性	科学价值、美学价值、文化价值、游憩价值、利用条件	生理、心理、精神、社会价值
评价方法	资源调查与市场需求调查相结合，专家评价与市场评价相结合	多学科研究与综合评价，参照世界遗产标准	资源调查、环境调查与社会需求调查相结合，多学科研究与综合评价

续表

类别	旅游资源评价	风景资源评价	游憩资源评价
评价结果	二类五级：①优良级旅游资源：五级、四级、三级，②普通级旅游资源：二级、一级	五级：特级、一级、二级、三级、四级	五级：特级、一级、二级、三级、四级

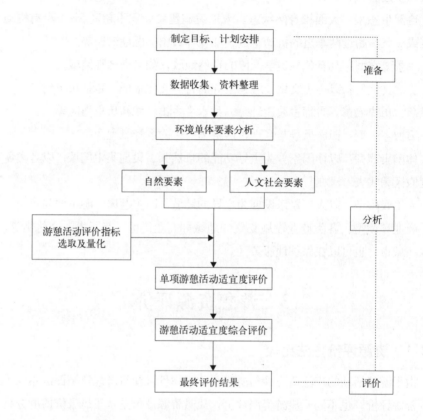

图 2-1　游憩资源评价的技术路线

2.3.2　游憩资源总体评价

1. 总体评价目的与任务

总体评价的目的在于从国家或区域层面确定景观游憩资源价值及其开发利用潜力与方向，是一种战略性评价，明确特定景观游憩开发价值、市场前景与发展战略，在区域或同类资源中的竞争力、特色和优势地位，评价的成果形式是 SWOT 分析、资源价值分级表、市场分析表、适宜开发项目与发展战略计划。

2. 总体评价方法

总体评价是在景观特质、资源类型、社会需求之间通过一定的评价方法建立景观游憩满足现实与潜在市场游憩需求的能力，通常从景观所包含的游憩资源类型、可利用性、承载力、可达性、现实与未来市场需求对应性等方面进行综合评估。

价值导向与社会需求导向是游憩资源评价的两条主线，价值导向评价是各类保护地分类分级的主要依据，基于价值等级确定游憩利用方向、方式与强度，社会需求导向是为社会特定游憩需求选定最适宜的游憩环境与场地，如滑翔、翼装飞行场地的选址评价，在全球、全国、区域、地方层面选择最优资源环境地域。在价值导向与社会需求导向发生冲突的地域，价值导向优先，如各类自然保护地适宜开展的游憩活动是由保护价值与目标决定的，保护地只能满足社会部分需求，而不能满足所有社会需求。基于社会需求的最适宜游憩活动场地选址的基本方法就是交互比选法，特定游憩活动的基本环境条件标准同潜在基地环境特征指标的对应比较、关键指标优先排序。

在一个特定时期，游憩资源的静态分类意义不大，取而代之的是针对特定用途的地域潜在资源的潜力评价，世界上最详尽的游憩潜力分类是加拿大土地调查局（CLI）所完成的，这是加拿大政府一项综合性计划，主要调查五大领域：农业、森林、有蹄动物、水禽与游憩。CLI 的户外游憩调查获得了准确的资源信息，把七个海滨城市 121km 半径范围的岸线资源分为三级，同时在图上标示出这三级的位置（表 2-3）。数字表明不同城市用于建设新滨海公园的潜力是不同的，萨德伯里和渥太华位居前列，而里贾纳和卡尔加里潜力有限。

表 2-3　加拿大 CLI 游憩潜力分级（都市区 121km 半径范围内岸线资源调查）

都市区	等级 1	等级 2	等级 3	总计
哈利法克斯 Halifax	—	29	433	462
蒙特尔 Montreal	12	253	1785	2050
渥太华 Ottawa	80	471	3076	3627
萨德伯里 Sudbury	24	221	4181	4426
里贾纳（加）Regina	5	19	285	309
卡尔加里（加）Calgary	4	59	132	195
温哥华 Vancouver	69	456	1588	2113

（表格来源：Environment Canada，1988：4）

CLI 系统为规划师处理用地冲突提供了选择，通过图纸选置的方法借助 GIS 技术很容易进行比较选择。对游憩开发适宜区位的选择、竞争用途中优势地域的界定以及多用途共存的机会的确定具有实用价值。这个系统也有缺点，尽管这个分类系统配置了广泛的户外游憩活动，但难以包括一些由于技术发展及专业水平提高的户外活动如悬挂式滑翔，这个系统中没有提到游憩体验质量。游憩资源潜力可以同游憩体验质量匹配，但通常与游憩满意度不一致。

澳大利亚游憩资源分类系统主要关注公共土地户外游憩活动潜力，这个系统可以应用于各类土地，从遥远的乡野到城市，反映了与各类游憩活动相关的自然、社会与管理特征。

资源潜力主要是从土地的自然属性的角度对各类土地用于游憩开发的可行

性、生产力与恢复力的测度，而资源适宜性是从社会经济与政治角度对特定土地用途的可接受性与有利性的测度。

3. 总体评价类型

根据评价目的，总体评价可以分为潜力评价与适宜性评价、单目标评价与多目标评价，资源潜力的分类与评价是游憩规划与管理中的关键，是游憩开发战略计划的第一步，比较评价为决策制定与有效选择提供了很有价值的依据，但由于严格的评价与开发程序，淡化了游憩活动场地与弹性的用户需求之间替代机会。多目标评价是为各类游憩活动寻求最适宜的土地以及寻求最合理的配置，单目标评价是为某一项游憩活动寻求最适宜的土地。

对于一个多目标用途的地区，游憩活动之间，游憩活动与其他用途之间，游憩与环境之间的冲突与协调，先进行环境属性的分类，然后单用途分级评价，最后选置。

游憩场地评价不同于区域尺度的资源评价，要求对每一项活动的资源环境条件需求有详细的了解，这些条件有一个最低要求与最高标准，达不到最低要求的场地不能引入这种活动。其次在达到最低要求的情况下，对各项要素进行分级，来表示每个需求的相对重要性。

什么类型地形最适宜灌木步行、骑马、游径自行车？

什么河流条件最适宜独木舟、鳟鱼垂钓、游泳？

什么类型植被更适合越野识图比赛或儿童探险游戏？

什么雪地条件最适合越野滑行？

什么岩面条件适宜攀爬？

2.3.3 游憩活动适宜性评价

1. 适宜性评价目标

景观游憩适宜性评价是指特定环境或场地开展某种游憩活动的可能性，满足特定游憩活动的环境条件、区位条件、设施条件及其管理条件的评价。游憩适宜性评价是一种实施性评价，一种游憩场地区位优选评价，为各类游憩活动场地的选址、活动组合、活动规模的配置提供依据。环境技术条件与运营管理成本是游憩适宜性的关键指标。

资源潜力评价只是为游憩利用提供了一种可能，游憩适宜性评价是根据社会需求与政府优先的原则在众多可能性中选择最满意的游憩活动。文化背景、自然观、社会条件（教育程度、性别、年龄、社会地位、社会关系等）、资源稀缺性、技术与经济因素等都影响游憩需求与环境认知、环境态度。

2. 适宜性评价指标体系

与游憩相关的资源适宜性的主要影响因素有：社区需求与期望、政策、不同游憩需求的冲突。资源适宜性概念有以下几个方面：

经济效率：最大效益的资源使用配置；

社会平等：所选择的土地利用方式所带来的社会收益与成本要均衡分布。

社区可接受能力：社会态度、区域与社区对土地资源的需求、公共参与政治影响。

行政可操作性：现状基础设施与服务（如交通、教育、社区服务、能源供给、垃圾等）的支持能力，落后地区提供服务的经济效益（新南威尔士土地部，1986：50-1）。

游憩活动关联性：不同游憩活动之间具有兼容性和不兼容性二类，具有兼容性活动的如徒步、摄影写生、野营、野餐等，不兼容活动如划船与垂钓等。有些活动对环境要求很严格，如滑翔、热气球、翼装飞行等，有些活动适应性比较强，如野餐、露营、徒步等。

以安徽安庆市天仙河河道景观游憩适宜性评价为例，把游憩活动分13组，环境要求相似的列为一组（表2-4）：

A 室内游憩；B 野餐，野营；C 徒步，山地自行车，乡村自行车，Hash；D 户外运动场地，高尔夫球场；E 皮划艇，独木舟；F 竹筏漂流，小型手划船和脚踏船；G 摩托艇，滑水，拖拽伞；H 速降，攀岩，蹦极；I 自然泳浴，人工泳池，遥控航模；J 热气球，滑翔；徒步、定向越野、骑马；L 观鸟兽；M 草地、沙滩摩托车；O 垂钓。

互斥的活动组：E、F、G、I 互斥，H、I 互斥。

表2-4　天仙河河道景观游憩地分级

地段 / 活动(组)	最适宜	一般适宜	不适宜
A	基础设施健全，地形平坦，有足够面积	坡度 12°~25°，南或东坡向	坡度大于 25°，地形起伏较大，坡向西或北
B	环境良好，地形开阔平坦，草地，接近河流	卵石滩或沙滩	砾石滩，陡坡，植被茂密，低洼地
C	有道路 / 土路，坡度 10%~30%，植被良好，草地	坡度大于 50% 基本有道路，沙滩	无道路的峭壁，原生环境，卵石滩及砾石滩
D	坡度小于 12°，南坡，排水顺畅，面积大于 5hm²	坡度 12°~25°，东或东南坡，面积 1~5hm²	坡度大于 25°，地形改造难度大，北坡，积水区，面积小于 1hm²
E	急流，有一定水深，多弯，河中有障碍物，宽度大于 20m	流速中等，水深中等，无障碍物	水流缓慢，水深小于 2m，水底为砾石，3 类水质或以下
F	水流缓慢，水质清澈，卵石河床，水深不超过 2m，周边环境优美，植被以原生林及次生林为主，有吸引物和兴奋点	流速中等，水深不超过 5m，周边环境一般，有部分农田	急流，水深超过 5m，两岸人工设施过多，植被山体破坏严重，河流坡降过陡

续表

地段/活动(组)	最适宜	一般适宜	不适宜
G	水面开阔，风力小于2级，水深大于4m	宽度大于20m，面积大于10hm²，风力小于3级	水面狭窄，宽度小于20m，面积小于6hm²，风力大于3级，水深小于2m
H	稳定的陡壁或石壁，植被稀少，南向或东南、西南	陡坡或石壁	有滑坡危险的土坡，植被茂密，缓坡，落差小于10m，北坡
I	水质清澈，水面平静，平均水深小于1.5m，岸边为沙滩或草滩，周边环境良好，郁闭度高	水质一般，流速中等，平均水深1.5~3m，卵石河岸	水质浑浊，3类或以下，急流，平均水深大于3m，远离公共交通设施，泥质河岸或陡坡
J	以晴朗及多云天气为主，风力小于2级	多云及阴天为主，风力2~3级	多阴天及雷雨，风力大于3级
M	平坦草地或沙滩，坡度小于10%	泥滩	卵石滩或砾石滩
L	0.5~2h封闭区域，与其他活动保持1km以上距离，水流平静，周边景观良好，水质清澈，远离道路与行人	相对平静的水域，与其他活动或行人道路保持500m距离	开发区域，紧邻其他活动，急流
K	石质道路或卵石路，远离公路的具乡野或森林背景的小径	土路，景观一般	机非混行，路宽不足2.4m

注：适宜程度：针对天仙河地段作一般性描述。

3. 适宜性评价方法

景观游憩适宜性评价是基于景观游憩资源特质所策划的游憩活动项目的综合性评价，从三个方面的适宜性进行综合评价：生态环境适宜性、市场经济适宜性和社会文化适宜性。

采用GIS方法评价生态环境适宜性，在游憩活动适宜性与选址上可以发挥重要作用，提高规划科学性，把每项游憩活动的技术指标同资源环境特征指标进行比对筛选，即可发现最适宜的游憩活动和最佳的区位选址。

市场经济适宜性评价主要从可持续性角度分析游憩项目开发的土地需求与经济收益能力，包括投入成本、维护成本、创新成本、产品周期和收益周期等。

社会文化适宜性评价主要从地域文化特质和社会健康发展角度分析游憩项目开发对地域文化与社会发展的影响，从传承创新角度提出地方文化保护与游憩发展的融合途径、可能性和可行性。

延伸阅读建议：

1. 很多学科都在开展户外游憩及其资源的研究，Liddle1997年对户外游憩生态影响的研究非常综合全面，对资源评价、潜力有更深入的研究，Wall and Wright（1977），Cloke and Park（1985），Hammitt and Cole（1987，1998），

Broadhurst（2001），Newsome et al（2002）。

2. 游憩与旅游规划中公众参与以及游客管理战略，Murphy（1985），Haywood（1989），Dredge and Moore（1992），Ryan and Montgomery（1994），Hall and McArthur（1996），Newsome（2002）。

3. Shackley1998 研究了世界遗产地的游客管理问题。

4. 有关游憩资源评价的文献还有：Leatherbury（1979），Kane（1981），Cloke and Park（1985），Mather（1986），Hammitt and Cole（1987，1991），Countryside Commission（1988，1995），Thomson（1955），Fraser and Spencer（1998），Harmon and Putney（2003）。

思考题

1. 如何定义户外游憩资源？

2. 选择一个景观游憩地，分析其多重利用的价值与潜在风险冲突，提出优化措施。

3. 如何控制游憩资源与游憩适宜性评价的主观性？

第 3 章

景观游憩行为

3.1 游憩行为分类体系

3.1.1 分类意义

从游憩的定义就可以看出游憩活动的多样性,不同的游憩活动对景观属性的要求不同,景观对各类活动的影响也不相同。为了清晰地认识景观与游憩的关系,有必要对多种多样的游憩活动进行分类。把地球表层纷繁多样的游憩活动进行有序化、条理化处理。任何一项游憩活动的开展都是在特定的时间、空间、环境背景下发生的,每一项活动均有人、设施与环境三个要素构成,多维性、元素性与系统性是游憩活动的基本特性。通过分类研究可以使这些特性更加具体生动。

3.1.2 分类标准

使用不同的分类参照系,可以得到不同游憩活动的分类结果,主要列举以下分类。

1. 从游憩发生的场所,可分为室内游憩和户外游憩。

2. 从参与人数的多少,可分为个人游憩和群体游憩或社会游憩。

3. 从游憩活动的性质,可分为体育性、娱乐性、文化性、研究性、自然性等。

4. 从游憩活动的状态,可分为静态和动态、被动与主动游憩。

5. 从年龄的大小,可分为儿童、青年人、成人、老年人游憩。

6. 从消费水平,可分为高消费游憩活动和低消费游憩活动。

7. 从游憩活动发生的时间,可分为日常游憩、周末游憩、短期度假游憩和长期度假游憩。

8. 从游憩活动与自然环境的关系,可分为水游憩、山地游憩、草原游憩、海滨游憩、海洋游憩、溶洞游憩、森林游憩、雪地游憩、荒漠游憩等。

9. 从游憩活动与文化景观的关系,可分为水乡游憩、古镇游憩、现代城市游憩等。

10. 从活动者对资源使用状态,可分为定位型、场地型、场地扩展型、线型、网络型等。

11. 从游憩使用强度,可分为高密度、中密度、低密度。

12. 从游憩活动的原创性,可分为传统型、引进型、创新型。

13. 从游憩活动的技术含量,可分为体力型、技术型、体力技术型。

14. 从游憩活动的普遍性,可分为地方型、大众型、时尚型。

15. 从五官感受角度,可分为视觉活动、听觉活动、嗅觉活动、味觉活动、纯精神活动、综合性活动等（表3-1）。

表 3-1　人体感官体验活动举例

类别	种类
视觉活动	观景、注视、看书、读报
听觉活动	听鸟叫虫鸣、水流声音、音乐
嗅觉活动	闻花香、气味
味觉活动	品尝美味佳肴
纯精神活动	冥想、幻想、畅想
综合活动	综合两种以上感官的活动

在众多分类系统中，活动属性是最基本的分类基础，在此基础上可以与其他分类指标或目的开展进一步分类。在规划设计中常用的次级分类指标是互动程度、依托环境、适宜年龄、消费水平。基于活动属性的分类系统是游览观赏、户外运动、休闲娱乐、参与创造、文化教育。游览观赏是最基本层次，户外运动、休闲娱乐、参与创造、文化教育、自然教育、休养保健是专门层次。

3.1.3　游憩分类体系——游憩分类树

游憩活动是游憩价值实现的具体途径，是生活多样性的重要载体。闲暇是游憩活动发生发展的时间基础——"树根"，七类活动是活动树的七个主要枝干，每个枝干都结满大小不同的"果实"，根据活动主体、互动程度、依托环境、适宜年龄、消费水平等可以进一步分化出众多各具特色的活动序列（表 3-2）。

表 3-2　游憩分类树的基本结构

活动基础	活动属性	活动单体	活动要素	活动层次
闲暇游憩	游览观赏	边走边看、摄影、驾车兜风、寻幽、访古、观奇等	活动主体：适宜年龄、消费水平；依托环境：自然与人工；依托设施：现代与传统；规模与投资	身体移动生理变化精神感悟（寄情、品评）科学感悟
	户外运动	滑翔、跳伞、热气球、露营、登山、攀岩、滑雪、帆船、冲浪、游艇、潜水、滑水、航海、远足、高尔夫等		
	休闲娱乐	音乐、舞蹈、电视、电影、游戏、看书、打牌、麻将、下棋、聊天、养花种菜、烹饪、购物等		
	参与创造	折纸、橡皮泥、油画、涂鸦、陶艺、手工艺、刺绣、绘画、织毛衣、绘画、书法、十字绣、写生等		
	文化体验	参观少年宫、科技馆、爱国教育基地、博物馆、画展、科技活动、读书阅报、参观各种展览、历史文化考古、宗教活动、民俗活动、学习充电等		
	自然教育	认识植物、动物、岩石、地貌、自然现象探奇、自然研究小组等		
	休养保健	避暑、避寒、温泉浴、日光浴、森林浴、沙浴、桑拿、按摩、瑜伽、太极拳等		

表3-3 台湾学者根据地域环境提出一个比较完整的分类系统

分类形式	陆域游憩	水域游憩	空域游憩	人文游憩活动
定位型	①露营（原始—设施）野餐 ②户外活动、室内运动 ③遥控飞机、遥控赛车 ④自然探险 ⑤攀岩 ⑥度假住宿、日光浴 ⑦骑自行车(自行车场竞技) ⑧骑马（马场） ⑨嗜好性活动（栽植花木、饲养宠物） ⑩儿童游戏场、体能训练场	①游泳 ②潜水 ③钓鱼（养鱼池、溪钓、矶钓、滩钓、堤钓） ④踏踏乐 ⑤洗温泉 ⑥乘坐游艇、玻璃底船 ⑦研究自然（海洋、生态） ⑧观赏海洋世界（水中） ⑨沙滩活动（游戏、球类活动、日光浴、贝壳、岩石、动植物标本采集）	跳伞	①各式社交及团体聚会 ②户外表演（剧场、音乐会、街头画） ③赶集（艺品、农产品、商品、观光夜市） ④农产观光（观光农园、渔村） ⑤游乐场、马戏团 ⑥历史古迹、纪念物
移动型	①乘车赏景 ②骑自行车、骑马 ③登山、健行 ④放风筝 ⑤自然探胜 ⑥打猎 ⑦摄影 ⑧滑草 ⑨滑雪、雪橇、雪车 ⑩赛车	①游泳 ②钓鱼（船钓） ③泛舟 ④龙船竞赛、赛船 ⑤飞翼船 ⑥海上游乐船（气垫船、帆船等） ⑦滑水、冲浪 ⑧风帆板、水上摩托车 ⑨轮胎浮游、踏踏乐	①滑翔翼 ②热气球 ③拖拽伞（陆上、水上） ④架飞机、滑翔机	

注：中国台湾省"营建署"与东海大学景观系合作的区域计划地理资讯查询系统。

表3-3是台湾学者提出的分类方法，以"所在环境的种类"（分陆域、水域、空域和人文游憩活动）与"活动地点"（分集中式的定位型和广泛式的移动型等）两者分层交叉分类。这样可以让我们更清楚地看到不同游憩活动之间的联系与区别，层次清晰，便于分析。以环境分类的好处，是在于较易选取、搭配游憩活动项目，以活动分类的优点，可以针对土地的大小、市场竞争性和经营策略来设计游憩活动。

从景观环境属性角度可以针对不同景观类型而建立不同的分类体系，如森林、草地、湖泊、河流、乡野、山岳游憩体系等。每类景观在不同社会经济发展阶段对其价值认知和利用方式是不同的，如森林景观，经历了森林文学、森林采伐、林下经济、森林旅游、森林康养、森林休闲、森林疗愈、森林生物多样性、森林生态系统服务、森林碳汇等认识和利用阶段。

国际上很多游憩学者分别提出了自己的游憩分类体系，如表3-4~ 表3-7所示。

美国学者约翰·B.纳什（John B.Nash）根据时间的利用价值把游憩活动分为从高水平到低水平活动六种类型，具有广泛的影响力。

1. 为别人服务的活动：最有意义。

表 3-4 伊索尔．阿霍拉（Iso-Ahola）、杰克孙、邓恩（Jackon and Dunn）的分类体系

类别	种类
身体活动	骑车、打球、跳舞、滑冰、跑步、有氧运动、游泳等
野外游憩活动	登山、野营、独木舟、越野、滑雪、钓鱼、高尔夫、野游、打猎、野餐、散步
集体体育活动	棒球、足球、曲棍球、橄榄球、冰球、排球等
趣味活动	创造性活动、收拾庭院、手工艺、摄影、参加公益活动等
家庭室内活动	电子游戏、听收音机、听唱片、读书、看电视等
借助工具的户外活动	开车兜风、游艇、保龄球
其他活动	探访文化遗迹、外食、娱乐、赌博、观看电影、旅行、休假、水上运动等

表 3-5 尤和贝里曼（Yu and Berryman）分类系统

类别	种类
家庭室内活动	看电视录像、听音乐、电话聊天
观赏活动	购物、看电影、观赏节庆活动
艺术及工艺活动	唱歌、表演、折纸、手工艺
趣味及游戏活动	玩卡片、电脑、游戏、集邮、书画
体育活动	篮球、排球、羽毛球
野外及其他活动	骑自行车、散步、兜风

表 3-6 麦基奇尼（Mckechnie）分类系统

类别	种类
操作型	借助手和工具：台球、打猎
工作型	利用材料进行制作：烹饪、设计服装、织毛衣
知识型	为了增长知识而进行的活动：看电影、欣赏音乐、读书等
生活型	平时发生的日常活动：收拾庭院、日光浴、看望朋友
一般体育型	锻炼身体为目的：羽毛球、棒球、足球、跑步等
魅力体育型	需要耐心、知识和体力的活动：射箭、登山、划船、滑雪等

表 3-7 萨利（Szali）分类系统

类别	种类
准休闲	恢复身心的活动、学习、宗教活动、组织活动
被动休闲	欣赏音乐、视听电视、读书、看电影等接受信息的活动
完全休闲	娱乐、社交、体育、疗养

2. 直接参与创造及创作的活动。

3. 积极参与的活动：运动、登山。

4. 通过观赏他人的活动或作品，融入自己情感的活动。

5. 对社会和个人没有价值的活动，如部分电影、电视、收音机等。

6. 最低层次的休闲活动：犯罪、酒精中毒、赌博等。

从世界主要国家游憩分类体系来看，目前还没有一个世界统一的游憩分类体系（表 3-8~ 表 3-10）各国根据自身的需要，采用不同的分类开展国民游憩现状调查。

表 3-8 欧美国家游憩活动分类

研究者	分类标准	行为类型
伊索尔·阿霍拉（Iso-Ahola）	游憩形态	身体活动、野外活动、集体体育活动、趣味活动、室内活动、借助工具户外娱乐活动、其他活动
麦基奇尼（Mckechnie）	游憩活动手段	操作型、工作型、知识型、生活型、一般体育型、魅力体育型
萨利（A.Szali）	游憩活动类型	准休闲、被动休闲、完全休闲
纳什（Nash）	时间的利用价值	从高层次休闲到低层次休闲
奥思勒（Orthner）	与他人相互作用类型	个人活动、并行活动、合作活动
伦道（Randon，et al）	游憩活动类型	体育活动、消极文化活动、生产性知识活动
克拉夫（Clough，et al）	游憩参加者的动机	福利型、社会型、挑战型、追求地位型、坠落型、追求健康型

表 3-9 日本学者的游憩活动分类

研究者	分类标准	游憩行为类型
江桥慎四郎	休闲活动方式	体育活动、趣味教养活动、鉴赏活动、娱乐活动、交际活动
祖父江孝男	参加活动单位及满足程度	第一型、第二型、第三型、第四型
日本休闲开发中心	行政体系	体育部门、趣味创作部门、娱乐部门、旅游部门
石川弘义	休闲活动参与特点	性别活动、年龄活动、收入活动、支出活动、节假日活动
松原治朗	生活行为	交际活动、修养活动、趣味娱乐活动、大众媒体活动

注：第一型——个人进行个人满足；第二型——多人参与各自满足；第三型——人数有限集体满足；第四型——多人参与集体满足

表 3-10 韩国学者的游憩活动分类

研究者	类型化标准	推出的类型
东亚大学旅游休闲研究所	游憩行为形态	旅游、社交、近邻、鉴赏、体育、趣味教养、娱乐、其他
交通开发研究院	游憩利用形态	旅游、趣味教养、体育、娱乐和其他
高永复	游憩价值	活动型、被动型、中间型、否定型
金光得	游憩动机及活动内容	体育及健康、趣味及娱乐、娱乐及社交、鉴赏及观赏、游乐及旅行

注：体育及健康：以身体的发育、恢复和保养为目的；趣味及娱乐：以扩大知识面和增长见识为目的；娱乐及社交：以与人接触、娱乐、游戏、爱情为目的；鉴赏及观览：以心情转换和审美观察为目的；游乐及旅行：以亲近自然和修养为目的。

1986 年美国的户外调查分 16 种活动：散步、架车观光、野餐、游泳、参观公园、观赏文化、参加体育节事、户外比赛和运动、垂钓、泛舟、自行车、野营、自然观光、狩猎、骑马、高尔夫。

1989 法国的户外调查分 10 类：散步、野餐、节事和短途旅行、公园和其他地区、个人的体育活动、慢跑、垂钓、周末度假、团队的体育运动、狩猎等。

1986—1991 年英国的户外调查分 10 类：参观公园和开放空间、散步、短途旅行、自行车、户外运动和比赛、游泳、高尔夫、垂钓、骑马、参观主题公园。

户外游憩活动已经成为世界各国经济发展的重要力量：拉美国家户外游憩收入占整个旅游收入的 90% 以上；德国每年森林游憩者近 10 亿人次，占国内旅游收入的 67% 以上；日本每年进行"森林浴"约 8 亿人次；法国每年森林游憩人数达 6 亿人次，60% 的城市家庭每年至少要到森林旅游一次；美国每年参加森林游憩的人数高达 20 亿人次，森林旅游消费高达 3000 亿美元，美国人均 1/8 的收入都花在森林旅游上。

3.1.4 保护地游憩分类体系

对于特定的地域管理单元如国家公园、自然保护区、遗产地等通常有自己独立的分类系统，我国《风景名胜区总体规划标准》GB/T 50298—2018 中有一个游赏活动分类系统（表 3-11）。

表 3-11 《风景名胜区总体规划标准》GB/T 50298—2018 游赏项目类别表

游赏类别	游赏项目
野外游憩	①消闲散步；②郊游野游；③垂钓；④登山攀岩；⑤骑驭
审美欣赏	①览胜；②摄影；③写生；④寻幽；⑤访古；⑥寄情；⑦鉴赏；⑧品评；⑨写作；⑩创作
科技教育	①考察；②探胜探险；③观测研究；④科普；⑤教育；⑥采集；⑦寻根回归；⑧文博展览纪念宣传
娱乐体育	①游戏娱乐；②健身；③演艺；④体育；⑤水上水下运动；⑥冰雪活动；⑦沙草场活动；⑧其他体智技能运动
休养保健	①避暑避寒；②野营露营；③休养；④疗养；⑤温泉浴；⑥海水浴；⑦泥沙浴；⑧日光浴；⑨空气浴；⑩森林浴
其他	①民俗节庆；②社交聚会；③宗教礼仪；④购物商贸；⑤劳作体验

这个分类系统中一些活动归属与活动属性不匹配，建议调整为以下分类系统（表 3-12）。

表 3-12 风景名胜区游憩活动分类系统

分类	陆域	水域	空域
运动挑战类	①赛车；②越野；③赛马；④滑雪	①冲浪；②潜水；③帆板	①滑翔；②跳伞；③溜索；④热气球；⑤翼装飞行
文化体验类	①宗教；②节庆；③风味小吃；④劳作体验	水乡风情	
生态游憩类	①野营；②野餐；③垂钓；④森林浴；⑤寻幽	①游泳；②划船；③海水浴；④泥沙浴	
娱乐休闲类	①音乐；②电影；③戏剧；④茶馆；⑤表演	水上表演	
审美观赏类	①自然览胜；②摄影；③文化览胜	水上、水面、水下观赏	空中观赏
研究教育类	①观测研究；②科普；③教育；④标本采集；⑤写生；⑥品评；⑦写作；⑧创作		

3.1.5 游憩活动信息系统

1. 游憩活动技术指标

对于规划设计来说，关心得更多的是每一项活动的经济技术与环境指标，其中游憩密度、用地需求与成本需求是三个最基本的度量指标。

（1）游憩密度：各种游憩活动每天每公顷面积的适宜游客人数。以自然为基础的游憩活动一般分为四种类型（表 3-13）。

表 3-13 自然地域游憩密度分级表

密度	每公顷使用人数	特征
非常低	少于 5	接近自然
低	5~50	较大空间
中等	40~300	不拥挤到拥挤
高	1000~5000	非常拥挤

（表格来源：引自（英）曼纽尔.鲍德-博拉《旅游与游憩规划设计手册》，2004：61）

（2）用地需求：一个高尔夫练习者常规练习所需要的面积是网球练习者常规练习所需面积的 40 倍，是室内游泳者所需面积的 500 倍（表 3-14）。

表 3-14 游憩活动用地指标一览表

土地需求	人均用地（m²）	活动种类
非常高	多于 600	高尔夫、自备马匹骑马、周末别墅
高	100~200	租用马匹骑马、乡村足球、租用花园
一般	40~65	城市足球、野餐、游憩公园、野营
小	5~25	网球、小型帆船、公园
非常小	小于 5	露天或室内游泳池、溜冰、风帆冲浪

（表格来源：引自（英）曼纽尔.鲍德-博拉《旅游与游憩规划设计手册》，2004：61；有删减）

露营和野餐是比较近似的活动，环境适宜性的细微差别在于：

1）露营更注重荒野体验，野餐则注重风景体验。露营者对环境荒野度更关心，而野餐者更希望有一个美丽的环境。

2）野餐的用具比之露营较为简单，坡度和场地面积要求更低。

3）野餐比露营舒适性略强，坡向、可达性要求略高。

露营点都可作野餐点，而游人中心、码头周边公园绿地也是野餐的理想场所。

（3）成本需求：个人承担与政府承担。

对于规划目的来说，在对游憩项目投资决策之前，综合考虑游人数和相对收入；地方政府要考虑需求弹性和产品的可替代性，力求用最小的花费满足居民对游憩和运动的需求（表3-15）。

表3-15　游憩项目建设运营的成本结构

参与者承担的成本	活动案例
非常高	高尔夫、骑马、帆船、购置周末别墅
相对高	城市足球、室内游泳池、室内滑冰、住宅式露营
一般	网球、乡村足球、轻型帆船、风帆冲浪
较便宜	室外游泳、野餐、散步、徒步旅行
地方政府承担的成本	活动案例
很高	室内运动与游泳、城市足球、游艇停泊
高	乡村足球、租用花园、天然水面游泳
低	网球、轻型帆船、风帆冲浪、骑马、散步、徒步旅行、城市或市郊公园

（表格来源：引自（英）曼纽尔.鲍德－博拉《旅游与游憩规划设计手册》，2004：62）

2.分类编码

为了便于查询，对每项活动进行编号，构建游憩活动库。这个库的结构分大类、中类、小类（活动单体）等三个层次，大类基于活动属性分7类：游览观赏、户外运动、休闲娱乐、参与创造、文化教育、自然教育、休养保健等，每一大类基于活动环境分陆域、水域、空域等三个中类，每个中类基于活动主体、依托环境、依托设施等分若干小类，小类分类形式是矩阵型的；大类按Ⅰ、Ⅱ、Ⅲ、Ⅳ、Ⅴ、Ⅵ、Ⅶ编码，中类按1、2、3编码，小类的每一系列均按1、2、3……编码，举例来说，如果需要查询适宜5~7岁儿童水上活动有哪些？输入编号Ⅱ211（1年龄、1儿童）即可显示所需活动信息。

对所有游憩活动进行编码建立游憩数据信息系统，直接为研究、管理、规划设计服务。

3.2 游憩行为空间体系

3.2.1 以住居为中心的行为空间体系

时间、距离、动机、年龄、交通方式是户外行为主要影响因素，其中15分钟生活圈是基本的空间单元，以步行绿道体系为主组织各类公共游憩与生活、工作空间体系（图3-1）。

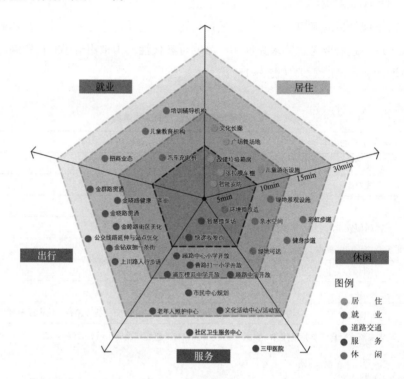

图 3-1 浦东曹路镇 15min 生活圈结构示意图
（图片来源：作者改绘自网络图片）

3.2.2 距离衰减规律

大中尺度的游憩行为呈现明显的距离衰减特征，即随着距离增加，城市户外游憩人数逐渐增多，门槛距离之后，户外游憩人数逐渐减少。不同城市、城市发展的不同阶段，城市居民户外游憩门槛距离不同，交通是最重要的影响因素（图3-2）。

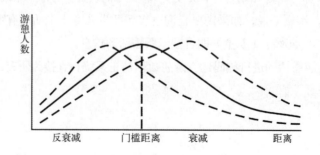

图 3-2 城市居民户外游憩的门槛距离

3.2.3 等级规模扩散规律

在大中尺度户外游憩行为空间中，游憩地知名度与游憩价值决定了游憩行为的空间分布特征，知名度越高游憩人数越多，知名度越小游憩人数越少，游憩人数流动行为呈现等级规模扩散特征（图3-3）。对于旅游目的地来说，游客的

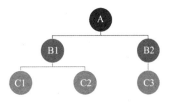

图 3-3 游憩行为的等级规模扩散规律

流动行为在时间限制条件下，首先选择级别最高景区，依次选择二级、三级景区，实现时间价值和时间利用效率最大化。

3.3 游憩空间的行为体系

3.3.1 游憩行为之间的相互关系

游憩活动之间相互关系主要有以下几类：

1. 连锁关系

一项活动的发生会带动其他活动的发生，如海滨游泳—太阳浴—沙浴—沙滩排球的连锁性，登山—野餐—露营的连锁性，古寺观赏与宗教活动，创意文化与艺术观赏，郊野观光与农家乐、垂钓与烧烤等，这类关系通常发生在同一地域中，相互关联的活动构成活动链，活动链创建了地域综合体的功能特色。连锁关系可以细分为视听觉连锁——观景的同时听流水瀑布、鸟鸣的声音，再加上嗅觉连锁——闻花香、呼吸负氧离子的清新，形成多感官的互动。

2. 观赏关系

一项活动成为被观赏的对象引发出另一项活动，如滑雪与风景观赏，街头表演、舞蹈、民俗活动，通常竞技性活动均具有观赏性，无论发生于室内还是室外。

连锁关系与观赏关系可以促进游憩活动的发生与发展。

3. 冲突关系

两项活动在同一空间发生相互冲突，如钓鱼与划船，狩猎与攀岩，观鸟、烧烤与有氧运动，游泳与快艇，观赏表演与听音乐，广场上的集体舞与滑旱冰，草坪足球与草坪风筝，沙滩浴与沙滩排球、足球，看书与唱歌跳舞，安静活动与动态活动。活动之间的冲突包括视觉冲突、嗅觉冲突、听觉冲突、触觉冲突、味觉冲突等。

4. 干扰关系

比冲突关系要弱一点，两项活动在同一空间或相邻空间发生相互干扰而降低体验质量，但不至于产生活动中断或危险性发生，如机械游乐噪音与露营野

餐活动、风景摄影与私密性活动等。

冲突与干扰关系对游憩活动的发生具有抑制作用，可以分三种类型：目标干扰、地域干扰、空间冲突，1980年雅各布（Jacob）和施赖尔（Schreyer）提出目标干扰模式：由于他人行为而干扰自己的目标，归纳出四个引起游憩冲突的可能影响因素：投入活动的程度、重视资源的程度、追求的体验及生活形态。1983年伯里（Bury）、霍兰（Holland）和麦克尤恩（McEwen）提出不相容概念模式：不论何时发生的不相容活动。每种活动对环境要求及活动本身的技术性不同，在同一空间内活动之间距离越远，则表示越不相容，不同技术性活动参与者的冲突情形：越野滑雪与乘雪车，划独木舟与乘机动船，健行者与越野骑车登山者。1980年Lindsay提出目标干扰与相容性模式：由于参与者之间在物理、社会或心理空间的竞争，而导致游憩目标的冲突。一个游憩空间可提供多种活动利用，而不同类型活动在同一空间的同时发生，冲突的可能性增加。

游憩者在游憩地的行为有调适（Accomodation）与同化（Assimilarization）两类，调适行为如改变态度、重新评估游憩体验水准；同化行为如改变行为、减少旅游次数、缩短停留时间、转移他处等。

调适行为是游憩者对环境采取一种较为消极的适应环境态度，当心理期望与现实状况差距比较大时，以自我合理化方式调节心理状态，尽量促使心情状态与外在环境状况维持协和一致。同化行为是游憩者对不良环境所做的改变环境行为的一种反应，在游憩行为上产生的替代现象（Displacement）。1986年Manning提出在乎影响的游客被不在乎的游客替代，以致不在乎影响的游客，对游憩区的影响状态可能视若无睹，也不会影响其满意程度，因而误导了经营者适时施以措施来改善。

管理者不能只相信单纯的游客满意度的结果，应清楚了解游客是否有调适或同化行为，更有必要了解游客对冲击的认知程度及其与满意度之间的关系，以便更有效提高经营管理的效率与质量。

游客对游憩影响的认知程度与游客属性密切相关，其中显著影响因素有教育程度、活动地点、参与活动团体、停留时间、到访次数以及对基地的印象。

5. 相互无关

两项活动可以在同一空间发生，互不影响，如钓鱼与散步、日光浴与冲浪。空间上相互冲突的活动如果在时间上错开开展就变成相互无关的活动。

总之，一个活动的发生可能导致另一个活动的开展，也可能导致另一个活动的灭亡。相互冲突的游憩活动不能在同一空间或同一时间内发生，可以错时开展；具有连锁关系、观赏关系的游憩活动在规划中应充分利用其空间上的关联性，互相借景，合理布局。在游憩地规划中首先就要根据其功能定位，列出各项游憩活动，分析各项活动之间相互关系（图3-4、表3-16）。

表3-16 水上游憩活动的相互关系

	游泳	钓鱼	划船	游艇	帆板	潜水	滑水	冲浪	水上跳伞	漂流
游泳		C	C	C	C	R	C	C	R	R
钓鱼			C	C	C	C	C	C	C	C
划船				R	C	R	C	N	R	R
游艇					R	R	R	R	R	R
帆板						R	R	R	R	N
潜水							R	R	R	N
滑水								N	R	N
冲浪									R	N
水上跳伞										N
漂流										

注：C—冲突，R—连锁；N—兼容不相关。

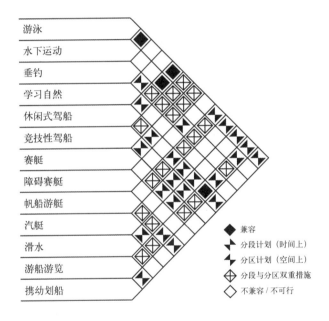

图3-4 游憩活动兼容与冲突调控计划图示
（图片来源：引自（英）曼纽尔·鲍德-博拉《旅游与游憩规划设计手册》，2004：60)

3.3.2 游憩行为与游憩需求的关系

游憩需求是一个综合概念，包括活动需求、环境需求、体验需求、收获需求和满意需求五个方面，满意是终极目标。

按照弗洛伊德意识层次理论，潜意识层孕育着人的原始需要与情感，是生命的原动力，总是按照"快乐原则"去获得满足，决定人的全部有意识的生活，潜意识包括生物性潜意识和社会性潜意识。

生物性潜意识是在长期的自然进化中形成的，决定了人不可能离开自然而生存。

社会性潜意识是人类社会历史文明在人类潜意识中的积淀，表现为人的文化传统和生活方式，文化背景不同，闲暇使用方式不同，表现为民族之间的差异、东方人与西方人之间的差异等，而且随着经济社会的不断变化，两者在游憩形态上也有明显的反映。

前者决定了人类回归自然的普遍游憩需求，后者使游憩活动、设施与环境具有很大的地域差异性。

对游憩需求的把握主要通过田野调查和大数据分析，根据游憩需求总体趋势，对特定的市场进行调查、分析评价和预测需求。

一般游憩需求分八类：

1. 回归自然

2. 休息放松

3. 增进与亲友的关系

4. 远离人群，享受孤独

5. 强身健体

6. 获得新知识

7. 体验新经验

8. 购物

这些需求可以通过参加某些游憩活动来实现，此外需求还需要引导和刺激（表3-17）。

表3-17 游憩活动与游憩需求之间的一般关系

游憩需求 \ 游憩活动	观赏风景	爬山登高	野营露营	观赏动植物	高尔夫球	赛马	赛车	游艺活动	自行车越野	网球羽毛球	射击狩猎	跳伞	滑水	游泳	漂流	划船	垂钓	饮食购物	探亲访友
回归自然	R	R	R	R	R	R	R	R	R	R	R	R	R	R	R	R	R	R	R
休息放松	R	R	R	R	R			R	R	R	R		R	R	R	R	R	R	R
远离人群享受孤独	R	R	R	R	R			R	R		R			R	R	R	R		
强身健体	R	R	R	R				R			R								
获得新知识		R													R				

注：R—连锁。

3.3.3 游憩行为与环境关系

环境是游憩行为发生的空间基础，游憩行为与环境的关系是人地系统中的关系之一，地质地貌、水文气象、动植物以及生态系统的结构与稳定性等都影响游憩活动的选择和开展。

游憩容量是调节两者关系的重要指标，从节约投资与保护环境两方面出发，游憩适地性是游憩规划的原则之一，不同的地形坡度、环境条件开展不同的游憩活动。

游憩与环境相互作用机理：游憩影响与游憩冲击，环境感知与生态意识（表3-18）。

表 3-18 游憩与环境关联性一览表

环境条件 \ 游憩活动		爬山登高	徒步旅行	狩猎	避暑	避寒	滑雪	溜冰	骑自行车	骑马	驾车	飞翔	野营	高尔夫	舟游	海水浴	钓鱼	游艇	温泉浴
1	标高	B																	
2	倾斜	A	A				A		A	A	B	A	A	A	B	B	B	B	
3	水边 沙滩															A			
4	水边 海边												B						
5	地貌	A	A		A	A	A	B	A	A	B	A	A	A	B	B			B
6	温泉	B	B		B	B	B		B							B			A
7	气温	B	B		A	A	B	B	B	B		B	B	B			B		
8	积雪量	B	B				A	A	B	B	B	B	B	B	B	B		B	
9	水深						A								A			A	
10	水温															A		B	
11	潮流															B	B	B	
12	流速														A	A			
13	采集对象 鸟兽			A															
14	采集对象 鱼类												B				A		
15	活动水面 海																		
16	活动水面 湖						A								A	A	A	A	
17	活动水面 川																		
18	水质														A	A	A	B	

注：① A 是受环境条件限制的活动项目，② B 是受环境条件的限制而成附属活动的项目。

参考《观光游憩计划论》，1975 年日本编，1980 年中国台湾译。

3.3.4 游憩行为、设施与环境的综合关系

1. 游憩设施体系

游憩设施是游憩活动与体验的支持条件与载体，根据设施性质可以分三类：活动设施、服务设施、基础设施。

（1）活动设施体系

活动设施是指支持游憩活动开展的物理器械，如康体设施、运动设施、拓展训练设施、潜水设施等，设施随活动性质而定，设施有技术含量、材质类别、文化意义、高低档次之分（表 3-19 ～表 3-22）。

（2）多维游径体系

游憩游径体系分陆地步行、陆地车行、水上航行、雪地滑行、空中飞行等五类游径体系，每类游径定性是以游憩者亲自体验为依据，分自身体力和外在动力两类（表 3-23）。

2. 设施与环境的综合关系

设施是游憩活动与环境之间的媒介，根据环境特征增加一些设施就可以引导一些游憩活动的开展。

表 3-19　游憩设施体系一览表

陆地运动设施	陆地游憩设施	水上游憩设施	空中游憩设施	基本设施
运动场地	野餐地	自然泳浴区	热气球场地 溜索场地	电影院、多功能厅、歌舞厅、夜总会
室内运动场馆	公园、休息区、游戏区	游泳池	滑翔机	青年中心、露天剧场
骑术	步道、徒步游径	帆船活动驾船活动	游览索道	图书馆、阅览室、电视室、赌场
高尔夫球场	其他种类游径	其他水上活动	直升机	游客中心

表 3-20　陆地运动设施一览表

运动场地	室内运动场馆	骑术	高尔夫球场
网球场	乡村体育馆和社区研究中心	骑术中心、骑术指导	私人俱乐部
绿茵场团体运动	小型运动中心	大、中、小骑马场	住宅开发
操场或运动场	大中型运动中心	长途马道	公共高尔夫球场
			高尔夫酒店或高尔夫度假区
	休闲中心	骑马小道	俱乐部会所和服务区
			训练区
			开球区、果岭球道
			停车场、维护间、高尔夫用品店

表 3-21　自然游憩设施一览表

野餐活动	公园休闲区	步道徒步游径	其他种类游径
路旁野餐区	城市公园	短距离环形散步道	城镇、乡村、山地自行车道
特定野餐区	郊区公园	中距离步行观赏游径	骑马、乘坐马车
公园野餐区	小公共花园（果蔬园、综合园、周末花园）	长距离徒步旅行游径	摩托车道
			探秘游径
			适合水道
			雪地车道、滑道

表 3-22　水上游憩设施一览表

自然泳浴区	游泳池	帆船活动和驾船活动	其他水上活动
小溪	露天游泳池	帆船游艇	垂钓
池塘	室内运动游泳池	冲浪风帆	内河游船
小湖	室内运动娱乐游泳池	摩托艇、赛艇	潜水
水库	微型水上乐园	滑板	遥控船模
废弃采石场	大型购物中心吸引物	小型手划船、脚踏船	

表 3-23 游憩游径体系

陆地步行 / 慢行	水上航行	雪地滑行	陆地车行	空中飞行
以住居 / 假日酒店为中心环形游径体系：短距离 0.5~2h，中距离 2~5h，长距离 5~8h 或数天，几百千米远足野道、绿道、公园道、风景道、栈道	邮轮、游艇、游船、帆船、快艇、手划船、漂流	滑雪道、雪橇、雪地车	越野车、营地车、自驾车、马车、电瓶车	滑翔、翼装飞行、热气球、直升机

活动、设施与环境之间的关系主要有两种类型：一种是一一对应关系，另一种是一对多关系，前者如山岳风景景观与登山、攀岩活动的关系，高尔夫球场专供打高尔夫球之用，后者如广阔的水域，可以开展游泳、钓鱼、泛舟、帆船等各项活动。

有些游憩活动需要依赖特殊的自然环境，如海水浴、潜水等活动需要和缓的沙滩、洁净清澈的海水。

有些活动不需特殊的自然环境，但需要大量资本的投入，如高尔夫球场，其他如保龄球馆、网球场、机械游乐园等都是人为地建设各种设施导入各种游憩活动。

在自然环境中设施越少，自然度越高，设施越多，现代化程度越高，活动、设施与环境的关系见表 3-24。

表 3-24 游憩活动、设施与环境的关系

环境＼活动	荒野	半荒野	半现代化	现代化
1. 登山赏景	荒野状态	步行道、马道	游览道、缆车	服务基地
2. 攀岩	荒野状态	非正式场地	攀岩场地及辅助设施	练习场
3. 露营	荒野状态	非正式场地	露营地及辅助设施	专门设施
4. 野餐	荒野状态	非正式场地	野餐桌	专门设施
5. 小屋住宿		茅草棚、民宿	小木屋、民宿	酒店宾馆
6. 水上活动		码头、非动力船、独木舟	码头、游艇	训练场地
7. 温泉浴		天然浴池	人工适度修整的浴池	室内浴池
8. 科学研究	科学检测点	科学研究站	研究服务基地	博物馆
9. 赏花		野花径、土路	野花径、碎石路	研究服务基地
10. 滑车			滑道、滑橇	专门场地
11. 骑自行车		越野土路	越野砂石路	柏油路、塑胶路

3.3.5 游憩行为的地域组合与配置

游憩活动可分为类型与系列两个方面，每一类游憩活动从消费水平角度可分为高、中、低档系列，任何一个游憩地都是由几个不同类型游憩活动及其每一类活动中的某一系列组成，类型与系列的组合可以分为 4 种模式：

1. 单系列多类型组合模式

这一类模式以城市公园为代表，比较普遍，作为大众化的休闲空间，日常各类休闲活动收费低，参与人数多，T轴为类型轴，S轴为系列轴，这类模式如图 3-5 所示。

2. 多系列单类型组合模式

这类模式以专门化的游憩场所为代表，如高尔夫球场、康复疗养度假胜地等，康复活动如负氧离子浴、面膜、冲击超声波、洒浴池、咖啡浴、游泳、网球、散步等，度假村由小木屋、别墅、公寓、饭店等组成。这类模式如图 3-6 所示。

3. 多系列多类型选组合模式

这类模式一般以大型旅游区或度假区为代表，可开展的游憩活动很多，各项活动的消费水平也不相同，旅游者可以有选择地参与，如图 3-7 所示。

4. 多系列多类型组合模式

这类模式是一种理想状态，全面满足各种类型游客的各种需求，实际上一个旅游地是很难做到的（图 3-8）。

5. 模式的选择

在具体规划设计中，选择什么样的模式取决于游憩地功能定位以及游憩活动组合的结构效益，假设每一项活动如划船、射击、攀岩等分别作为一个元素 A_i，那么：

$$\text{Max}U=\max f\left(A_1U,\ A_2U,\ \cdots,\ A_mU\right)$$

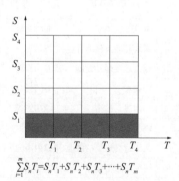

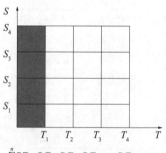

$$\sum_{i=1}^{m}S_nT_i=S_nT_1+S_nT_2+S_nT_3+\cdots+S_nT_m$$

$$\sum_{i=1}^{n}S_iT_m=S_1T_m+S_2T_m+S_3T_m+\cdots+S_nT_m$$

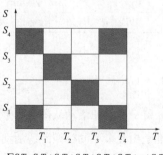

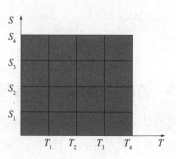

$$\sum S_iT_j=S_1T_1+S_4T_1+S_3T_2+S_2T_3+S_4T_4+\cdots+S_nT_m$$

$$\sum S_iT_j=S_1T_1+S_2T_2+\cdots+S_nT_m$$

图 3-5 单系列多类型组合模式（左图）

图 3-6 多系列单类型组合模式（右图）

图 3-7 多系列多类型选择组合模式（左图）

图 3-8 多系列多类型组合模式（右图）

约束条件：① A_1U，A_2U，…，$A_iU^m = C_n^m$

② $\sum En_i \geqslant 0$

③ $\sum Ec_i \geqslant 0$

④ $\sum Sc_i \geqslant 0$

式中 U 为游憩活动组合结构效益（游憩效用），C_n^m 为从 n 个游憩活动（元素）中选取 m 个活动（元素）的组合。

6. 组合效益的评价

这是一个概念模式，如何定量评价？需要进一步研究，这个方法可以用于规划设计方案评价，发现方案的不足，预期判断规划设计实施后可能存在的问题。

7. 地域配置

游憩活动之间的相互关系通过空间配置来加强综合效益，避免相互不利影响，创造有序的游憩行为空间序列，在需求与区位确定的前提下生态适宜性是自然环境下开展游憩活动的重要条件。不同的生态环境适宜不同活动的开展，必须在生态可承受范围内明确适宜开展的游憩活动的性质、强度与密度，能动性、创造性与适宜性三结合。

游憩活动地域配置的基本模式主要有点状、线性、块状、网状等四类：点状模式的特点是活动分散，低强度、低密度；线性模式的特点是随自然要素的形态变化而布局，一般以线性自然要素如河流、湖岸、海岸、沟谷等为依托，或以游径为依托；块状模式的共性是分区布局；网状模式是点线模式的综合。

8. 组合案例分析

大雾山国家公园（Great Smoky Mountains National Park，以下简称 GSW，图 3-9）户外游憩活动：徒步旅行、野营、观光、骑马、垂钓、野餐、开发历史演示、健行、驾车旅行、狩猎、观鸟，公园有 272km 的公路、160km 的碎石路、1440km 的步行道和骑马道。阿巴拉奇亚（Appalachian）游径沿着山脊穿越 GSM 公园（Shelter），每个设施相距一天的步程，这些小屋只供一天的驻留，并要预订。

GSM 有 10 个营地，其中 Elkmont、Smokemont and Cades 等三个营地使用国家公园局专用帐篷，没有电台。特许经营木屋为野营者提供两者选择：一是埃尔克蒙特（Elkmont）的旺德兰得俱乐部（Wonderland Club）宾馆，在公园建立前他是私人俱乐部，二是位于海拔 2009m 的勒肯德（Leconte）客栈，专为徒步旅行者而设，有餐点供应，10 个小间，无电。公园入口有大量的商业性旅馆、饭店、商店和其他一些吸引物。1991 年接待游憩人数 865.45 万人次，仅次于黄石、优胜美地、大峡谷国家公园。

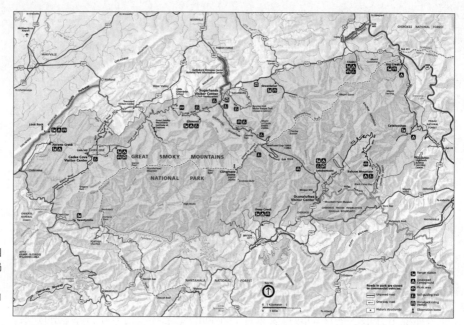

图 3-9　大雾山国家公园
户外游憩活动空间布局
示意图
（图片来源：引自大雾山
国家公园官方网站）

思考题

1. 游憩行为分类的意义是什么？如何建立科学的游憩分类体系？

2. 游憩需求、行为、设施与环境的交互关系是什么？

3. 景观游憩行为地域组合有没有规律可循？

第 4 章

景观游憩的健康影响

4.1 基本概念

4.1.1 园艺治疗

　　园艺治疗是通过参与园艺活动放松身心、调节情绪、改善心理状态的一种疗愈行为，园艺活动包括艺术插花、树枝修剪、草坪修理、浇水松土、盆景制作等。美国园艺治疗协会（American Horticultural Therapy Association，AHTA）的定义：园艺疗法是对于有必要在其身体以及精神方面进行改善的人们，利用植物栽培与园艺操作活动从其社会、教育、心理以及身体诸方面进行调整更新的一种有效的方法。园艺治疗目标包括：知觉的刺激、社会的交互作用和整合、团体成员的归属感、自尊和自我价值、积极愉悦的体验等，置身于园艺环境开展园艺活动，激发兴趣，塑造信心。

　　园艺治疗是一种辅助治疗手法，广泛应用于生理、心理、精神和社会的康复问题。园艺治疗对象包括残疾人、高龄老人、精神病患者、智力障碍者、乱用药物者、犯罪者以及社会弱者等。

　　园艺治疗既是园艺操作与医疗卫生相结合的实践技术，又是一种园艺鉴赏与精神心理疗愈相结合的文化。园艺治疗是一门交叉学科，它要求园艺疗法技术人员具备多个领域的知识结构与技术实践能力：社会福利与医疗方面，园艺知识与植物栽培技术以及园艺疗法所特有的知识与技术，除此之外，还需要心理学、环境学、美学等相关学科知识。欧美日本等国家园艺疗法已经形成一套系统的现代技术与制度文化体系，园艺治疗师认证制度比较成熟，值得国内学习，结合中国优秀文化传统、自然条件、社会福利与医疗制度，建立健全具有中国特色的园艺治疗制度和科学研究、人才培养体系。

　　园艺治疗在英、美、日等国家发展迅速，从表 4-1 可以看出英美日园艺治疗制度的完整性，可以实施园艺疗法的机构有精神疗养院、老人福利设施、刑务所、工读学校、残疾人设施、职业培训中心、护士学校、有关大专院校、植物园以及其他园林绿地部门等，这在国内发展尚少。

　　美国园艺治疗师注册制度及注册园艺治疗师（Registers Horticultural Therapists），分为助理师 HTA（Horticultural Therapist Assistant）、注册师 HTR（Horticultural Therapist Registered）、主治师 HTM（Horticultural Therapist Master）。[①] 评价的标准主要从受教育状况、相关工作经历、专业操作、核心课程等几个方面来考察。我国也要尽早建立起相关的组织机构和职业认证制度，更好地服务于国民健康。

　　园艺治疗在中国具有深厚的文化基础，我国古药志《日华与诸家本草》

---

① 李树华. 英美园艺疗法师资格认证制度与就业. 农业科技与信息（现代园林）[J]. 2012（2）：14-19.

表 4-1 英、美、日园艺治疗发展状况一览表

	英国	美国	日本
源起与发展	1699 年李那托·麦加在《英国庭园》提及用园艺方法进行治疗；1792 年约克收容所研究利用自然力量进行治疗；19 世纪初有患者在农场进行劳动后提高了治疗效果；还有患者通过种植花木病情得以治愈	1812 年美一医学博士报道了园艺活动有助于治疗；1817 年在费城一精神病院中积极开展园艺疗法；1945 年后军人医院开始采用园艺疗法进行治疗效果颇佳	1991 日本绿化中心调查欧美各国的园艺疗法状况后写成《园艺疗法现状调查报告书》；1997 年 10 月 8 日到 10 日在岩手县第一次举办了世界园艺疗法大会；1994 召开国际园艺学会
组织机构	1978 年成立了"英国园艺疗法协会"；20 世纪 90 年代后开始产生各种训练园艺疗法的机构	1973 年成立美国园艺疗法协会普及园艺疗法，后来发展为 AHTA；1977 年芝加哥植物园在其都市园艺部中设立园艺疗法处，并开园艺疗法课程	1995 年 2 月创设园艺疗法研修会；1995 年设立了园艺心理疗法研究会；1995 年秋成立日本园艺疗法研究会
教育状况	英国园艺疗法协会与一所大学保健社会学院共同开设专门科目，结束后可授予"治疗园艺结业证明书"	1950 年密执安大学开始了园艺疗法研讨会；1955 年诞生了第一位园艺疗法硕士；1971 年堪萨斯州立大学开设大学课程；1975 年堪萨斯州立大学开设研究生院课程	2002 年姬路工业大学园艺疗法研究室作为日本高等院校中设置的第一个专门研究机构开始招生培养园艺疗法的高级专门人才

《本草衍义》等书本中早已有"常闻菊花香可治头痛、头晕、感冒、视物模糊"等记载。古代的隐士在自己的田园里栽花种草，也是为了起到培养耐性、愉悦身心的作用。

园艺治疗作为一种园艺应用的科学领域，正处于迅速发展之势，我国应尽快建立专业教学体系和职业认证制度，培养出专业的园艺治疗师满足人们的需要。中国拥有自身的特色和优势，比如拥有精深的园艺鉴赏文化，文人吟诗画花、臆居竹林等，所以中国有望成为具有特色的园艺疗法的国家之一，培养园艺疗法学科人才，构建园艺治疗师认证制度和园艺疗法规范指南。

4.1.2 游憩疗愈

游憩疗愈强调的是以个体为单位的活动处方介入，这种介入依据个体健康状态的不同而不同[1]（图 4-1）：健康状态差、处于不好的环境中的人们需要专职人员专业化、结构化的导向，称为"治疗性活动"；随着健康状态的好转，自我实现倾向增加，专业人员角色减少，活动中的互动参与加强，该阶段称为"疗愈游憩"；当个体日益健康且处于良好的环境，专业人员的角色退出，个人自我决定的倾向增加，参与者转向以自我为导向的"游憩疗愈"。良好的环境能够增加个体自我实现的倾向，以自然为基础的恢复性环境即是通过其内在的恢复性潜质，对应于人的需求和感知，达到利用自然处方改善健康的效果。

在美国犹他大学等医学院同公园游憩系联合设置疗愈游憩专业，针对一些疾病治疗如糖尿病、精神疾病治疗联合制定医疗方案，开具游憩疗愈处方。随

---

[1] D.R. Austin.Therapeutic Recreation：Processes and Techniques. 6th ed[M]. Urbana：Sagamore Publishing LLC，2008.

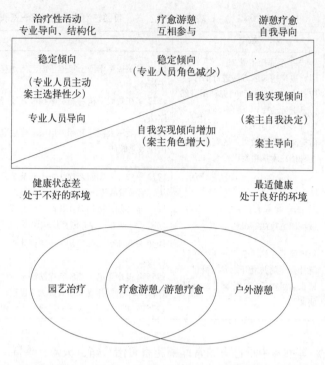

图 4-1 游憩疗愈的引导性与自主性连续谱
（图片来源：引自 Austin D R．Therapeutic recreation：Processes and techniques，作者译）

图 4-2 户外游憩和园艺治疗关系图

着城市经济的发展和城市居民精神生活的提高，人们对户外游憩的需求日渐高涨，这一领域的研究在国内外已非常之多。园艺治疗行动在国内则是刚刚起步。从整个国民健康的角度出发，户外游憩和园艺治疗的关系可用如图 4-2 所示来表达。

疗愈游憩（Therapeutic Recreation）是以疗愈为目的开展针对性的、专业的游憩活动帮助患者恢复身心健康，国外相关的研究有休闲能力模式研究和健康防护与健康促进模式研究。在美国有专门的协会 ATRA，授权疗愈游憩师专业资格认证书。

游憩疗愈（Recreation Therapy）是参与、利用各种不同的游憩活动，提高患者自理的、认知的、情绪的和社会的功能，通过改善每天规律性休闲游憩活动，恢复身心健康。

无论是户外游憩还是园艺治疗、疗愈游憩、游憩疗愈，都与国民身体健康、环境绿化美化以及福利医疗等社会问题息息相关，都需要人口管理、园林绿化、医疗卫生以及相关教育研究诸部门相协调。

4.1.3 景观疗愈

景观疗愈是指优美、舒适、协调的景观环境对人精神心理情绪调节与恢复效能，景观疗愈分要素疗愈和整体环境疗愈二类，要素疗愈如气味、色彩、声音、温泉等，整体环境疗愈如森林、山地、海滩等，可以消除疲劳、减轻压力、松弛神经、控制情绪等。景观疗愈质量是由人、绿色空间、游憩设施、游憩活动、环境管理等 5 个要素共同作用的结果。

1. 色彩疗愈

视觉是感官反应中最快速的，许多研究都发现颜色影响到我们的思想、行为和健康，借由色彩给人类的感受也可达到治疗的效果。色彩其实不只充满了我们整个的外界，它亦会透入我们的身体。色彩对我们身体所造成的影响不只有眼睛看得见的部分，在所有的色彩当中，红光及蓝光对人体的生理机制影响最大。红色会增强肌肉的活力、血压、呼吸及心脏效能；蓝色则能使身体放轻松、帮助苦于失眠的人等；黄色在生理上对于肝脏、胰脏及胃部都有益处，心理上则可以让注意力集中并有满足感；绿色是最和谐的颜色，除了生理上对心脏及免疫系统有直接的关系外，在生理上有"发芽"即繁衍下一代的意涵；蓝色在生理上对于喉咙、肺部及消化系统都很好，而心理上可以让心情松弛和平静；紫色对于大脑及内分泌腺体有直接的助益，心理上则代表着富有、自信，用在阿兹海默症早期发病时是有效的。

2. 芳香疗愈

芳香疗法是提取植物中的芳香分子作用于人体的医疗方法。古埃及的芳香疗法是一种生活方式，埃及人利用植物精粹以调节情绪、防腐与控制疾病。14世纪初席卷欧洲的黑死病导致欧洲三分之一至一半的人口死亡，当时的医学除建议带着草药香丸或在住宅与街角焚烧香料外，别无他法。第二次世界大战期间医学持续使用精油，设法在记录时间内预防坏疽病、愈合灼伤、治疗伤口。

3. 花园景观疗愈

在特定的地域空间创造丰富多样的景观环境，新鲜的空气，温暖的阳光，优美的植物景观色彩、气味，开阔的视野，舒适的休息空间，多样的景观设施如阶梯平台、长椅、路面、照明，适合不同患者状态的体力活动、园艺活动、情感交流活动等，让患者在一个舒适的、抚慰人心的空间中康复。

疗愈花园类型多样，国内外比较普遍的有城郊农业疗愈园、院落庭院等。欧美日本等国家大力推广市民农园，即市民在郊区或租或买一块土地，富裕阶层尚可在此建别墅，在此种花种菜，节假日全家驱车前往，播种移植，浇水施肥，接受阳光浴、森林浴与田园浴，焕发精神。我国是传统农业大国，土地资源紧张，发展农业疗愈园比较适合国情。在植物园、公园以及森林公园等公共绿地内设置园艺疗法区。敬老院、精神病院、劳教所、工读学校等也应设置园艺疗法专用场所。开始时可采取由高等院校提供进行讲授与指导的技术人才，公园绿地部门提供实习的场所、社会福利部门提供参加对象的方式，各自发挥自己的优势，促进园艺疗法事业的发展。

4. 公园景观疗愈

公园类型多样，但有一个共同点即以自然景观为主体，无论是人为自然还是荒野自然景观，开展各类户外游憩活动、体育运动以及生态体验活动，均具有积极的健康疗愈作用，大自然是最好药方，相对于白色医院来说公园是绿色医院。特别是城市公园，已经成为城市社会活动交往中心，老年人每天在公园的停留时间多于在家的时间，城市公园是社会健康疗愈的重要公共空间，在国外健康公园健康人活动成为健康疗愈的社会性活动。

4.1.4 公共健康

世界卫生组织 1946 年对健康的定义已经成为全球公认的定义，健康不仅是没有疾病，而是一种身体、心理和社会适应健全的状态。幸福感（Wellness、Wellbeing）强调以实现最大潜能为目标，人们有意识的，以自我为导向的演进过程，是一个多维、整体的概念，包括身体的、情绪的、智力的、精神的、社会的、环境的和职业的健康等七个方面，目前比较普遍译法是福祉、幸福感，是基于健康的更高层次的主观感受。

公共健康不同于医院的医疗服务，美国对公共健康的定义是通过评价、政策发展和保障措施来预防疾病、延长人寿命和促进人的身心健康的一门科学和艺术。疾病预防与流行病控制是公共健康管理的核心任务，政府在公共健康服务与管理中承担主导作用，近 20 年来世界主要发达国家积极推进绿色健康理念，推动居民回归自然、参与各类游憩活动，提高身体素质与健康水平，预防疾病的发生；公共健康服务的特点是成本低、社会效益回报周期长、政府主导等。

4.1.5 健康效益

"健康效益（Health Outcomes）"指通过一项或者一系列的干预对个人、团体或人群健康状况带来的影响和变化。世界卫生组织诠释"效益"为过程作用于目标群体产生的影响，对健康效益的衡量可以基于人群对健康状况的自我评价，也可以是对健康和生活品质相关因素的分析。

"景观健康效益"是指以景观作为干预手段对参与者的健康状况产生的影响程度。景观的复杂性决定了其对健康的干预过程也是丰富多样的，从生态的角度看，景观可以改善空气质量，增加负氧离子，经过人的神经系统和血液循环改善机体生理活动；从进化论的角度，自然环境能够减轻压力，调节内分泌和神经系统，特别是对副交感神经系统发生作用，进而对免疫系统产生积极影响；景观还可以通过刺激活动参与，促进社会交流和地方民众的和谐。景观健康效益的结果可以是生理症状得到某种程度的缓解，压力情绪有所降低，或者是提升了健康的整体感觉。

景观健康效益的构成非常广泛，既包含了与身体机能相关的生理健康，比如增加户外活动时间有助于维生素 D 和钙质的吸收，改善肌肉的强度，降低血压，减轻疾病带来的疼痛感等。也包含了与认知协调相关的情绪改善，比如自然中的芬芳花草有益于唤起快乐、兴奋的情绪，缓解焦虑和抑郁等。另外，在户外环境中，接触有生命的小动物，比如小鸟、鲤鱼、猫狗等宠物，可以让人感到亲切和愉悦，与其他人交往也是人的基本需求之一，在户外环境中，人们可以获得更多的交往机会，从而能够保持更好的独立性、认知能力和控制力。

4.2　景观游憩行为的健康影响研究进展

相关研究讨论了行为类型、剂量[①]（Dose）、环境自然度、活动陪同者对健康效益的影响。公园游憩行为的类型、属性特征与健康效益之间的影响机制也是研究的重点。表 4-2 梳理了相关文献的研究内容与特点。

表 4-2　公园游憩活动的健康影响现有研究梳理

作者	样本量	方式	活动类型	活动因素	健康效益	P
Han Ke Tsungetc. (2017)	116	前后问卷、能量消耗监测仪	—	绿视率[②]	减少运动的疲乏感、紧张感	—
				活动强度	低强度更有助于恢复注意力	—
Magdalena van den Berga, etc. (2017)	3748	问卷和卫星图分析	—	活动时长	情绪改善（紧张、抑郁）	0.046
Hongxiao Liu, etc. (2017)	308	上门问卷	体育运动	—	心情恢复	$P<0.001$
			接触自然	—	自信	0.005
					放松	$P<0.001$
			社交活动	—	自信	0.001
Danielle F. Shanahan, etc. (2016)	1538	问卷	—	活动时长	健康状态自评	$P<0.001$
					增加体力活动	$P<0.001$
					减小高血压发病比例	$P<0.05$
					减小抑郁症发病比例	$P<0.05$
					社会凝聚力	$P<0.001$
				频率	增加体力活动	$P<0.001$
					社会凝聚力	$P<0.001$
Akpinar Abdullah, etc. (2016)	420	问卷	—	活动时长	健康状态自评	0.047
				频率	压力恢复	0.051
					自我评价的心理健康	0.046
Carrus Giuseppe, etc. (2015)	569	问卷	阅读、聊天、社交	—	幸福感、恢复（社交类＜体育锻炼、沉思静坐）	—

---

① 剂量（Dose），基于剂量效应模型（Dose-response Modelling），包括公园活动的时长（Duration）、频率（Frequency）和强度（Intensity），这些变量对指导人们参与到公园和自然环境中，并建立"公园活动处方"有重要意义，因此后文将其作为活动属性变量进行研究。
② 绿视率（Visible Greenness），由视域内可见的植被量化计算得出，使人工到自然的环境评价能连续过渡。

续表

作者	样本量	方式	活动类型	活动因素	健康效益	P
Carrus Giuseppe, etc. (2015)	569	问卷	体育锻炼	—	幸福感、恢复（社交类＜体育锻炼、沉思静坐）	—
			沉思静坐	—		—
			—	活动时长	自我健康评价	P<0.001
					幸福感	P<0.001
Wolf Isabelle D.etc. (2014)	371	问卷	徒步	—	能量消耗，情绪改善	—
			跑步	—	能量消耗，情绪改善	—
			步行	—	情绪改善，放松	—
Mackay Graham J.etc. (2010)	101	活动前后测试，问卷	公路骑行	—	缓解焦虑	0.000
			有氧拳击	—	缓解焦虑	0.000
			山地骑行	—	缓解焦虑	0.050
			—	感知的环境自然度	缓解焦虑	0.020
White Mathew P.etc. (2013)	4255	问卷回忆	—	活动时长	恢复精神	0.050
				活动陪同者	恢复精神	0.050
Pretty J, etc. (2007)	132	问卷	—	时长	情绪改善	0.010
Ralf Hansma, etc. (2007)	164	问卷	体育运动	—	缓解压力	—
				—	感到神智健全	—
			—	时长	恢复效果	P<0.05

4.2.1 行为类型的研究进展

活动分类方面：李立峰等（2016）将公园活动分为体力活动（散步、锻炼、游戏等）、交往娱乐活动（闲聊、排练、讨论等）、亲近自然活动（赏景、独思、躺草地等）三大类。薛兴华等（2012）按参与程度的高低将不同类型活动分为积极型（文体活动、餐娱聚友、陪伴小孩）、次积极型（游览、锻炼身体）、次消极型（闲逛、闲谈、钓鱼）和消极型（闲坐、静养）四类。Brown Greg 等（2014）结合活动强度和活动期望的健康效益，将活动归类为环境型、体力型、精神型、社交型。王欣歆（2017）将活动分为"休憩类""行走类""运动类"。

研究结论方面：Mathew P. White（2007）的研究关注了在自然环境中进行野餐、游览名胜、遛狗、水上活动、运动、陪孩子玩等活动对恢复精神的影响，然而活动类型的分析结果并不理想，仅活动时长对恢复精神有积极影响（P=0.050）。Hongxiao Liu等（2017）的研究涉及的四类活动——体育锻炼、接触自然、教育文化和社会交往，并发现体育锻炼和接触自然对心情改善的贡献最大。

4.2.2 活动属性因素的研究进展

活动类型的研究成果能够比较直观地提供活动推荐。活动剂量（包括活动强度、活动时长、活动频率等）、活动接触自然的程度、社会陪同情况等研究因素，则能够定量地描述活动属性特征，更有助于探究公园游憩活动的健康影响机制。因此，本研究将此类描述活动特征因素的变量称为活动属性，在后文实证研究中进行探讨。

1. 活动强度

活动强度是运动健康领域的重要指标，国际上广泛认可通过代谢当量[①]来评价体力活动强度。代谢当量（MET，Metabolic Equivalent of Energy），是指运动时的代谢率对安静时代谢率的倍数。现有研究一般通过体力活动情况问卷、运动能耗监测仪、疲劳程度自我评价等方式记录活动强度。

长期的中强度活动锻炼被认为对身体素质、心肺功能、减少抑郁等有益，因此中强度活动情况也被作为健康效益反馈。但活动强度对情绪、认知和其他短期健康效果的影响还需要更多研究验证，以提供最佳公园活动强度的推荐值。巴顿和帕迪（Barton J. 和 Pretty J.）在关于自然环境中活动锻炼的最佳剂量的研究中指出，自我评价和情绪随活动强度增强而下降，并且低强度、充满活力的运动对自我评价和情绪改善效果最好。伊莎贝尔和特里萨（Wolf Isabelle D.& Wohlfart Teresa）的研究通过代谢当量计算不同类型行走活动的活动强度，并探讨活动强度与公园游径、活动体验的关系。

2. 活动频率

现有研究认为，经常到公园绿地等自然环境进行活动，对减少慢性疾病发病率、改善情绪、增强社会凝聚力有积极影响。刘洪晓等（2017）的研究通过公园活动情况问卷、体力活动问卷和心理健康效益自我评价的方式，探究了公园活动对活动者心情、能量消耗水平的影响。研究结果显示，是否使用公园、在公园的活动频率、时间与受访者感到放松、获得积极自信的自我评价有显著相关（$P<0.001$），并且对中高强度体力活动行为有积极促进作用。丹尼尔（Shanahan Danielle F）等（2016）发现在公园活动越多的人，日常体力活动量更大，疾病发病率更低。但仅仅靠问卷调研，仍难以确定活动与健康效益的因果关系。

3. 活动时长

通过短期活动干预的方法进行研究，史蒂文（Petruzzello Steven J）等（1991）认为，活动必须达到 20min 以上才能有效缓解焦虑。其他实证研究对活动时长

---

① 代谢当量即梅脱，MET（Metabolic Equivalent of Energy）。1MET 定义为每公斤体重每分钟消耗 3.5mL 氧气（$1MET=3.5mLO_2/kg \cdot min.=1Kcal/kg \cdot h$），大概相当于一个人在安静状态下坐着，没有任何活动时，每分钟氧气消耗量。活动强度与耗氧量密切相关。

是否影响活动者活动前后情绪纷乱度（TMD）[①]仍然存在不一致的结论。巴顿和帕迪（Barton J. 和 Pretty J.）的综述分析则发现，活动时间与情绪变化呈现剂量—效应曲线（Dose-response Curve）关系，进入公园 5min 以上，情绪和自我评价就显示出极大的改善，而活动在 1h 至半天时间段内，改善幅度呈现小幅下降，半天至一天范围，效益又有所增加[②]。

4. 自然关注度

活动中对自然的关注情况，通过客观或主观的评价方式，如绿视率、对自然体验的意识、自然联系感、特别吸引注意力的事物也在相关文献中被多次探讨。汉斯曼（Ralf Hansmann）等（2007），马凯（Graham J. Mackay）等（2010）的研究均发现自然环境的绿色程度对身心恢复效果影响显著，而活动强度对焦虑和压力的缓解更加有效。Han Ke Tsung 等（2017）则通过"绿视率"评价人工到自然环境的变化，并发现自然环境体验对减少运动带来的疲乏感、紧张感有积极影响。

5. 活动陪同者

马修（White Mathew P.）等人的研究从改善情绪的角度，发现与孩子一同到公园或自然环境活动有很多好处，但并不是最有利于心情和压力恢复（$P=0.050$）。陪同者和其他活动中的社会交往因素对健康效益方面的研究还相对较少。因此，在后文的实证研究中，本研究增加了社会健康影响的指标以及周围活动关注度变量。

4.2.3　小结

通过梳理景观与健康的理论发展和健康效益作用框架，分析总结近年景观的健康效益研究趋势、研究方法和常用指标，总结现有公园游憩活动的健康影响研究成果，得到以下结论：

1. "注意力恢复理论""压力痊愈理论""心流体验理论""社会生态系统理论"等相关理论和实证研究都为公园游憩活动的健康影响提供了支撑。自然环境通过直接（健康物质和恢复性环境特征）和间接（提供活动场所）的方式促进人类生理、心理、社会和精神健康。公园游憩活动同时受到了两种作用方式的影响。自然体验和活动干预带来的短期压力恢复、积极情绪、促进体力活动等，对长期健康效益和整体幸福感也有益。经常到公园绿地进行活动，有利于减少慢性疾病发病率、改善情绪、增强社会凝聚力。

2. 在景观与健康的研究方法和研究趋势上，研究关注点从二元的自然与人工环境下的健康效益比较，转变为具体的恢复性环境特征和活动影响机制。研

---

① 情绪纷乱度（Total Mood Disturbance）是对简式 POMS 心境剖面图量表各分量表 T 分数的一个汇总评分指标。TMD=5 个消极的情绪得分之和 −2 个积极情绪（精力，自尊感）得分之和 +100。

② Barton J，Pretty J. What is the best does of nature and green exercise for improving mental health? A multi-study analysis[J]. Environmental Science & Technology. 2010，44（10）：3947-3955.

究注重定量、定性相结合，应用生理监测仪器、情绪量表等，使实验研究数据更客观。通过 GPS 技术、人体运动能耗监测仪，活动、健康效益与空间可以建立联系，使研究结果对规划设计有更大的意义。

3. 公园游憩活动的健康影响方面，现有研究多从活动类型、活动时间、频率和活动的自然度等方面进行分析探讨。然而，活动类型方面，现有研究在分类和研究侧重上有诸多差异，研究结论还难以形成统一标准的活动推荐表。活动时间、活动强度等活动属性的影响机制方面，现有结论也不一致，还需要进一步验证。关于活动中的自然关注度、自然联系的讨论较多，而对公园社会交往因素的讨论则相对较少。单纯通过回忆问卷的方式，往往难以确定长期健康效益和日常活动情况的因果对应关系。

4.3 景观物理属性的健康影响研究进展

4.3.1 文献数据采集

已有大量文献综述阐述了景观与健康研究的方方面面，但这些研究通常都是着重于某一领域或方面，仅针对关联度较高的论文进行全面分析，可能无法代表整个领域知识。因此本节旨在通过用文献计量分析方法，提供一个当前景观与健康研究现状的全貌图。在本研究中，使用 Citespace5.5.R2 版本进行文献计量分析和可视化知识图谱的绘制。该软件由陈超美教授研究开发，是一个基于 Java 的应用程序，通过内置的聚类算法创建共现网络，识别不同科学贡献之间的隐藏连接，分析和可视化科学文献中的重要研究领域、相互关系和发展趋势。CiteSpace 的重要特征在于它的各种可视化分析功能，包括群集可视化，时间线视图和时区视图，以直观的表现手法提供有价值的参考信息，帮助科研人员提高对知识的理解，以掌握未来研究的发展方向，确定有价值的研究主题。图 4-3 描绘了本次文献计量分析的流程。

对于英文文献样本，在 Web of Science（WoS）数据库核心数据集中，设置检索时间跨度为 1990—2019 年。选择"期刊文章（Article）"和"综述文献（Review）"这两种文献类型，期刊文章代表了相对具有影响力和声誉的研究，属于被科学认证过的知识；而综述文献则是基于现有研究基础进行的较为综合和概括的分析，有助于更好地了解研究现状和趋势。由于景观对健康影响的相关研究涉及"景观"和"健康"两个主要对象，而二者又分别具有丰富的内涵，为了获得更加全面的搜索结果，确定了这两个主要概念衍生出的关键词用于检索（表 4-3）。通过精炼研究领域，快速浏览标题和摘要，筛选出 938 篇文章，导出相关数据用于进一步分析。

对于中文文献样本，则选择了中国知网（CNKI）作为检索数据库，时间

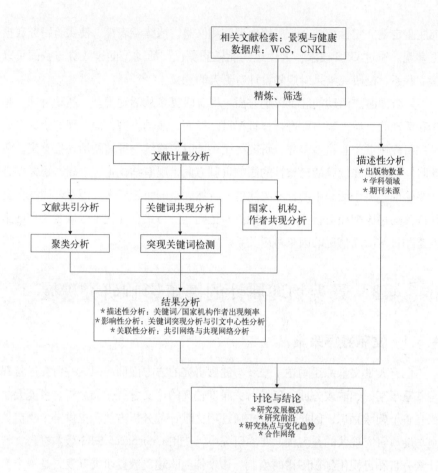

图 4-3 文献计量分析的
流程

表4-3 "景观"和"健康"两个主要概念衍生出的关键词

概念1：景观	"Landscape", "Park", "Natural Area", "Natural Environment", "Greenness", "Green Space"
概念2：健康	"Health Benefits", "Well-being", "Restorative Effect", "Stress Recovery", "Therapeutic Effect"
景观与健康结合的概念	"Restorative Environment", "Restorative Landscape", "Therapeutic Landscape"

跨度同样设为 1990—2019 年。文献类型除了期刊外，添加了硕博论文和会议文章。检索主题词包括"绿地""景观""公园""自然环境""绿色空间""健康""恢复性""压力缓解 / 减压""治疗""康复""恢复性景观"等词，两两组合进行检索，共选出 429 篇文章。

图 4-4 显示了 1990—2019 年国际和国内景观与健康研究的出版文献数量的总体趋势。与 20 世纪（1990—2000 年）相比，21 世纪（2000—2019 年）相关文献数量显著上升，说明景观与健康的关系已受到人们越来越多的关注。特别是在近 5~6 年，文献数量上升速度更快、总量更多，景观与健康研究进入了快速发展的时期。文献检索是在 2019 年 9 月进行的，因此在此日期之后的 4 个月的出版物还未纳入分析，可以预计 2019 年文献总量还会增加。与国际

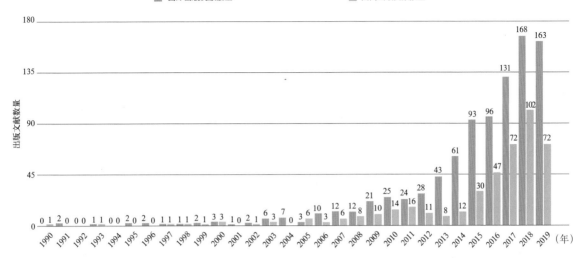

图 4-4 国际国内出版文献数量趋势图

相比，国内文献数量并非持续上升，而是呈现出起伏波动的发展趋势。1990—2012 年我国相关研究总体呈现出缓慢发展的趋势，2011 年达到了第一个小高峰后，研究可能遭遇了瓶颈，停滞不前甚至呈现了出版物数量下降的趋势，2013 年达到谷底后，在短短 6 年间又经历了急剧增长，2018 年达到了第二个高峰，出版文献数量是第一个高峰时期的近 6 倍。总体而言，景观与健康研究正在蓬勃发展。

国际上景观与健康研究的学科领域呈现多样化的特点，最主要的三个学科领域是：环境科学与生态学、公共环境职业健康与心理学；此外还涉及城市研究、林业、地理、植物科学、社会科学等学科。国内研究景观与健康的学科集中在风景园林、园艺、城乡规划、林业、医药卫生科技、心理学等学科（图 4-5）。

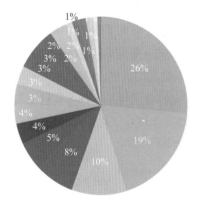

● 环境科学生态学　● 公众环境职业健康　● 心理学
● 城市研究　● 林业　● 地理
● 植物科学　● 公共行政　● 社会科学其他主题
● 自然地理学　● 科学技术其他主题　● 农业
● 一般内科药物　● 精神病学　● 生物医学社会科学
● 毒理学　● 体育科学　● 工程
● 老年医学　● 建筑　● 生物多样性保护
● 行为科学

● 工程科技 Ⅱ 辑—建筑科学与工程、城乡规划、风景园林
● 农业科技—园艺、林业
● 医药卫生科技
● 哲学与人文科学—心理学
● 经济与管理学
● 社会科学 Ⅱ 辑
● 工程科技 Ⅰ 辑—环境科学与资源利用
● 基础科学
● 信息科技

图 4-5 国际国内景观与健康研究科学领域占比

对期刊来源进行统计发现，国际上相关文献发表较多的期刊依次为：《国际环境研究与公共卫生杂志》(107 篇)、《城市林业城市绿化》(53 篇)、《景观和城市规划》(46 篇)、《健康场所》(41 篇)、《心理前沿》(36 篇)、《环境心理学》(29 篇)，国内则为：《中国园林》(27 篇)、《中国疗养医学》(16 篇)、《现代园艺》(10 篇)、《风景园林》(9 篇)、《建筑与文化》(8 篇)。综合科学领域和期刊类别，可以发现国际上相关研究更多地从环境与人的心理和行为互动的角度去探索景观对健康的影响机制、景观的健康效益和影响健康效益的因素，相关研究涉及的学科领域丰富多样；而国内的研究则更偏实际，关注康复景观、疗养景观的具体设计手法，学科背景也较为单一，主要集中在风景园林和园艺两个主要领域。

4.3.2　研究前沿

在 CiteSpace 中，可以通过文献共引网络揭示特定研究领域已有的知识结构，并对网络中经常被引用的参考文献进行聚类分析，识别出若干知识集群，从而表征对应的研究前沿。在 CiteSpace 中将节点类型设置为"被引用文献"，时间段为 1990—2019 年，时间切片为 1 年，每个时间切片中选择前 50 篇引用最多的文章加入网络。

运行后生成文献共引网络如图 4-6 所示，该网络由 325 个节点和 1290 条链接构成。在文献共引网络的基础上通过聚类分析在此网络中生成六大聚类，对应表征六个研究前沿（图 4-7），分别是：绿色空间、体力活动、感知健康、自然关系、森林、注意力恢复、出生体重。这六大研究前沿可以分为三类：第一类研究（集群 2；集群 5；集群 6）偏重研究自然景观对健康的影响，诸如人暴露于自然环境中所感知的健康、注意力的恢复和压力缓解，以及生理层面各项指标的积极变化、死亡率、患病率的降低，对婴儿出生体重的影响等等；第二类研究（集群 0；集群 4）偏重研究不同自然景观类型的不同健康效益，例如城市绿色空间、森林、荒野等等；第三类研究（集群 1；集群 3）将重点放在景观与健康的关系和互动上，研究景观影响健康的机制、可能的中介（如绿色运动、体力活动）、复杂的影响因素（环境的自然性、生物多样性）等。在软件识别出的集群关键字段内，"恢复性环境"出现在了在多个集群内，由此可见其受到了每个研究前沿的关注和重视（表 4-4）。

当以时间线视图来表现文献共引网络时，可以清晰地展现六大知识集群的起源、历史发展和现状，以及每个集群内部研究主题的数量和时间变化（图 4-8）。20 世纪以前，出现了感知健康和注意力恢复两大知识集群；2000—2010 年，相继出现了体力活动、自然关系、森林、出生体重、绿色空间等知识集群，并且在 2010 之后，知识集群内的研究主题更为活跃多变，这也与 2010 年后文献出版数量快速上升的趋势有一致性。

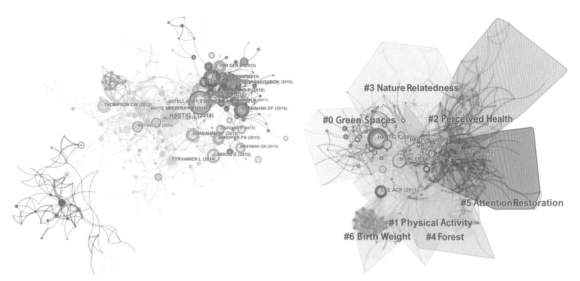

图4-6 文献共引网络图   图4-7 文献共引网络内的集群

表4-4 知识集群详细信息

集群编号	平均出现年份	标签	集群内其他相关字段
0	2014	Green Spaces 绿色空间	*Restorative Environments（恢复性环境）；Natural Outdoor Environments（自然户外环境）；Children（儿童）；Green Infrastructure（绿色基础设施）；Health（健康）
1	2008	Physical Activity 体力活动	Neighbourhood（社区）；Public Open Spaces（公共开放空间）；*Restorative Landscape（恢复性景观）；Neighborhood Perceptions（邻里感知）；Neighbourhood Satisfaction（邻里满意度）；Green View（绿色视野）；Qualitative Evaluation（定性评估）；Geographic Information System（地理信息系统）；Residence Characteristics（居住特征）；Therapeutic Environment（治疗性环境）
2	2002	Perceived Health 感知健康	Public Health（公共健康）；Ecological Model of Health Promotion（健康促进的生态模型）；*Restorative Experiences（恢复性体验）；Landscape Assessment（景观评估）；Urban Ecosystem(城市生态系统)；Self-regulation of Mood(情绪自我调节)；Ecosystem Health（生态系统健康）
3	2011	Nature Relatedness 自然关系	Life Quality（生活质量）；Environmental Psychology（环境心理学）；Cultural Ecosystem Services（文化生态系统服务）；Well-being（幸福）；Biodiversity（生物多样性）；Green Exercise（绿色运动）；Stress-buffering Effects（压力缓冲效应）
4	2009	Forest 森林	Heart Rate（心率）；Walking（散步）；Arterial Stiffness（动脉硬化）；Autonomic Nervous Activity（自主神经活动）；Immune Function（免疫功能）；Forest Exposure（4.1，0.05）Forest Health Benefits（森林健康效益）；Forest Environments（森林环境）；Salivary Cortisol（唾液皮质醇）；Cardiovascular Activity（心血管活动）
5	2004	Attention Restoration 注意力恢复	Experimental Research（实证研究）；Park Design（公园设计）；Preferences（偏好）；Evolutionary Psychology（进化心理学）；Healthy Environments（健康环境）；Aquatic Environments（水生环境）；Stress Recovery Theory（压力恢复理论）；Urban Leisure（城市休闲）；*Restorative Environments（恢复性环境）
6	2008	Birth Weight 出生体重	Pregnancy（怀孕）；Gestational Age（孕周）；Air Pollution（空气污染）；Urban Green area（城市绿地面积）；Pregnancy Outcomes（妊娠结果）；Personal Exposure（个人暴露）；Cohort Study（队列研究）；Head Circumference（头围）

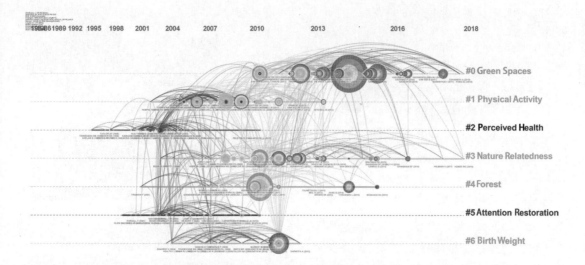

1985 1986 1989 1992 1995 1998 2001 2004 2007 2010 2013 2016 2018

#0 Green Spaces
#1 Physical Activity
#2 Perceived Health
#3 Nature Relatedness
#4 Forest
#5 Attention Restoration
#6 Birth Weight

图 4-8　文献共引网络的时间线视图

景观恢复性是目前普遍关注的前沿，景观类型、景观物理特征、景观感知特征是比较集中的三个领域。城市、乡村、荒野景观等三类景观的恢复性效益差异明显。

1. 景观类型对恢复效益的影响

城市公园与街道的恢复潜力是相似的，[①] 偏远的荒野地区与普通的绿色空间相比，人们可以从荒野地区获得不同和更深层次的益处，比如灵感和超越性的体验。[②] 最新的一项对加拿大自然公园的研究发现，荒野区域能够提供更好的整体性体验和治疗价值，从而促进人的健康和福祉；[③] 也有研究了发现景观的恢复性效果与其是否含有"水"这一元素也密切相关以及海岸线的治疗价值；[④] 乡村景观（自然景观、生产性景观和村落景观）对压力缓解均有积极作用，生产性景观在压力缓解方面效果最好，老年人在山林景观内放松效果最好，其次是草坪景观，而在滨水景观、农田景观和湿地景观中放松效果较弱。[⑤]

2. 景观特征对恢复效益的影响

景观的自然程度、生物多样性水平、植被类型、植被密集程度、森林的林分结构属性、空间开敞程度等属性特征不同，恢复性效益不同。具有高度自然性和生物多样性的环境往往能给人带来更大的幸福感，从而有更高的恢复效益，缓解压力和放松身心的效果越好。[⑥]

① Tyrv€ainen L, Ojala A, Korpela K, et al. The Influence of Urban Green Environments on Stress Relief Measures：A Field Experiment[J]. Journal of Environmental Psychology, 2014, 38：1-9.

② Heintzman P. Spiritual Outcomes of Wilderness Experience：A Synthesis of Recent Social Science Research[J]. Park Science, 2011, 28（3）：89-102.

③ Cheesbrough A.E, Garvin T, Nykiforuk C.I.J. Everyday Wild：Urban Natural Areas, Health, and Well-being[J]. Health & Place, 2019, 56：43-52.

④ Bell S.L, Phoenix C, Lovell R, et al. Seeking Everyday Wellbeing：The Coast as a Therapeutic Landscape[J]. Social Science & Medicine, 2015, 142：56-67.

⑤ 刘博新，徐越. 不同园林景观类型对老年人身心健康影响研究 [J]. 风景园林，2016（7）：113-120.

⑥ Hipp J.A, Ogunseitan O.A. Effect of Environmental Conditions on Perceived Psychological Restorativeness of Coastal Parks[J]. Journal of Environmental Psychology, 2011, 31（4）：421-429.

森林公园植被越密集、所屏蔽的建筑越多，则景观的恢复效益越大。[①] 即使在同一片森林中，不同林分结构属性（即林分成分的高度、直径、乔灌木冠层的水平和垂直分布）也具有不同的恢复效益，高大的成熟松树配上少量的下层灌木所构成的视野相对开放的森林具有更强的恢复效果。[②] 此外，当环境能够提供更多的前景和更少的避难所时，具有更好的恢复效益。[③] 在城市公园或是街旁绿地中，较高的草地覆盖率、较多的树木和较大的绿地面积能够显著提升自然环境的恢复效益。[④] 多样化、荒野化和自然化的混乱种植结构比规整的种植结构更具有恢复性。[⑤] 城市公园的恢复效益与公园的植物种类、色彩、草坪覆盖面积、水景、地形起伏度等有关，还与居民在公园内的行为活动模式相关。[⑥]

3. 景观感知特征的恢复性研究

大量的环境心理学研究表明，景观感知特征同景观物理属性具有一定的差异性，感知特征通常具有更好的恢复性效益，Grahn（1991）总结了瑞典人希望在公园和其他城市绿地中体验到的八个积极特征"荒野""物种丰富""森林""玩得鼓舞人心""以体育为导向""和平""节日"和"广场"；Coeterier（1996）使用"统一性""使用性""自然性""空间性""发展性""管理性""现象性"指标评估荷兰的景观；Herzele（2003）从"以公民为本""功能水平""使用前提""各种品质"和"多种用途"来评估城市绿地的质量；Tyrväinen（2007）等从"美丽的风景""珍贵的自然景观""森林的感觉""空间和自由""吸引人的公园""和平与宁静""活动的机会"和"历史文化"这几个方面确定了芬兰城市绿色区域的价值。

瑞典农业科学大学的研究人员开发的"感知特征"分类系统得到了业内人士的普遍认可。八种"感知特征"（Perceived Sensory Dimensions，PSDs）分别是："宁静""空间""自然""物种丰富""庇护""文化""前景开阔"和"社会"[⑦]（表4-5）。这八个"感知特征"可以用来描述不同的自然景观特征的差异，

① Hauru K，Virta S，Korpela K，et al. Closure of View to the Urban Matrix Has Positive Effects on Perceived Restorativeness in Urban Forests in Helsinki，Finland[J]. Landscape and Urban Planning，2012，107（4）：361–369.

② Tomao A，Secondi L，Carrus G，et al. Restorative Urban Forests：Exploring the Relationships Between Forest Stand Structure，Perceived Restorativeness and Benefits Gained by Visitors to Coastal Pinus Pinea Forests[J]. Ecological Indicators，2018，90：594–605.

③ Gatersleben B，Andrews M. When Walking in Nature is Not Restorative—The Role of Prospect and Refuge[J]. Health & Place，2013，20：91–101.

④ Nordh H，Hartig T，Hagerhall C M，et al. Components of Small Urban Parks that Predict the Possibility for Restoration. [J]. Urban Forestry & Urban Greening，2009，8（4）：225–235.

⑤ Jorgensen A，Hoyle H，Hitchmough J. All about the 'Wow Factor'？The Relationships Between Aesthetics，Restorative effect and perceived biodiversity in designed urban planting[J]. Landscape & Urban Planning，2017，164：109–123.

⑥ 谭少华，彭慧蕴. 袖珍公园缓解人群精神压力的影响因子研究 [J]. 中国园林，2016（8）：65–70.

⑦ Jonathan Stoltz. Perceived Sensory Dimensions–A Human–Centred Approach to Environmental Planning and Design[D]. Sweden：Stockholm University，2020.

表 4-5　景观感知特征

宁静	一个不受干扰、安静和平静的环境，几乎神圣和安全的地方；没有太多人和噪声
空间	强调环境的宽敞，不显得拘束，可以在其中自由活动并且有很好的连通性，使人有进入另一个世界的感觉，环境的各个部分被视为属于一个更大的整体
自然	野生自然，没有人类痕迹
物种丰富	环境中有各种各样的植物和动物
庇护	一个封闭、安全、僻静、隐蔽的环境。人们可以在这里定居、玩耍、彻底放松或观看其他人的活动
文化	体现历史上人类的劳动、价值观和信仰等等；由历史和文化塑造的人造环境。例如装饰有喷泉，雕像和观赏植物
前景开阔	视野开阔的平坦区域
社会	一个能够提供社交活动（如娱乐和展览）或其他集体活动的场所

或是不同类型的环境，小到城市口袋公园，大到区域绿地。这八个维度中，有一些与进化论起源相关，例如"前景"和"庇护"与人类早期需要不断探测和躲避潜在危险的生存需要有关，"物种丰富"则与人类的亲生物天性有关，人们对环境中存在的生命迹象有着强烈的兴趣。这种基于 PSDs 的分类已经在若干研究、规划和政策文件中使用，PSDs 也被用作定性分析绿地特征和辅助设计过程的"工具"。特别是在北欧国家，这八种感知的感官维度已经被越来越多地用作城市景观绿地评估和规划的方法框架。[1]

感知特征（PSDs）与压力缓解之间存在有益的关系，某个特定的感知特征或某几种感知特征的组合会让景观具有更好的恢复效益。人们一般更喜欢"宁静"的维度，其次是"空间""自然""物种丰富""庇护""文化""远景"和"社会"。对于普通大众而言，"宁静""空间"和"自然"是最受欢迎的感知特征；而对于压力水平较高的人而言，他们会本能地寻找庇护区域，避免任何社会交往，因此"庇护""自然"和"物种丰富"，以及较低甚至没有"社会"维度的组合，是他们最偏好的恢复性景观感知特征组合。[2] 另一项研究则发现，"宁静"和"社会"对于普通人群而言最具恢复效益，而"自然"则是高压人群认为最重要的一个感知特征。[3] 一项 2011 年的研究，访谈了 40 名在康复花园中接受恢复治疗的患者，发现"庇护""物种丰富"和"宁静"是对病人康复最重要的三个特征。[4] 另一项对 59 名精神疾病患者进行了半结构式访谈，这些患者参与了一个基于自然环境的康复性方案。患者需要指出自己所认为的 Alnarp

① Nielsen A B. Are Perceived Sensory Dimensions a Reliable Tool for Urban Green Space Assessment and Planning[J]. Landscape Research，2015，40（7）：1-21.

② Grahn P，Stigsdotter U.K. The Relation between Perceived Sensory Dimensions of Urban Green Space and Stress Restoration[J]. Landscape and Urban Planning，2010，94（3-4）：264-275.

③ Peschardt K.K，Stigsdotter U.K. Associations Between Park Characteristics and Perceived Restorativeness of Small Public Urban Green Spaces[J]. Landscape and Urban Planning，2013，112：26-39.

④ Pálsdóttir A-M. Preferred Qualities in a Therapy Garden That Promote Stress Restoration[C]//An International Conference on Research into Inclusive Outdoor Environments for All. Edinburgh，2011：81.

康复花园内最具有康复性效果的环境，最后发现"庇护"是最重要的一个感知特征。[①] 一项针对森林景观的研究发现，"宁静""物种丰富""庇护"和"自然"的感知特征在恢复性方面评分最高，同时在保证有较为开阔视野的情况下，结合多样密集的植被，所打造出来的环境是最具有恢复效益的。[②] "宁静""自然"和"庇护"是对于缓解压力而言最重要的三个感知特征，而"物种丰富"和"社会"对恢复有负面影响；因此研究人员认为一个宁静、自然、能够提供庇护与安全感，同时没有太多的感官刺激与社交活动的环境是最具有恢复效益的。[③] 基于上述的这些研究，可以发现：在未来，分析和设计具有心理恢复效益的景观时，感知特征（PSDs）将发挥重大的作用。

4.3.3 研究热点

关键词往往代表了一篇文献的核心内容和关注重点，根据期刊文章中关键词的使用频率，可以确定研究热点。在 CiteSpace 中将节点类型设置为"关键词"，时间段为 1990—2019 年，时间切片为 1 年，每个时间切片中选择前 50 个使用频率最高的关键词加入网络。运行后生成关键词共现网络如图 4-9、图 4-10 所示。统计表格中，删除了一些诸如"景观""健康""环境"等该领域的常用词汇，统计得到 WoS 和 CNKI 数据库文献的研究热点，包括国际上的体力活动、绿色空间、效益、压力、心理健康和国内的康复景观、园艺疗法、康复花园、植物景观、城市公园等。

通过关键词突现分析可以找到景观健康研究的热点变化趋势与目前的最新

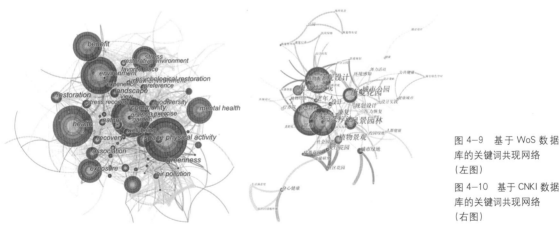

图 4-9 基于 WoS 数据库的关键词共现网络（左图）

图 4-10 基于 CNKI 数据库的关键词共现网络（右图）

① María Pálsdóttir A，Stigsdotter K.U，Persson D，et al. The Qualities of Natural Environments that Support the Rehabilitation Process of Individuals with stress-related Mental Disorder in Nature-based Rehabilitation[J]. Urban Forestry & Urban Greening，2018，29：312-321.

② Stigsdotter U.K，Corazon S.S，Sidenius U，et al. Forest Design for Mental Health Promotion - Using Perceived Sensory Dimensions to Elicit Restorative Responses[J]. Landscape & Urban Planning，2017，160：1-15.

③ Memari S，Pazhouhanfar M，Nourtaghani A. Relationship between Perceived Sensory Dimensions and Stress Restoration in Care Settings[J]. Urban Forestry & Urban Greening，2017（26）：104-113.

研究热点。基于 WoS 和 CNKI 的关键词共现网络，软件分别自动识别出 18 个和 17 个突现关键词（图 4-11、图 4-12），显示了每个关键词的突现强度，以及其在不同时间阶段的分布，国际上景观健康研究的最新热点是人体健康、抑郁和生态系统服务，国内则是森林疗养、康复性景观和居住区景观的健康影响。

Top 18 Keywords with the Strongest Citation Bursts

Keywords	Year	Strength	Begin	End	1990—2019
view	1990	6.219	2002	2011	
recovery	1990	7.1462	2004	2011	
inner city	1990	6.6493	2006	2013	
attention	1990	5.3112	2006	2010	
urban environment	1990	5.0953	2006	2012	
favorite place	1990	4.9016	2006	2012	
psychological restoration	1990	4.5138	2008	2011	
shinrin yoku	1990	5.032	2009	2015	
atmosphere	1990	3.6853	2009	2015	
environmental preference	1990	5.6593	2010	2014	
setting	1990	4.216	2010	2013	
attention restoration theory	1990	3.4862	2011	2015	
therapeutic landscape	1990	4.7768	2012	2015	
walking	1990	6.4339	2013	2014	
population	1990	3.7517	2013	2015	
human health	1990	3.6428	2014	2015	
depression	1990	4.6663	2017	2019	
ecosystem service	1990	3.7983	2017	2019	

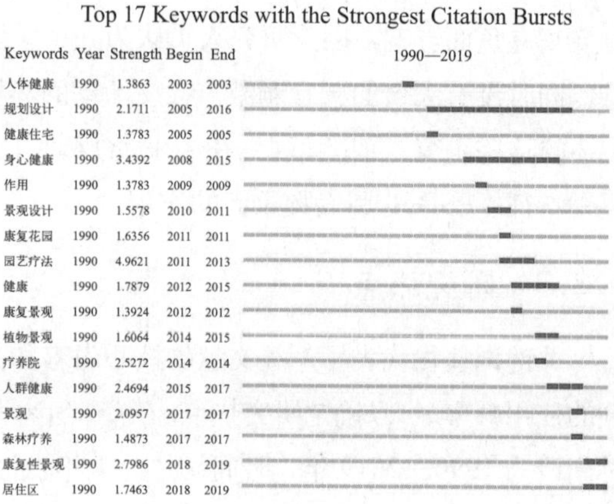

Top 17 Keywords with the Strongest Citation Bursts

Keywords	Year	Strength	Begin	End	1990—2019
人体健康	1990	1.3863	2003	2003	
规划设计	1990	2.1711	2005	2016	
健康住宅	1990	1.3783	2005	2005	
身心健康	1990	3.4392	2008	2015	
作用	1990	1.3783	2009	2009	
景观设计	1990	1.5578	2010	2011	
康复花园	1990	1.6356	2011	2011	
园艺疗法	1990	4.9621	2011	2013	
健康	1990	1.7879	2012	2015	
康复景观	1990	1.3924	2012	2012	
植物景观	1990	1.6064	2014	2015	
疗养院	1990	2.5272	2014	2014	
人群健康	1990	2.4694	2015	2017	
景观	1990	2.0957	2017	2017	
森林疗养	1990	1.4873	2017	2017	
康复性景观	1990	2.7986	2018	2019	
居住区	1990	1.7463	2018	2019	

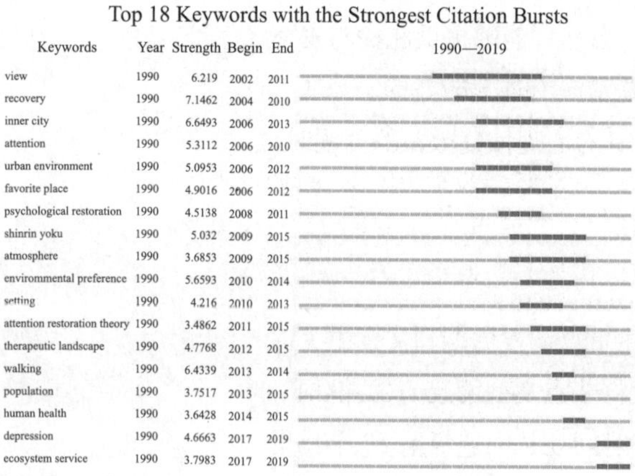

图 4-11 国际突现关键词（左图）

图 4-12 国内突现关键词（右图）

4.3.4 小结

本小节基于 WoS 数据库（938 篇）和 CNKI 数据库（429 篇）检索筛选出的文献，完成了对景观与健康相关研究的文献计量分析，主要工作和发现如下：

1. 1990—2019 年国际和国内景观与健康研究的出版文献数量总体呈现上升趋势，2010 年至今是研究发展速度最快、成果最多的时期，研究热度不断攀升，正在蓬勃发展。

2. 国际上景观与健康的研究是高度跨学科的，涉及环境科学生态学、公共环境职业健康、心理学、城市研究、林业、地理、植物科学等，发文量较大的期刊也是集中在城乡规划、环境心理学领域。国内相关研究集中在城乡规划、风景园林、园艺等主要学科。

3. 通过文献共引分析和聚类分析，发现景观与健康的六大研究前沿：绿色空间、体力活动、感知健康、自然关系、森林、注意力恢复、出生体重；将六大研究前沿总结为三类，第一类侧重研究自然景观对健康的影响（感知健康、注意力恢复、出生体重），第二类侧重研究不同自然景观类型的不同健康效益（绿色空间、森林），第三类将重点放在景观与健康的关系和互动上（体力活动、自然关系）。值得注意的是，"恢复性环境"几乎是每个研究前沿中关注的重点。

4. 通过关键词共现分析，确定了数个研究热点，包括国际上关注的体力活动、绿色空间、效益、压力、心理健康和国内关注的康复景观、园艺疗法、康复花园、植物景观、城市公园等。通过对突现关键词的检测，发现国际上景观健康研究的最新热点是人体健康、抑郁和生态系统服务，国内则是森林疗养、康复性景观和居住区景观的健康影响。

4.4 城市景观对健康的影响机制

4.4.1 研究对象与研究方法总结

1. 研究对象

城市背景下的各类景观如森林、社区绿地、街道、传统园林景观、湿地、草原、荒野、街旁绿地、校园绿地等对健康的影响。

2. 研究方法与实验过程

针对生理健康效益的测量采用生理指标监测的方法，监测血压、脉搏、唾液皮质醇、血糖、脑电、皮电、心电等指标；大样本量的研究则采用问卷调查与队列研究的方法，评价内容诸如死亡率、自我感知健康状况、生命质量、自我报告冠心病或中风等。

针对心理健康效益的测量则较多地采用问卷调查的方法。由于景观的心理健康效益主要体现在其注意力恢复和压力缓解这两方面，因此测量的内容主要是各种各样的自评量表，如表 4-9 中所示的知觉恢复量表（PRS）、祖克曼个人反应量表（ZIPERS）、压力水平量表（Level of Stress，LS）、知觉恢复特征问卷（PRCQ）、状态—特质焦虑量表（State-Trait Anxiety Inventory，STAI）等等。其中，Hartig 于 1993 年开发出来的知觉恢复量表（PRS）因历史悠久和极大的普遍性，成为最常用的恢复性自评量表，被广泛应用于各个国家不同年龄、不同健康水平的受试者和各种实际或虚构的场景、不同环境类型的恢复性测量中。同时，PRS 已经被开发成各种版本，它们具有不同的条目、语言、目标用户和条目词，以适应不同研究的需求。这个量表最初有 44 个条目，均是基于卡普兰的注意力恢复理论设计出来的短语，涵盖了恢复性景观的"远离、范围、迷人和相融性"四大特征。由于使用了一些普通大众所难以理解的术语，其可靠性和有效性受到了质疑，随后又修订出了 26 个条目的版本。有研究专门评估了中文版 PRS 量表，发现其在城市公园景观恢复性评价方面信度和效度良好。[①] 因此，通常使用知觉恢复量表（PRS）来评价自然景观的恢复效益。

目前也有部分研究结合了反馈减压效果的生理指标监测的方法来辅助证明自然景观对人心理健康的促进作用（表 4-6、表 4-7）。比如一项研究使用脑电图（EEG）来探究大脑处理自然与城市风景的过程和区别，脑电图的信号频谱分析揭示了自然景观和城市景观在脑活动水平和认知需求上的差异：与城市环境相比，对自然环境的视觉感知需要较少的注意力和认知处理过程，因此参

---

① 王欣歆，吴承照，颜隽. 中文版知觉恢复量表（PRS）在城市公园恢复性评估中的实验研究 [J]. 中国园林，2019，35（2）：51-54.

表 4-6　绿色空间促进生理健康的实证研究

序号	作者（时间）	景观类型	研究方法	样本人数	测量内容／指标
1	Roger S. Ulrich (1984)	自然窗景、砖墙窗景	观察法	23	住院天数；每天镇痛药物的数量和强度；每天用于焦虑的剂量（包括镇静剂和巴比妥类药物的数量和强度）；需要药物治疗的轻微并发症（如持续性头痛和恶心）
2	Roger S Ulrich 等（1991）	自然景观、城市景观	生理监测 问卷调查	120	心电图（EKG）、脉搏传导时间（PTT）、自发皮肤电导反应（SCR）、额肌张力（EMG）祖克曼个人反应量表（ZIPERS）：恐惧、积极情绪、愤怒／攻击、专注／兴趣和悲伤
3	Yoshinori Ohtsuka, etc (1998)	森林	生理监测	87	血糖水平，糖化血红蛋白（GHb）
4	Qing Li（2007）	森林、城市	生理监测	12	血液中 NK 细胞的活性；NK 细胞、T 细胞、肉芽蛋白、穿孔蛋白的数量
5	Yuko Tsunetsugu, etc (2008)	森林	生理监测 问卷调查	12	血压、脉搏率、心率变异性（HRV）、唾液皮质醇浓度和唾液中的免疫球蛋白 A 浓度。对"舒适""平静""神清气爽"的主观感受进行评价
6	康宁（2008）	园林绿地内的水景、植物群落景观、铺装广场景观	生理监测	48	脑电波
7	谭少华（2009）	城市公园	问卷调查	463	自我评价缓解压力和消除疲劳的效果
8	谭少华（2009）	居住区绿地	问卷调查、访谈	261	居民使用绿地的时间、频率和生命质量
9	Bum Jin Park, etc. (2009)	森林	生理监测	12	血压、脉搏率和心率变异性
10	Yuko Tsunetsu, etc (2010)	森林、城市	生理监测	12	心率变异性（HRV）、血压、唾液皮质醇，免疫球蛋白（IgA）浓度、NK 细胞的活性
11	Qing Li, etc. (2011)	森林、城市	生理监测	16	血液、尿液检测
12	Paul J. Villeneuve, etc (2012)	城市绿地	队列研究	575 000	死亡率
13	Gavin Pereira, etc. (2012)	社区绿化	问卷调查	11 404	自我报告冠心病或中风
14	E.A. Richardson, etc (2013)	城市绿地	问卷调查	8 157	心血管疾病、超重、SF-36 一般健康量表、SF-36 心理健康测量表
15	Masahiro Toda, etc (2013)	森林	生理监测	20	嗜铬粒蛋白 A（CgA）、唾液皮质醇
16	Jee-Yon Lee, etc. (2014)	森林、城市	生理监测	70	血压、动脉硬化（CAVI）、肺功能（FEV1、FEV6）
17	Peter Aspinall, etc. (2015)	城市商业街、穿过绿地的道路、繁忙商业街区的街道	生理监测	12	脑电图 EEG

续表

序号	作者（时间）	景观类型	研究方法	样本人数	测量内容／指标
18	Magdalena M.H.E. van den Berg，etc. (2015)	自然景观、城市景观	生理监测	46	心电图、阻抗心电图、呼吸窦性心律失常（RSA）、射血前期（PEP）
19	董楠楠（2017）	城市公园	问卷调查	296	自然环境停留时间、情绪效价
20	陈筝（2017）	城市街区景观	生理监测	32	心电、脑电、皮电、皮温、呼吸、皱眉肌肌电
21	Juyoung Lee，etc. (2017)	传统园林景观、城市景观	生理监测	18	氧合血红蛋白（HbO$_2$）
22	Timo Lanki，etc. (2017)	森林	生理监测	36	血压、心电图、唾液皮质醇
23	Simone Grassini，etc. (2019)	自然景观、城市景观	生理监测	32	脑电图 EEG
24	Youngeun Kang，etc. (2019)	自然景观、城市景观	生理监测	31	眼动追踪，眼球扫描路径长度

表4-7 绿色空间促进心理健康的实证研究

序号	作者（时间）	景观类型	研究方法	样本人数	测量内容／指标
25	Thomas R. Herzog，etc. (1997)	自然环境、城市环境、体育／娱乐环境	问卷调查	187	注意力集中程度自评、恢复性自评
26	Terry Purcell，etc. (2001)	工业区、居住区、城市道路、山体、湖泊	问卷调查（自我报告量表）	100	知觉恢复量表（PRS）；偏好自评；熟悉度自评
27	Terry Hartig，etc. (2003)	自然景观、城市景观	生理监测，问卷调查	112	血压；祖克曼个人反应量表（ZIPERS）：恐惧、积极情绪、愤怒／攻击、专注／兴趣和悲伤整体幸福量表（Overall Happiness Scale，OHS）
28	Henk Staats，etc. (2003)	自然景观、城市景观	问卷调查	101	自我评估环境偏好与恢复性
29	Rita Berto (2005)	自然景观、城市景观	问卷调查，测试	32	知觉恢复量表（PRS）；SART 注意力测试
30	Terry Hartig，etc. (2006)	森林、城市	问卷调查	103	自我评价疲劳程度与注意力恢复程度
31	Marc G. Berman，etc. (2008)	自然景观、城市景观	问卷调查，测试	38	积极和消极影响量表（PANAS）注意网络测试（ANT）
32	Gary Felsten (2009)	自然窗景 & 无自然窗景 & 模拟自然的壁画（无水景 & 有水景）	问卷调查	236	知觉恢复量表（PRS）
33	H. Nordh，etc. (2009)	口袋公园、街旁绿地	问卷调查	52	知觉恢复量表（PRS）

续表

序号	作者（时间）	景观类型	研究方法	样本人数	测量内容／指标
34	J. Aaron Hipp, etc. (2011)	沿海公园	问卷调查	1153	知觉恢复量表（PRS）
35	Ulrika Karlsson Stigsdotter, etc. (2011)	城市绿地	问卷调查	953	压力水平量表（Level of Stress，LS），SCI-93
36	Catharine Ward Thompson, etc. (2012)	城市绿地	生理监测；问卷调查	25	唾液皮质醇自我报告心理健康量表（Warwick-Edinburgh Mental Well-being Scale，WEMWBS）
37	Matilda Annerstedt, etc. (2012)	城市绿地	队列研究，问卷调查	24 945	一般健康问卷（General Health Questionnaire，GHQ）
38	Kaisa Hauru, etc. (2012)	森林（比较不同视点：森林边缘—开放视野；森林边缘—半开放视野；森林中心—封闭视野）	问卷调查	66	知觉恢复量表（PRS）
39	Birgitta Gatersleben, etc. (2012)	不同类型的自然环境（封闭—高度庇护感；半开敞—中度庇护感；开敞—低度庇护感）	问卷调查	269	感知危险自评（Perceived Danger），恐惧自评（Fear）自我评定恢复量表（Perceived Restoration，SRRS）
40	Eike von Lindern, etc. (2013)	森林	问卷调查，电话访谈	1678	知觉恢复量表（PRS）
41	Karin Kragsig Pesch, etc. (2013)	口袋公园、街旁绿地	问卷调查	686	知觉恢复量表（PRS）
42	J. Aaron Hipp, etc. (2015)	校园绿地	问卷调查	441	世界卫生组织的生活质量－简要调查（World Health Organization's Quality of Life－Brief survey）知觉恢复量表（PRS）感知绿色量表（Perceived Greenness Scale）
43	Xinxin Wang, etc. (2016)	城市公园（比较不同场景：有人／无人；硬质／软质；空间开敞程度）	生理监测，问卷调查，测试	140	心电图（ECG）皮肤电导响应（SCR）状态—特质焦虑量表（State-Trait Anxiety Inventory，STAI）倒背数字作业测验Backward Digit Span（BDS）task 知觉恢复量表（PRS）
44	Lisa Wood, etc. (2017)	城市绿地	问卷调查	492	自我报告心理健康量表（Warwick-Edinburgh Mental Well-being Scale，WEMWBS）
45	Sanaz Memari, etc. (2017)	不同特色的自然景观（"宁静""空间""自然""物种丰富""庇护""文化""前景开阔"和"社会"）	问卷调查	124	简短修订版恢复性量表（Short-version Revised Restoration Scale，SRRS）
46	Helen Hoyle, etc. (2017)	不同结构与自然程度的植物群落景观	问卷调查	1411	恢复性效果自评

续表

序号	作者（时间）	景观类型	研究方法	样本人数	测量内容 / 指标
47	Antonio Tomao, etc. (2018)	森林（比较不同林分结构）	问卷调查	218	知觉恢复量表（PRS）
48	Payam Tabrizianetc. (2018)	城市广场、城市公园（不同的空间开敞程度）	问卷调查	87	感知恢复性量表（perceived restorativeness，PR）感知安全性量表（perceived safety，PS）
49	Anna María Pálsdóttir, etc. (2018)	康复花园	半结构式访谈	59	受访者确定花园中最具有恢复性的环境
50	Arne Arnberger, etc. (2018)	有人管理的草甸、无人管理废弃草甸、山间河流、城市中心	生理监测；问卷调查	22	血压、脉搏恢复量表（Restoration Scale，RS）
51	Qunyue Liu, etc. (2018)	校园绿地	问卷调查	2550	恢复量表（Restoration Scale，RS）
52	Dominique Moran (2019)	城市绿地（草坪、行道树、灌木篱笆等）、荒野型自然环境	问卷调查	1000	知觉恢复量表（PRS）
53	Xiaobo Wang, etc. (2019)	不同类型的乡村景观（自然型、生产型、村落型）	生理监测；问卷调查	76	唾液皮质醇、血压、心率简短版情绪状态简介（brief Profile of Mood States，BPOMS）

与者也普遍认为自然风景图片比城市风景图片更令人放松。[1]一项研究通过检测人体副交感神经活动和交感神经活动，发现在观看城市绿地比观看建筑空间具有更好的恢复性效果，另一项研究则通过眼动追踪的方法得到了类似的结论。[2]在城市绿地中，靠近树木的受试者的脑电图发生了变化，脑电图显示随着冥想程度的深入，沮丧感和兴奋感会减少。[3]一项韩国的研究通过监测受试者参观景观时氧合血红蛋白随时间的变化，发现与城市景观相比，在观赏花园时，包括紧张、愤怒、疲劳和焦虑在内的消极情绪显著减少。[4]

4.4.2 城市景观影响健康的作用机制

自然景观对人的健康产生积极影响的机制，总结下来有五个方面：自然的康复与治疗作用，缓解人的精神压力和疲劳，提供生态产品或服务，促进体力活动和增加社会资本。[5]

---

[1] Grassini S，Revonsuo A，Castellotti S，et al. Processing of Natural Scenery is Associated with Lower Attentional and Cognitive Load Compared with Urban ones[J]. Journal of Environmental Psychology，2019.

[2] Van den Berg A. E.，Magdalena M.H.E. Autonomic Nervous System Responses to Viewing Green and Built Settings：Differentiating Between Sympathetic and Parasympathetic Activity[J]. International Journal of Environmental Research & Public Health，2015，12（12）：15860-15874.

[3] Aspinall P，Mavros P，Coyne R，et al. The urban Brain：Analysing Outdoor Physical Activity with Mobile EEG[J]. Br J Sports Med，2015，49（4）：272-276.

[4] Lee J. Experimental Study on the Health Benefits of Garden Landscape[J]. International Journal of Environmental Research and Public Health，2017，14（7）：829.

[5] 姜斌．探索健康城市之路：论城市自然之于精神健康的益处 [J]. 城乡规划，2018（3）：17-24.

1. 自然的康复与治疗作用

这一机制是指自然环境中的各种物质资源可以直接对人体产生有益的效果，起到治疗的作用，促进康复。比如当人暴露在森林环境中时，空气中的负氧离子和植物精气被人体吸入后可以直接起到降低血压、消除紧张、抗炎抗菌的作用，同时还能增强人体免疫力、对多种呼吸道疾病有辅助治疗的功效。一些具有特殊芳香的植物挥发物质能够调节神经系统，有加强新陈代谢、促进睡、缓解高血压等功效。温泉中的某些矿物质对某些慢性疾病也有治疗功效。早期人们直接将植物作为药材来治疗某些疾病，即使是现代，人们也会从植物中提取有效物质用作治疗。

2. 缓解精神压力和疲劳

自然景观主要通过视觉刺激来实现缓解压力和精神疲劳的效果，即使人们不在真实的自然环境中，通过观看包含有自然元素的照片、视频等也同样能达到身心的恢复，促进健康。这一影响机制强调的是自然对人的健康的直接作用和影响，它的理论基础来自"压力缓解理论""注意力恢复理论"和"亲生物假说"，强调人在本质上是偏好自然环境的，因此也更能够在自然环境中放松、获得心理慰藉，从而促进健康。

3. 提供生态产品或服务

一个拥有良好生态系统的城市，能够为人类生存和发展提供有价值的产品或服务。一方面，自然景观能够改善人居环境条件，比如降低城市热岛效应，抵消一部分温室气体排放，缓解洪水和暴雨；通过蒸发降温提高热舒适性；减少城市中的眩光和紫外线辐射，在一定程度上保护人眼和皮肤健康。绿色植被还能够产生氧气，吸收和减少空气中有害气体、粉尘、灰尘及其他污染物，起到净化空气的作用，保护人体的呼吸系统。另一方面，城市农场与其他的城市生产性景观，可以促进人们在其中从事一些健康的体力劳动、增加与自然的接触，同时鼓励人们食用绿色健康的有机食品，这对于保障居民健康也有重要的意义。

4. 促进体力活动

除了上述几种直接受益的方式外，自然景观也能通过促进人的体力活动间接作用于人体健康。每天中低强度的体力活动可以有效防止心血管疾病和抑郁症，而体力活动与城市中的绿地密切相关。一部分研究对具体的影响因素进行了分析和评价，城市绿色开放空间的可达性、连接性、功能性、安全性、美观性等多个方面都会影响人们在其中的体力活动；户外空间的场地情况、设施情况、景观要素和管理水平会对老年人产生不同程度的吸引力，进而影响他们的体力活动水平。另一部分研究则提出了具体的空间优化策略，以促进人的体力活动的多样化。①

---

① 王兰，张雅兰，邱明. 以体力活动多样性为导向的城市绿地空间设计优化策略 [J]. 中国园林，2019，35（1）：62-67.

5. 增加社会资本

社会资本是依托于社会网络来提升社会效率、促进社会公平的一种资源。一方面,适度围合的空间配合亭子、廊架、座椅等休憩设施,可以促进社会交往和互动,强化人际关系和社会纽带,产生社会资本,增加人们的归属感,有助于促进社会健康;另一方面,绿地在降低犯罪率、增强社会安全方面也有一定的作用。

结合一些对自然景观与人类健康关系的研究,总结出绿色空间影响健康的作用机制,综合考虑了绿地的可达性、质量、设施、吸引力和安全性,以及使用者的人口社会学特征、使用绿地的主观因素、生活环境和文化背景等,更符合现实环境中景观健康效益产生的受多因素影响和制约的复杂机制。

4.5 景观游憩行为的健康影响实验①

4.5.1 研究背景

1. 研究背景

近年来,城市居民高血压、糖尿病、肥胖等慢性疾病发病率上升、人口老龄化问题,使得公共医疗面临巨大的压力。《"健康中国 2030"规划纲要》从国家战略层面,提出"预防为主、关口前移;推行健康生活方式,减少疾病发生;促进资源下沉,实现可负担、可持续的发展"。人们越来越关注疾病的预防和主动干预,"治未病"成为广大群众最朴素的健康观。研究证明,现代城市快节奏的生活、社会竞争压力、远离自然、环境污染、过长时间伏案工作、缺乏运动、不健康的生活方式,是引发慢性病等健康问题的重要诱因。通过自然环境主动干预来改善身心健康,具有大众受益、降低医疗成本的优势。公园游憩成为人们日常休闲放松、缓解精神压力、强身健体的重要方式。

国外一些健康机构和公园组织,利用户外空间和自然资源,开展丰富的活动项目促进公众健康,包括健康城市、健康公园运动等,还有尝试通过"特区公园处方(DC park Rx)"治疗小儿多动症、肥胖、哮喘等疾病。

在我国,公园中以老年人为代表的主要使用人群的活动需求在不断增长,但仍缺少以健康为导向的活动指南,对公园游憩的健康效益评估尚缺乏科学的实证研究支撑,亟待挖掘和强化公园的健康价值。

2. 相关研究概况

自然体验和活动干预有益于压力恢复、积极情绪、促进体力活动等,并对长期健康状态和整体幸福感有积极影响。经常到公园绿地进行活动,对生理、心理、社会和精神健康方面均有益,例如降低慢性疾病发病率、增强心肺功能、改善情绪、增强社会凝聚力等。李立峰、谭少华将城市公园的健康干预方式分

---

① 本实验由研究生张颖倩负责,王春雷、杨浩楠等研究生协助共同完成。

为直接干预与间接干预，其中通过主观知觉感知良好的自然物理环境属于直接干预，而以活动为媒介，通过公园环境引导健康活动，则属于间接方式。公园游憩活动的健康影响是两种方式共同作用的结果。

注意力恢复理论（ART）、压力痊愈理论（SRT）从理论上对景观环境使人身心恢复和促进健康进行了阐释。米哈里·契克森米哈（Mihaly Csikszentmihalyi）的心流体验理论解释了游憩活动带来愉快、满足等积极的心理机制。

现有的相关研究对公园环境和被动自然体验的关注较多，从游憩活动角度的关注较少。针对公园游憩活动的健康影响，研究主要从活动类型、活动时间、频率和活动的自然度等方面进行分析。

从活动类型的角度，现有研究结论还难以形成统一标准的活动推荐表。例如，Carrus Giuseppe 等（2015）的研究，比较了社交类活动和体育锻炼类活动、沉思静坐类活动对心理健康——获得整体幸福感、精神恢复的影响，结果显示体育锻炼类活动和沉思类活动效果接近，且都好于聊天社交类活动。但Church 等（2014）的研究得出，公共绿色空间中的体育锻炼活动相比于静坐活动，能带来更大的愉悦感，而静坐类活动对放松和自我更新有更显著的影响。

活动时间、活动强度等活动属性因素对健康的影响机制，也需进一步验证。实证研究对活动时长是否影响活动者活动前后的情绪状态仍然存在不一致的结论。Ralf Hansmann 等（2007），Graham J. Mackay 等（2010）的研究均发现自然环境的绿色程度对身心恢复效果影响显著，而活动强度对焦虑和压力的缓解更加有效。现有研究对活动与自然的联系讨论较多，对社会文化氛围因素的讨论较少。

4.5.2 研究方法

1. 研究框架

本研究通过公园活动分组，现场实测游憩活动干预对生理、心理和社会健康的影响，探讨公园游憩活动对健康的影响机制，构建公园游憩活动的健康影响序列。研究框架如图 4-13 所示。

研究问题具体细化为：①不同类型的公园游憩活动对使用者有怎样的健康影响差异？②活动属性因素——包括活动强度、活动时间、活动中对自然的关注情况、对周围人活动的关注情况，是否会影响健康效益？③结合公园活动行为特征与健康效益，如何从公园设计和管理上更好地促进健康效益？

2. 实验地点和样本

（1）实验地点

为了更好地分析比较，以得到共性结论，研究选取一个社区公园（松鹤公园）和一个区域性公园（黄兴公园）为例。研究环境基本情况如表 4-8 所示。

（2）样本情况

受访者在自发来公园活动的退休老年人中现场随机招募。两个公园共招募

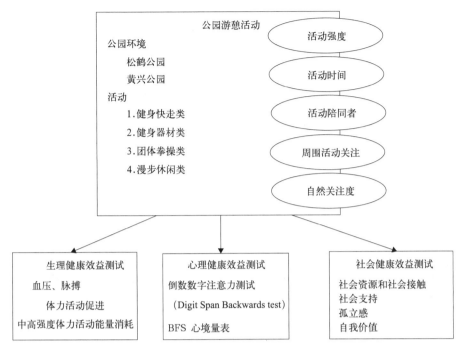

图 4-13 实验架构图

表 4-8 松鹤公园、黄兴公园环境情况比较

公园	松鹤公园	黄兴公园
面积	1.4hm²	62.4hm²
公园类型	社区公园	综合性公园
建成年代	1986 年	2001 年
至公园平均步行时间（min）	9.13±4.62	13.93±8.12
主园路结构	环路，长约 350m	环路，长约 1600m
水体面积比例	6.7%	13.9%
绿化用地比例	60.0%	63.4%
道路广场等硬质用地比例	33.3%	22.7%
设施	茶室、曲廊、健身设施、小广场、假山、林下活动场地	儿童设施、亭子、码头、广场、雕塑、林下活动场地
主要活动	散步、健走、拳操、健身器械、带孩子、乐器	散步、健走、拳操、带孩子、合唱、乐器
环境噪声	安静	安静
周边环境		
园内照片		

到 140 位老年人作为研究样本。其中，松鹤公园样本（80 份）分成四个活动组别，包括健身快走类、健身设施类、集体拳操类、漫步休闲类；黄兴公园由于没有健身器材，样本（60 份）分为健身快走、集体拳操和漫步休闲三个组。经方差分析（ANOVA）检验（表 4-9），不同活动组受访者在年龄、身体质量指数（BMI）、健康状况方面没有显著差异。各组老年人的环境偏好和日常活动偏好也基本一致。

表 4-9　不同活动组的日常健康状况差异 ANOVA 检验

活动分类	样本量（人）男	样本量（人）女	年龄（岁）	BMI	总体健康状况自评（5 分）	心理健康状态自评（15 分）	社会健康状态自评（15 分）
健身快走类	23	17	64.7 ± 7.02	24.3 ± 2.83	2.45 ± 0.89	12.25 ± 1.97	12.00 ± 2.88
健身设施类	10	10	67.4 ± 6.50	23.8 ± 2.66	2.70 ± 0.98	11.80 ± 2.69	12.50 ± 2.78
集体拳操类	5	35	67.0 ± 7.03	23.2 ± 2.43	2.95 ± 1.15	12.20 ± 2.40	12.15 ± 2.11
漫步休闲类	15	25	65.9 ± 7.36	23.0 ± 2.49	2.95 ± 1.05	12.57 ± 2.34	12.25 ± 2.29
F	—	—	0.955	2.034	1.102	0.367	0.137
p	—	—	0.416	0.112	0.354	0.777	0.938

3. 采集数据

研究数据包括老年人个人基本信息、活动前后的健康影响数据、公园游憩活动类型和属性情况数据、活动轨迹数据（表 4-10）。数据采集用到的仪器有 ActiGraph GT3X+ 人体运动能耗监测仪、Meitrack MT90-GPS 定位器

表 4-10　研究指标与数据采集方式

指标类型	指标	数据采集方式和测试内容
基本信息	年龄、性别、身高、体重、日常游园情况、日常健康状况（生理、心理、社会）、公园偏好等	问卷
健康影响指标	血压、脉搏	血压计
	活动能量消耗	ActiGraph GT3X+
	中高强度活动量（MVPA）	ActiGraph GT3X+
	心境状态	简明 BFS 心境量表
	注意力改善	倒数数字注意力测试
	社会健康效益	问卷，参考了自测健康评定级表（SRHMS），社会资源与社会接触、社会支持、减少孤立感、获得成就感
活动属性指标	活动强度（MET）	ActiGraph GT3X+
	活动时长	问卷，一般在 20~120min 左右
	活动陪同者	问卷，一个人、和家人孩子、和邻里朋友
	自然关注度	问卷
	周围活动关注度	问卷
活动类型	活动类型	问卷，分为健身快走、健身设施、集体拳操、漫步休闲 4 类
空间数据	活动轨迹	GPS

图 4-14 实验仪器（左：ActiGraph GT3X+、中：GPS 定位器、右：HEM-7120 血压计）

和欧姆龙 HEM-7120 血压计（图 4-14）。仪器采集和访谈获得的数据都记录在调查问卷中。

4. 健康影响指标

本研究将健康影响分为生理健康、心理健康、社会健康三个层面。

生理和促进体力活动方面，研究指标包括活动前后血压和脉搏变化、中高强度活动量（MVPA）、能量消耗。心理健康方面，包括活动前后的倒数数字注意力测试（Digit Span Backwards test）、BFS（Befindlichkeitsskalen）心境状态量表。活动后的社会健康效益自我评价参考了自测健康评定级表（SRHMS）中社会健康的维度[①]并进行了简化，反映出公园游憩活动对社会资源与社会接触、社会支持、减少孤立感、获得成就感方面的作用。

5. 活动类型

研究涉及的活动类型分为①健身快走类，具体包括慢跑、快走、健身走等；②健身器材类，具体包括使用漫步机、上肢牵引器、俯卧撑架等设施进行锻炼；③团体拳操类，具体包括太极、打拳、健身操、关节操等；④漫步休闲类，具体包括休息、看风景、散步、吸氧、冥想等。

6. 活动属性指标

为了能够定量地描述活动属性特征，探究公园游憩活动的健康影响机制，研究进一步记录了以下活动属性指标，包括活动强度、活动时间、活动中对自然的关注情况、对周围人活动的关注情况。其中，活动强度，即代谢当量（MET），通过 ActiGraph GT3X+ 人体运动能耗监测仪得到。活动中对自然的关注情况、对周围人活动的关注情况通过问卷访谈得到，包括 5-"有较长的时间欣赏和感受氛围"、4-"经常关注，被吸引"、3-"一般关注"、2-"很少关注"、1-"没怎么注意"五个评分。

7. 空间数据

入园活动过程中，受访者携带 ActiGraph GT3X+ 人体运动能耗监测仪和 Meitrack MT90-GPS 定位器。通过结合相关数据，以分析公园游憩活动行为的空间特征。

---

① 陈佩杰，翁锡全，林文弢. 体力活动促进型的建成环境研究：多学科、跨部门的共同行动 [J]. 体育与科学，2014 (1)：22-9.

4.5.3 实验流程

调研实验在 2017 年 9—10 月进行，选择多云到晴、气温适宜的天气。

受访者在了解调研实验的目的、流程和注意事项后，签字确认实验告知书。实验流程先填写基本信息、进行前测、发放便携仪器，然后老年人依照自行习惯入园活动，活动后经过短暂休息回忆并填写活动情况，再进行后测（表 4-11）。

表 4-11 实验流程

基本信息填写	健康前测			仪器发放佩戴	入园活动	活动情况记录（休息回忆）	健康后测		
	主观心理问卷	注意力测试	生理测量				生理测量	注意力测试	主观问卷
1min	2min	2min	3min	1min	>20min	3–5min	3min	2min	2min

4.5.4 数据分析

研究运用 SPSS19.0 软件对所得数据进行统计分析。通过 ANOVA 方差分析对两个公园环境和四类活动的组间差异进行比较。通过分层回归分析，探究活动强度、活动时间、活动陪同者、对周围活动关注度、对自然关注度五个活动属性变量对健康效益的影响机制，从而构建活动属性的健康影响序列。

运用 ArcMap 对采集 140 条 GPS 轨迹和活动强度数据进行密度分析和栅格分析，归纳不同类型活动的行为偏好特征与场地使用情况。

4.5.5 研究结果

1. 不同活动类型的健康影响

（1）生理和体力活动

根据 ANOVA 方差分析，不同类型活动在公园期间的中高强度活动量有显著差异（表 4-12）。其中，健身快走活动与其他活动相比，中高强度活动量最高，促进体力活动和能量消耗效果最好，而漫步休闲类的中高强度活动量最小（表 4-13）。环境尺度对促进体力活动有一定影响，黄兴公园活动代谢当量和中高强度活动高于松鹤公园（图 4-15）。

公园活动后收缩压（$P<0.01$）、舒张压（$P<0.05$）显著降低，但活动类型差异对血压降低效果的影响并不明显。

表 4-12 不同公园和活动组的活动平均代谢当量、中高强度活动（MVPA）的方差分析

	活动平均代谢当量		MVPA	
	公园组	活动组	公园组	活动组
F	9.293**	37.401**	13.636**	51.201**
p	0.003	0.000	0.000	0.000

表 4-13　不同活动组平均代谢当量、MVPA 均值差异两两比较

(I) 活动代码	(J) 活动代码	代谢当量均值差异 Dunnett's T3 两两比较			MVPA 均值差异 LSD 两两比较		
		均值差（I-J）	标准误	显著性	均值差（I-J）	标准误	显著性
健身快走组	健身设施组	0.51**	0.14	0.005	0.20**	0.05	0.000
	集体拳操组	0.63**	0.13	0.000	0.15**	0.04	0.000
	漫步休闲组	1.12**	0.12	0.000	0.45**	0.04	0.000
漫步休闲组	集体拳操组	0.50**	0.09	0.000	0.30**	0.04	0.000
	健身设施组	0.61**	0.12	0.000	0.26**	0.05	0.000
集体拳操组	健身设施组	0.11	0.12	0.935	−0.04	0.05	0.372

注：* 均值差的显著性水平为 0.05，** 均值差的显著性水平为 0.01。

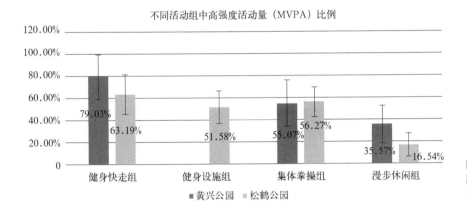

图 4-15　不同活动组中高强度活动量（MVPA）比例均值和标准差比较

（2）注意力测试和心境改善

倒数数字注意力测试（DSB）结果显示，公园活动后注意力水平显著提升（$P<0.001$）。两个公园的注意力测试水平改善的组间差异并未达到显著水平，不同活动组注意力测试水平改善的组间差异较显著（表 4-14、表 4-15），且注意力改善效果：集体拳操组 > 漫步休闲组 > 健身快走组 > 健身设施组。

公园活动后心境状态变化的统计结果显示，公园游憩活动对心境状态有显著的积极影响（图 4-16）。并且，根据方差分析和两两比较结果，集体拳操组、漫步休闲组对提高情绪的评价性和激活性维度——愉悦性、活跃性分量表，效果好于健身快走组和健身设施组（表 4-16、表 4-17）。漫步休闲活动对提高平静性分量表、降低激动性分量表，即感到冷静放松、缓解紧张不安的效果最显著（t 检验 $P<0.05$）。

（3）社会健康效益

在社会健康效益方面（表 4-18），使用者觉得在黄兴公园活动更有意义和成就感。集体拳操类活动对提高社会接触与社会支持、减轻孤独感、获得成就感的促进效果最好，具体体现为增进彼此了解、找到志同道合的人，并获得情感上的支持和帮助。

表 4-14　不同公园和活动组注意力测试变化的方差分析

	DSB 注意力测试前后变化（后—前）	
	公园	活动组
F	0.006	3.578*
P	0.938	0.016

注：* 方差分析显著性水平为 0.05，** 显著性水平为 0.01。

表 4-15　不同活动组 DSB 注意力测试变化值差异 LSD 两两比较

(I) 活动代码	(J) 活动代码	DSB 注意力测试变化值（后—前）LSD 两两比较		
		均值差（I-J）	标准误	显著性
集体拳操组	漫步休闲组	0.18	0.26	0.50
	健身快走组	−0.53*	0.26	0.04
	健身设施组	−0.90**	0.31	0.00
漫步休闲组	健身快走组	−0.35	0.26	0.17
	健身设施组	−0.73**	0.31	0.02
健身快走组	健身设施组	0.38	0.31	0.23

注：满足 Levene 方差齐性检验，* 均值差的显著性水平为 0.05，** 均值差的显著性水平为 0.01。

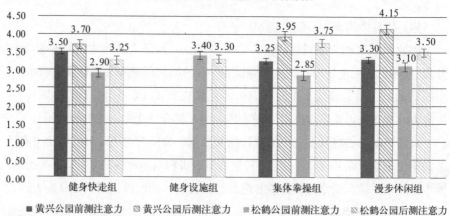

图 4-16　不同活动组前后 DSB 注意力测试均值变化

表 4-16　不同公园和活动组心境状态量表的方差分析

	活跃性分量表变化（后—前）		愉悦性分量表变化（后—前）	
	公园	活动组	公园	活动组
F	0.066	3.944**	0.248	2.145
P	0.798	0.010	0.619	0.098

注：* 方差分析显著性水平为 0.05，** 显著性水平为 0.01。

表 4-17 不同活动组活跃性、愉悦性分量表变化值 LSD 两两比较

(I) 活动代码	(J) 活动代码	活跃性分量表前后测变化值（后—前）LSD 两两比较			愉悦性分量表前后测变化值（后—前）LSD 两两比较		
		均值差 (I-J)	均值差 (I-J)	均值差 (I-J)	均值差 (I-J)	标准误	显著性
集体拳操组	漫步休闲组	0.75	0.64	0.240	0.18	0.45	0.698
	健身快走组	−1.80**	0.64	0.005	−0.50	0.45	0.269
	健身设施组	−2.20**	0.78	0.005	−1.50**	0.55	0.007
漫步休闲组	健身快走组	−1.05	0.64	0.101	−0.33	0.45	0.472
	健身设施组	−1.45	0.78	0.065	−1.33*	0.55	0.018
健身快走组	健身设施组	0.40	0.78	0.608	1.00	0.55	0.072

注：满足 Levene 方差齐性检验，* 均值差的显著性水平为 0.05，** 均值差的显著性水平为 0.01。

表 4-18 不同公园和活动组社会健康影响的方差分析

	信息获取		增进朋友了解		志趣相投的人	
	公园	活动组	公园	活动组	公园	活动组
F	0.077	1.876	2.591	6.466**	2.761	11.299**
P	0.789	0.137	0.110	0.000	0.099	0.000
	支持和帮助		减轻孤独		有意义和成就感	
	公园	活动组	公园	活动组	公园	活动组
F	0.125	6.638**	0.488	3.234*	14.724**	7.588**
P	0.724	0.000	0.486	0.024	0.000	0.000

注：* 方差分析显著性水平为 0.05，** 显著性水平为 0.01。

2. 活动属性特征的健康影响

通过分层回归分析，建立活动属性因素与健康影响指标之间的作用模型，结果如表 4-19~ 表 4-21 所示。

（1）活动强度与活动时长

活动强度和活动时长对公园活动中的能量消耗、获得成就感有积极影响。中高强度的公园活动对促进体力活动和能量消耗、感到有意义和获得成就感有

表 4-19 活动属性对生理健康指标和促进体力活动的影响分析

健康效益指标	收缩压变化		舒张压变化		脉搏变化		促进体力活动 MVPA		能量消耗（卡路里）	
	$\frac{\text{St.}\beta}{\beta}$	P	$\frac{\text{St.}\beta}{\beta}$	P	$\frac{\text{St.}\beta}{\beta}$	P	$\frac{\text{St.}\beta}{\beta}$	P	$\frac{\text{St.}\beta}{\beta}$	P
活动强度	—	—	—	—	0.21**	0.009	1.02***	0.000	0.52***	0.000
					1.43**		38.6***		48.9***	
活动时长	—	—	—	—			—	—	0.78***	0.000
									1.93***	
活动陪同	—	—	0.11	0.200			0.08	0.071	—	—
			0.50				2.24			

续表

健康效益指标	收缩压变化		舒张压变化		脉搏变化		促进体力活动 MVPA		能量消耗（卡路里）	
	$\frac{St.\beta}{\beta}$	P	$\frac{St.\beta}{\beta}$	P	$\frac{St.\beta}{\beta}$	P	$\frac{St.\beta}{\beta}$	P	$\frac{St.\beta}{\beta}$	P
周围活动关注	0.15	0.077	0.20*	0.020	0.10	0.212	—	—	—	—
	0.51		0.53*		0.28					
自然关注度	−0.24**	0.005	−0.21*	0.014	−0.35***	0.000	0.08	0.063		
	−1.11**		−0.72*		−1.28		1.75			
年龄	—	—	−0.15	0.070						
			−0.09							
BMI	—	—	—	—	—	—	−0.44***	0.000	0.08	0.055
							−4.11***		1.92	
常量	−2.70	4.60	0.198	0.24	0.894	0.314	49.56	0.000	−148.66	0.000
F	4.84	0.009	4.493	0.002	8.165	0.000	92.41	0.000	228.20	0.000
调整 R 方	5.2%		9.1%		13.4%		72.5%		83.1%	

注：1.*P<0.05，**P<0.01，***P<0.001；"—"表示该变量对模型的解释度没有贡献。

2. St.β——标准系数，β——非标准系数。

表 4-20　活动属性对注意力和心境改善的影响分析

健康效益指标	注意力 DSB 测试		活跃性心境量表		愉悦性心境量表		平静性心境量表		激动性心境量表	
	$\frac{St.\beta}{\beta}$	P	$\frac{St.\beta}{\beta}$	P	$\frac{St.\beta}{\beta}$	P	$\frac{St.\beta}{\beta}$	P	$\frac{St.\beta}{\beta}$	P
活动强度	−0.12	0.143	−0.15	0.082	—	—	—	—	—	—
	−0.22		−0.65							
活动时长	0.13	0.109	—	—	0.10	0.239	—	—	—	—
	0.01				0.01					
活动陪同	—	—	0.09	0.304	—	—	−0.09	0.290	—	—
			0.28				−0.11			
周围活动关注	—	—	—	—	0.12	0.144	−0.12	0.087	—	—
					0.16		−0.27			
自然关注度	0.26**	0.002	0.17*	0.049	0.21**	0.013	0.15*	0.048	−0.16	0.066
	0.25**		0.40*		0.36**		0.24*		−0.15	
年龄	—	—	—	—	—	—	—	—	—	—
BMI	—	—	—	—	—	—	−0.09	0.290	—	—
常量	−0.23	0.631	0.7	0.594	−0.1	0.948	0.42	0.52	0.20	0.550
F	5.69	0.001	2.9	0.039	3.2	0.024	2.18	0.093	3.43	0.066
调整 R 方	9.1%		3.9%		4.6%		3.5%		1.7%	

注：1. *P<0.05，**P<0.01，***P<0.001；"—"表示该变量对模型的解释度没有贡献。

2. St.β——标准系数，β——非标准系数。

表 4-21 活动属性对社会健康效益的影响分析

健康效益指标	信息获取 St.β / β	信息获取 P	志趣相投的人 St.β / β	志趣相投的人 P	情感支持和帮助 St.β / β	情感支持和帮助 P	减轻孤独寂寞 St.β / β	减轻孤独寂寞 P	有意义和成就感 St.β / β	有意义和成就感 P
活动强度	—	—	0.13	0.074	—	—	—	—	0.24*	0.017
			0.35						0.54*	
活动时长									0.20*	0.016
									0.01*	
活动陪同	0.13	0.122	0.47***	0.000	0.49***	0.000	0.21**	0.016	0.21*	0.012
	0.20		0.88***		0.88***		0.40**		0.35*	
周围活动关注	0.15*	0.045	0.12	0.115	0.14*	0.040	0.11	0.227	0.11	0.184
	0.12*		0.13		0.14*		0.12		0.10	
自然关注度	—	—	—	—	—	—	−0.13	0.145	0.13	0.127
							−0.18		0.16	
年龄	—	—	0.24**	0.001	0.07	0.322	—	—	—	—
			0.06**		0.02					
BMI	—	—	—	—	−0.15*	0.035	−0.11	0.200	−0.2*	0.035
					−0.09*		−0.07		−0.12*	
常量	0.89	0.004	−4.28	0.003	1.58	0.342	3.76	0.013	3.21	0.010
F	3.61	0.030	14.65	0.000	16.12	0.000	2.55	0.042	4.81	0.000
调整 R 方	9.2%		28.2%		30.3%		4.3%		14.1%	

注：1. *P<0.05，**P<0.01，***P<0.001；"—"表示该变量对模型的解释度没有贡献。

2. St.β—— 标准系数，β—— 非标准系数。

积极作用，同时也会影响到脉搏加快、注意力水平降低、活跃性心境量表降低。

（2）自然关注度

活动中对自然的关注度与身心健康效益之间有显著的相关性（P=0.001）。自然关注度对降低血压、减缓脉搏频率、提升注意力水平、提高心境活跃性、愉悦性、平静性分量表有积极作用（表4-19）。其中，改善注意力、缓解激动性分量表中紧张、焦虑情绪等结果，支持了注意力恢复理论、压力痊愈理论；感到生机勃勃、充满活力、放松，降低血压、脉搏，也表明自然环境体验有助于减轻活动中的疲劳感、紧张感。

（3）活动陪同者与周围活动关注度

公园有效促进了邻里朋友、家人孩子之间的互动。公园中与邻里朋友一起进行的活动对社会健康的积极作用最显著。

周围活动关注度与社会健康效益有较显著的相关（P<0.05），但对血压升高、心境平静性分量表的降低也有较显著影响。一些黄兴公园的受访者在"活动过程中特别关注的事物"一项中提到，对"滨湖广场上跳舞的人群""路边萨克斯演奏者""亭子里的合唱团""一起在主园路上健走跑步的陌生人"印象深刻，

甚至有人驻足观看、拍照，被现场欢乐的氛围感染。松鹤公园人们关注最多的活动是"树荫下的健身操""广场上活动的儿童"。公园活动的健康效益，不仅仅与公园自然环境相关，也受到公园其他人活动的氛围影响，且周围活动带来的影响既有积极有益的一面，也有消极的一面。

3.活动行为的空间特征及其健康影响

（1）健身快走类活动特征

健身快走类活动偏好使用结构清晰的环路，活动轨迹点以中强度为主（图4-17、图4-18）。在空间尺度更大的黄兴公园，主园路更长更宽，设施与设施、景点与景点之间的距离也更远，增加了健身快走类、漫步休闲类活动中步行活动的机会，提高了中高强度活动量和能量消耗水平。一些活动者提出，希望可以增加塑胶铺装，减轻高强度活动对膝盖的损伤。

（2）集体拳操类活动特征

对于集体拳操类活动，活动发生在固定场所，园路使用较少。中高强度活动点和久坐点都集中在活动场地内（图4-19、图4-20）。因此，园路和公园整体尺度的增加对活动行为和活动强度并没有太大影响。两个公园的集体拳操类活动发生的空间环境具有相似点，可以概括为：开敞活动广场、林下活动场地、路边临时场地三类。其中，在公园支路和林间小路上的临时拳操活动场地增强了公园锻炼的氛围，但在主园路和重要的交通支路上进行拳操活动，也对健身快走活动及其他通行活动造成干扰和影响。

（3）漫步休闲类活动特征

漫步休闲类活动的轨迹空间分布最广，且活动强度普遍较低（图4-21、图4-22）。活动对主园路、支路和林间小路均有使用，并在广场、滨水、廊亭、林下空间等区域形成停留聚集的热点区，尤其是亲近自然的景点，或活动丰富的场地边缘。

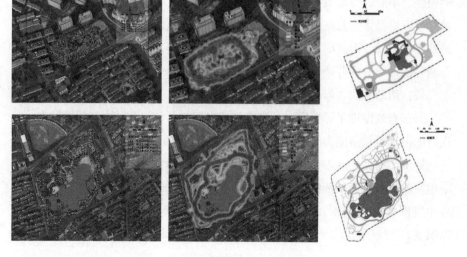

图4-17　松鹤公园健身快走类活动强度轨迹点与活动密度分析

图4-18　黄兴公园健身快走类活动强度轨迹点与活动密度分析

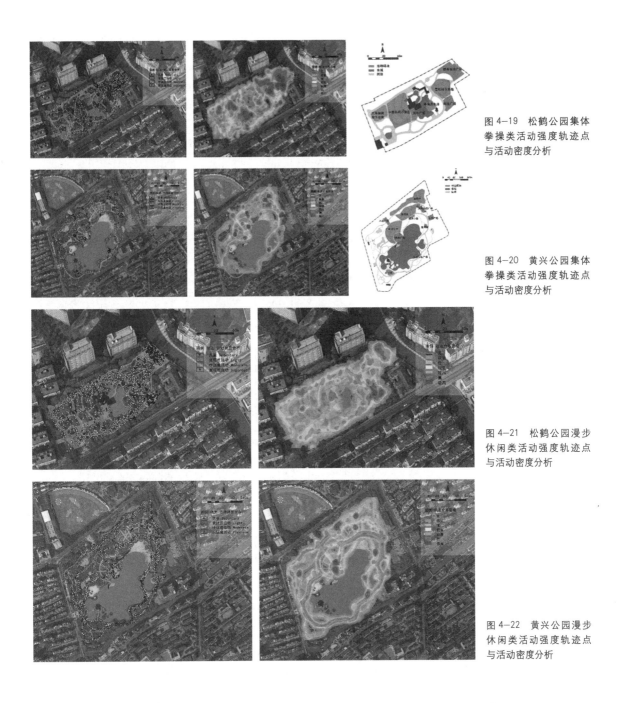

图 4-19 松鹤公园集体拳操类活动强度轨迹点与活动密度分析

图 4-20 黄兴公园集体拳操类活动强度轨迹点与活动密度分析

图 4-21 松鹤公园漫步休闲类活动强度轨迹点与活动密度分析

图 4-22 黄兴公园漫步休闲类活动强度轨迹点与活动密度分析

4.5.6 讨论与小结

1. 研究结论与启示

（1）公园游憩活动的健康影响序列

结合活动类型和属性分析，研究以松鹤公园和黄兴公园老年人为例，汇总得到公园游憩活动的健康影响序列及活动推荐（表4-22）。

活动属性的健康影响机制研究为其他丰富多样的公园游憩活动的健康效益评估提供了参考和启示。活动拥有较高自然关注度特征，例如散步赏景、园艺

表4-22　公园游憩活动的健康影响序列汇总表

健康效益指标		活动属性影响					活动类型推荐参考
		活动强度	活动时长	活动陪同	周围活动关注	自然关注度	
生理健康影响	降低收缩压	N	N	N	S-	S+++	漫步休闲类 ª
	降低舒张压	N	N	S-	S--	S++	
	减缓脉搏频率	S---	N	N	S-	S+++	
	促进体力活动	S+++	N	S+	N	S+	健身快走类
	能量消耗	S+++	S+++	N	N	N	
认知提升	注意力水平改善	S-	S+	N	N	S+++	漫步休闲类集体拳操类
心境改善	提升活跃性分量表	S-	N	N	N	S++	
	提升愉悦性分量表	N	S+	N	N	S++	
	提升平静性分量表	N	N	N	S-	S+	漫步休闲类
	降低激动性分量表	N	N	N	N	S+	
社会健康效益	信息获取	N	N	S+	S++	N	集体拳操类
	增进朋友了解	N	N	S+++	N	N	
	志趣相投的人	N	N	S+++	S++	N	
	情感支持和帮助	N	N	S+++	S+	N	
	减轻孤独寂寞	N	N	S++	S+	S-	
	有意义和成就感	S++	S++	S++	S+	S+	

注：1. "S+"表示积极影响，"S-"表示消极影响，N表示没有影响。
　　2. "S+++/S---"显著影响 $P<0.01$，"S++/S--"较显著影响 $P<0.05$，"S+/S-"显著性一般，ª 研究涉及的活动类型对于该项指标的组间差异并不显著，根据活动属性提出建议。

采摘、泛舟垂钓，对提高认知注意力水平、获得愉快的情绪、恢复活力、缓解紧张和压力有更显著的作用。并且在绿色环境下进行体育锻炼活动，对提高心肺功能、缓解运动疲劳有更积极的意义。拥有较高周围活动关注度特征、与邻里朋友一起进行的活动，例如观看他人跳舞、带孩子玩、观看下棋、散步闲聊，对促进社会健康效益的影响更大。

以活动体验为媒介，公园的自然环境和人文社会环境对实际健康效益的影响是复杂的。而公园游憩活动产生的积极情绪、对社会交往的促进作用，使得公园与周边社区居民之间产生一种特殊的场所依恋。这种公园游憩活动所产生的精神情节，也体现了城市公园对城市居民的精神价值。

（2）促进健康的景观设计策略

1）活动环境自然化

研究显示对自然的关注度有利于缓解运动中的紧张，降低脉搏频率，并对注意力恢复有积极影响。因此，在规划设计中，应突出公园自然特征对健康的积极作用，设置有林荫的健身步道、鹅卵石小路、林下活动场地、滨水健身广场等。

2) 活动设施人性化

通过衣帽挂钩、活动指导牌等，规划引导拳操活动临时场地有序开展，避免活动干扰。活动场地周边增加座椅、廊亭等，形成良好的交往空间和活动氛围，促进社会健康效益。在座椅材质、廊亭的出檐宽度等细节方面，考虑下雨、高温的情况，兼顾美观和舒适。

3) 健身设施智慧化

智能化的健身步道、健身器材，可以设立打卡设备，在起点的设备上刷卡或输入活动者性别、年龄、身高、体重等基本指标，在结束锻炼时得到卡路里消耗、心率变化等健身效益数据，实现健身信息互动化。

结合智能化的场景监测设备，例如空气质量、负氧离子浓度、场地人流分布热力图等，活动者根据自身情况选择活动内容、活动时间、活动场地，形成活动日志。建立公园游憩 App，通过手机或客户端记录公园游憩活动日志。未来，可以将健康公园数据和医院或公共健康中心联网共享，实现"公园游憩活动处方"，发挥公园的积极作用。

2. 讨论与展望

本研究以公园游憩活动为切入点，将自然环境健康效益的实证研究从低能级的被动体验向更高能级的主动游憩进行了推进，为公园游憩活动健康效益评价和健康活动指南研究提供了探索尝试。

未来研究，需要增加人群对象，例如针对儿童、青少年、白领人群的活动序列，进一步丰富活动类型，增加羽毛球等小型球类、唱歌演奏乐器等群体文艺类、游船骑自行车等郊游观赏类、科普园艺等自然教育类活动。在健康指标方面，增加更多生理健康方面的指标，比如耐力、协调性、灵活性、血氧饱和度等，建立长期的数据监测机制。

研究结论中，活动类型、活动属性对指标的健康影响虽然有部分较显著的结果，但每个实验组样本量仍较小，个体因素差异较大，模型拟合度还不高，需要更多研究验证。未来研究结合公园与城市空间环境的关系、公园可达性、绿色公共空间供给等，为公园和绿地规划、健康城市和可持续发展提供重要支撑。

4.6 景观尺度健康影响的比较实验[①]

4.6.1 绿色空间尺度的界定

绿色空间从广义上看，包含了山、水、林、田、湖等要素构成的自然生态空间。从狭义上看，则可以理解为城市绿地和廊道等构成的绿色网络。本研究

---

① 该试验由研究生何虹负责完成。

旨在探索不同尺度绿色空间的心理恢复效益的差异，因此有必要明确尺度大小的界定标准，这样可以为后面案例的选取提供一定的参考。

绿色空间的"面积"和"视线可及范围"是界定尺度大小的两个重要指标。面积属于客观指标，一般而言，面积越大的绿色空间，其尺度也越大，这点是毋庸置疑的。此外，视线可及范围也是一个重要的影响因素，它属于主观感受指标，会影响人实际所感知到的空间尺度大小。比如当观察者身处于一片广袤的热带雨林中时，客观上这是一个大尺度的绿色空间，但实际感受到的是一个小尺度的空间。本研究中选取的小、中、大尺度的绿色空间，需要同时满足"面积"和"视线可及范围"两个指标，即面积和视线可及范围从小到大的过渡是具有一致性的，客观指标和主观感受指标不一致的不在本研究探讨范围内。

除了"面积"和"视线可及范围"这两个定量指标外，还有一些定性描述性的指标可以对尺度的大小进行界定：不同尺度大小的绿色空间在"尺度等级""区位""景观类型"和"景观特征"这四个方面差异较为显著。小尺度绿色空间对应街区尺度的绿色空间，主要的绿地类型有社区绿地、口袋公园、街旁绿地等；一般位于城市中心区或城区范围以内；主要服务于周边居民，以绿化空间为主，人工设施较多，人工自然景观是其典型的景观类型。中尺度绿色空间对应城区尺度的绿色空间，主要的绿地类型有综合性城市公园、郊野公园等，一般远离城市或位于城郊地带，主要服务于城市居民的休闲游憩绿地，具有较为完善的休息、游览、卫生或健身设施，同时拥有大片的自然区域，半自然景观是其典型的景观类型；大尺度绿色空间对应区域尺度的绿色空间，是在国家层面、具有国家代表性的大尺度的完整的自然生态空间，如国家公园等，一般位于荒野及人迹罕至的地方，公园内严格控制人类活动和各种人工设施，具有荒野和原始自然美的特质，荒野景观是其典型的景观类型。

本研究主要目的是探索绿色空间尺度大小与其心理恢复效益的关系，尺度大小是研究聚焦的一个最重要的变量。但是，绿色空间对人心理恢复效益也受到天气、季节、自然要素类型、公园内各景观元素占比和空间封闭开放程度等多方面的影响。同样一个绿色空间，在气候温暖的春季晴天和在冷风刺骨的秋冬雨天给人带来的心理恢复效益就会明显不同。不同季节也会带来不同的季相色彩，同样也会对绿色空间的心理恢复效益产生影响。此外，绿色空间虽然都是以自然要素为主导的，但是自然要素也包括水面、森林、林地、草地、瀑布、溪流等多种多样的类型，不同类型的自然要素也会在一定程度上影响绿色空间心理恢复效益的大小。

由于时间限制，研究没有面面俱到地把上述所有影响因素包含在内。最终选取了无锡城中公园作为小尺度绿色空间的研究案例，长广溪湿地公园作为中尺度绿色空间的研究案例，三江源国家公园作为大尺度绿色空间的研究案例（表4-23）。公园场景拍摄均在夏季晴天完成。

表 4-23 不同尺度的界定标准与案例选取

		小尺度	中尺度	大尺度
定量指标	面积	≤ 10hm²	10~10 000hm²	≥ 10 000hm²
	视线可及范围	≤ 100m	100~1000m	≥ 1000m
定性指标	尺度等级	街区尺度	城区尺度	区域尺度
	区位	位于城市中心区或城区范围以内	远离城市或位于城郊地带	位于荒野及人迹罕至的地方
	景观类型	人工自然景观	半自然景观	荒野景观
	景观特征	经过精心设计和管理的园林化景观；有较多的人工设施、构筑物或建筑群	有一定程度的人为干预和管理；人工的痕迹在整体上与自然环境较为协调景观整体富有自然野趣	能够体现自然演化的过程或结果；几乎没有任何人工设施或痕迹
	主要绿地类型	社区绿地、口袋公园、街旁绿地	综合性城市公园，郊野公园	国家公园
案例选取	公园名称	城中公园	长广溪湿地公园	三江源国家公园
	区位	无锡市中心	无锡西郊地带，毗邻太湖	青藏高原腹地，长江、黄河、澜沧江发源地
	面积	3.6hm²	690hm²	1231 万 hm²
	视线可及范围	10~50m	100~500m	100~500km
	典型景观	人工自然景观；园林化景观，亭台楼阁，古典建筑，小桥流水	半人工半自然景观，整体富有生态自然野趣；湿地芦苇滩，水杉林	荒野景观；高寒草甸草原、灌木丛、大果圆柏林、湿地河流、雪山冰川
	植被，水体，建筑占比	30%，20%，50%	50%，45%，5%	98%，2%，0

4.6.2 案例选取

1. 城中公园

城中公园位于无锡市中心，地处商业繁华街段。公园被四周林立的高楼大厦所环抱，是城中心一片难得的绿色休闲场所。城中公园是华夏第一座公园，现已经列入了江苏省文保单位清单。分布在城中公园的景点有：江南造园经典之作方塘书院、池上草堂、绣衣拜石、草堂话旧、白水试泉等 24 景，是无锡公众公益文化的代表，也是中国城市核心绿地的典范（图 4-23）。

2. 长广溪湿地公园

无锡长广溪国家湿地公园西靠军嶂山、北连蠡湖、东邻太湖新城、南接太湖，全长 10km，面积 6.90km²，其中水域面积约 1.62km²，是连接太湖和蠡湖的生态廊道，被誉为太湖、蠡湖之肾，是一座集生态、休闲、科普、历史人文为一体的国家级生态湿地公园。公园有三大主要功能区：展示教育区、游览活

图 4-23 无锡市城中公园景观（左图）

图 4-24 无锡市长广溪湿地公园景观（右图）

动区和管理服务区；分布的景点有：砾石滩人工湿地、涵香亭、景溪亭、观鸟屋、涌翠亭、科普展廊、水湄亭、徐堰纪念馆、天人广场、雕塑园等。公园在改善太湖、蠡湖水质、涵养水源、调节区域气候、保护生物多样性、提升环境美感等多方面，产生了良好的社会、经济、生态效益（图 4-24）。

3. 三江源国家公园

三江源国家公园位于青藏高原腹地，是长江、黄河、澜沧江的发源地，是我国重要的生态安全屏障和高原生物种质资源库。试点区域总面积 12.31 万 km²，涉及治多、曲麻莱、玛多、杂多四县和可可西里自然保护区管辖区域，包括长江源园区、澜沧江源园区和黄河源园区。公园内冰川耸立，雪原广袤，河流、湖泊、湿地与沼泽众多，植被地貌景观神奇罕见，野生动物丰富多样，充分展现了大尺度荒野景观的雄浑粗犷和神奇迷人（图 4-25）。

4.6.3　拍摄设备与漫游场景制作

1. 全景照片拍摄设备

由于本研究需要采用虚拟现实技术来提供给受访者身临其境的自然环境体验。在这种情况下，普通相机所拍摄的视频已经无法满足这一要求，因此本研究使用了专业的 360° 全景视频拍摄像机 Insta360 One X（光圈：F2.0）作为拍摄设备（图 4-26）。

选择这台设备主要有以下几点原因：第一，该相机拥有前后两颗 200° 超广角鱼眼镜头，能够有效扩大视野范围、缩小盲区，能够呈现出各角度的景观无缝衔接过渡的效果；第二，相机能够拍摄高分辨率的 5.7K30 帧每秒的全

图4-25　三江源国家公园景观

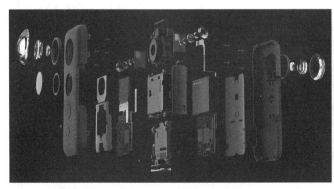

图4-26　Insta360 One X全景相机内部结构和外观

景视频和1800万像素的高品质全景照片，清晰度完全满足了实验要求，此外，相机还具有色彩增强功能，即使在强光下也能拍摄出景观的鲜艳色彩，提供给受试者更为逼真的现场体验；第三，该相机采用了Flow State防抖科技，因此在行进过程中拍摄时，无需携带额外的相机稳定设备，依然可以保证视频所拍摄的景观画面十分稳定，和人正常行进过程中肉眼所看到的景观所差无几。

2. 虚拟漫游场景制作

本次研究的全景漫游是在"VR云全景"平台上制作完成的（图4-27）。在该网站上注册账号登录后，选择在线制作全景漫游，将前期拍摄的全景视频上传到自己的资源库中，进行编辑，编辑页面如图4-28所示。可以选择场景切入的视角、添加热点、对场景出现的顺序进行重新排序等。

场景制作完成并经过审核成功发布后，会自动生成二维码或链接。通过二维码和链接，就可以把每个公园的全景漫游场景分享给他人观看体验。

图4-27 VR云全景网站页面（http://www.vryun.work/）

图4-28 全景漫游场景在线制作界面

4.6.4 问卷设计

本研究通过问卷调查的方式来收集三个不同尺度绿色空间的心理恢复效益数据和感知特征数据，通过数据对比研究，发现不同尺度绿色空间心理恢复效益的差异。问卷内容由受试者基本信息、感知特征评价，以及知觉恢复量表这三大部分组成。

1. 受访者基本信息

这一部分收集受试者的性别、年龄、最高学历、专业等信息，并请受试者评估了自己近两周的压力水平（"您近两周学习、生活或工作的压力水平？"，选择范围为"非常小""有点小""一般""有点大""非常大"）。

2. 感知特征评价

根据前述"感知特征"相关的文献分析，可以明确绿色空间的感知特征一共有八个，分别是"宁静""空间""自然""物种丰富""庇护""文化""前景开阔"和"社会"。受访者在观看公园虚拟漫游场景时，会感知到自然环境中的若干特征，有些特征可能会被强烈地感知到，而有些特征则没有那么明显地感知到。

由于本研究未涉及声音体验，并且在预测试中发现受访者对"空间"和"文化"的理解差异很大，所以最终保留了 5 个感知特征，精简了评价内容，在一定程度上避免过多的题量对受访者答题造成负面影响。这 5 个特征分别为："自然""物种丰富""前景开阔""庇护"和"社会"，为了方便受试者更好地理解每个感知特征的含义，问卷中将这五个感知特征表述为："荒野度""物种丰富""前景开阔""安全庇护"和"社会活动"。

通过在线体验全景漫游场景，结合照片的提示，让受访者对他们所感知到的五个特征分别打分，1 分代表"完全没感知到"，7 分代表能够"强烈地感知到"。

3. 知觉恢复量表（PRS 量表）

根据注意力恢复理论，"远离""范围""迷人"和"相融性"是恢复性环境的四个重要特征。"知觉恢复量表（PRS）"是基于注意力恢复理论而开发出来的一个衡量环境的恢复性潜力的自评量表，涵盖了"远离性""连贯性""迷人性"和"相容性"四大维度，共 44 个条目。因历史悠久和极大的普遍性，PRS 成为最常用的恢复性自评量表，被广泛应用于各个国家不同年龄和健康水平的受试者，以及各种实际或虚构的场景、不同的环境类型的恢复性测量中。

最初的 PRS 量表有 44 个条目，由于使用了一些普通大众所难以理解的术语，其可靠性和有效性受到了质疑，随后又修订出了 26 个条目的版本，[①] 以及

① Hartig T，Florian K，Bowler P. Further Development of a Measure of Perceived Environmental Restorativeness (Working Paper #5) [Z]. Sweden：Institute for Housing Research，Uppsala University，1997.

11 个条目的版本。[①] 考虑到每位受访者需要对 3 个场景作出评价,为了避免回答问题过多产生疲劳和厌烦心理,最终选择了 11 个条目的版本(表 4–24)。该问卷同样涵盖了"远离性""连贯性""迷人性"和"相容性"4 个维度,受试者以李克特 7 点量表表示对 11 个相关陈述的同意程度,1 分表示"非常不同意",7 分表示"非常同意"。

表 4–24 知觉恢复量表条目

维度	条目
远离性(A)	A1 这里的环境可以让我忘却烦恼
	A2 在这里感觉逃离了都市的喧嚣和烦躁
	A3 为了停止思考那些我必须要做的事情,我喜欢来像这样的地方
连贯性(B)	B1 这里有秩序,不会感到很混乱
	B2 可以看出来这里的景物是如何组织布局的
	B3 这里的景物很协调
迷人性(C)	C1 这里的景色很迷人
	C2 在这里,我的注意力被有许多有趣的事物吸引
	C3 在这里,我不会感到无聊
相容性(D)	D1 我在这里有一种归属感
	D2 这里足够大,可以进行多方面的探索

4.6.5 受访者基本信息统计

考虑到问卷涉及比较专业的量表题且题量较多,本次网络问卷调查主要通过一对一的问卷发放填写完成。共收集到 217 份问卷,问卷整体质量较高,没有无效样本,基本信息整理在表 4–25 中。

受访者男女比例较为均衡,女性有 119 个样本,占比 54.84%,稍多于男性;男性有 98 个样本,占比 45.16%(图 4–29)。受访者年龄段较为集中,主要是 18~40 岁的中青年人群,占比达 93.74%,其中 18~25 岁的年轻群体占比最高,达 60.37%(图 4–30)。有多于一半(54.38%)的受访者最高学历是硕士及以上,有 38.71% 的受访者最高学历为本科,总体来看本科及以上学历人群为本次调研的主力,占比高达 93.09%(图 4–31)。关于最近两周的压力水平,有近一半(47.93%)的受访者压力水平一般,也有 34.56% 的受访者表示近期压力较大(图 4–32)。受访者绝大部分是风景园林、建筑学或城乡规划专业,或者从事相关行业的专业人士,占比达 72.81%,因此问卷答案的可靠性较高(图 4–33)。

---

① Pasini P,Berto R,Brondino M,et al. How to Measure the Restorative Quality of Environments:The PRS–11[J]. Procedia–Social and Behavioral Sciences,2014,159:293–297.

表 4-25 受访者信息统计表

基本信息		样本量	百分比（%）	累积百分比（%）
您的性别	男	98	45.16	45.16
	女	119	54.84	100
您的年龄段	18 岁以下	1	0.46	0.46
	18~25	131	60.37	60.83
	26~30	48	22.12	82.95
	31~40	25	11.52	94.47
	41~50	4	1.84	96.31
	51~60	8	3.69	100
最高学历	小学／初中	2	0.92	0.92
	高中／中专	4	1.84	2.76
	专科	9	4.15	6.91
	本科	84	38.71	45.62
	硕士及以上	118	54.38	100
您最近两周的压力	非常小	13	5.99	5.99
	有点小	12	5.53	11.52
	一般	104	47.93	59.45
	有点大	75	34.56	94.01
	非常大	13	5.99	100
风景园林／建筑学／城乡规划是否是您的专业或所从事的行业？	是	158	72.81	72.81
	否	59	27.19	100
合计		217	100	100

图 4-29 受访者性别构成比例（左上图）

图 4-30 受访者年龄段构成比例（右上图）

图 4-31 受访者最高学历构成比例（左下图）

图 4-32 受访者不同压力水平否成比例（右下图）

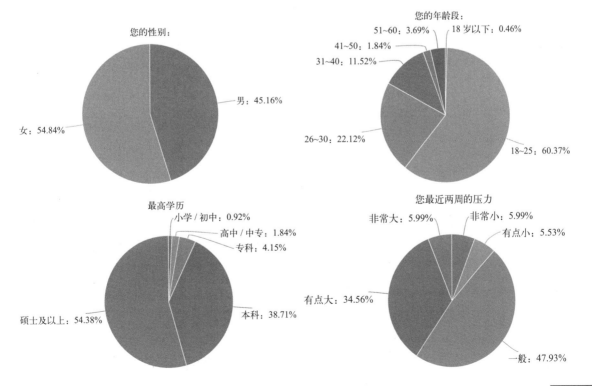

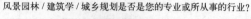

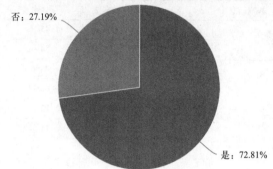

图 4-33 受访者专业背景构成比例

4.6.6 主要研究结论

1. 不同尺度绿色空间的心理恢复效益差异

对不同尺度绿色空间的心理恢复效益进行了单独的分析解读和整体的差异对比，通过单因素方差分析和 Tukey 事后检验证明了不同尺度绿色空间的心理恢复效益具有显著差异。此外，利用相关分析探索了尺度大小和心理恢复效益之间的相关关系。将重要数据汇总整理到表 4-26 中，得到如下结论。

表 4-26 不同尺度绿色空间心理恢复效益整体对比

	小尺度	中尺度		大尺度		
	得分	得分	与小尺度比较	得分	与小尺度比较	与中尺度比较
心理恢复效益总体得分	4.23	5.60	+32.4%	5.98	+41.4%	+6.8%
远离性	4.04	5.74	+42.1%	6.23	+54.2%	+8.5%
连贯性	4.62	5.73	+24.0%	5.77	+24.9%	+0.7%
迷人性	4.28	5.50	+28.5%	6.06	+41.6%	+10.2%
相容性	3.87	3.87	0	5.79	+49.6%	+49.6%

（1）大尺度绿色空间的心理恢复效益比小尺度绿色空间的心理恢复效益高出 41.4%，在"远离性""连贯性""迷人性"和"相容性"四个维度也分别高出了 54.2%、24.9%、41.6% 和 49.6%。中尺度绿色空间的心理恢复效益比小尺度绿色空间的心理恢复效益高出 32.4%，在"远离性""连贯性"和"迷人性"三个维度也分别高出了 42.1%、24.0%、28.5%，"相容性"维度没有差异。

（2）大尺度绿色空间在"相容性"维度上比中尺度绿色空间高出了 49.6%，比其他三个维度的变化量都大，说明只有大尺度的荒野才能给人带来极大的归属感和丰富的探索可能性，更有助于人的身心灵三位一体的恢复。

（3）将中尺度与小尺度，大尺度与小尺度和中尺度心理恢复效益的比较差异百分比进行汇总统计（表 4-27），依据四分位数确定了三类不同的差异等级，分别是"小差异"（小于等于 25 分位数）、"中等差异"（介于 25 分位数和 75 分位数之间）、"大差异"（大于等于 75 分位数）。

由表 4-28 可知，中尺度与小尺度绿色空间相比，在"远离性"维度差异最大，"相容性"维度差异最小，其他维度差异中等。大尺度与小尺度绿色空间相比，在"远离性"和"相容性"维度差异较大，其余维度差异中等。大尺度与中尺度绿色空间差异较小，仅"迷人性"维度有中等水平的差异。

（4）大尺度绿色空间的"远离性"维度得分最高，比其他三个维度总体高出了 6%，证明荒野能够给人一种逃避琐事烦恼、远离都市喧嚣的逃离感，提供心理慰藉，让注意力和精力得到恢复。中尺度绿色空间的"远离性"和"连贯性"维度得分均很高，比其他两个维度总体高出了 22%，可以在一定程度上提供给人一种逃离城市环境的感觉，同时公园内总体的景物组织布局比较协调，有一定的秩序感和规则性。小尺度绿色空间的"连贯性"维度得分最高，比其他三个维度总体高出了 14%，主要是通过对有限场地内各景观要素的精心组织布局来发挥其心理恢复效益的，而且作用较为有限（图 4-34）。

表 4-27 不同尺度绿色空间心理恢复效益差异百分比

名称	平均值 ± 标准差	方差	25 分位数	中位数	75 分位数	标准误
差异百分比	27.633 ± 18.712	350.137	8.5%	28.5%	42.1%	4.831

表 4-28 不同尺度绿色空间心理恢复效益差异百分比等级汇总

比较对象	比较内容	差异百分比	差异等级
中尺度比小尺度	心理恢复效益总体得分	32.4%	中等差异
	"远离性"维度得分	42.1%	大差异
	"连贯性"维度得分	24%	中等差异
	"迷人性"维度得分	28.5%	中等差异
	"相容性"维度得分	0	小差异
大尺度比小尺度	心理恢复效益总体得分	41.4%	中等差异
	"远离性"维度得分	54.2%	大差异
	"连贯性"维度得分	24.9%	中等差异
	"迷人性"维度得分	41.6%	中等差异
	"相容性"维度得分	49.6%	大差异
大尺度比中尺度	心理恢复效益总体得分	6.8%	小差异
	"远离性"维度得分	8.5%	小差异
	"连贯性"维度得分	0.7%	小差异
	"迷人性"维度得分	10.2%	中等差异
	"相容性"维度得分	49.6%	大差异

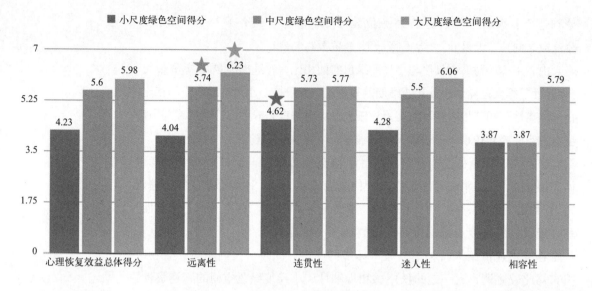

■ 小尺度绿色空间得分   ■ 中尺度绿色空间得分   ■ 大尺度绿色空间得分

图4-34 不同尺度绿色空间心理恢复效益比较

（5）通过相关分析发现：绿色空间的心理恢复效益与四个维度均和尺度大小之间具有正相关关系，即尺度越大的绿色空间心理恢复效益也往往越高。此外，"远离性"和"相容性"维度与尺度大小关系更为密切，相关系数值分别为0.62和0.56，说明尺度大小的变化对"远离性"与"相容性"的影响最大，尺度越大的绿色空间越能提供人逃离感和归属感，逃避都市的喧嚣烦躁和日常生活琐碎，给人进入另外一片广阔天地的感觉，在这里借由大自然抚平内心的烦躁，获得内心深处的宁静和归属感；正是这种逃离都市与回归大自然的感受，更有助于压力缓解和身心放松。

2. 不同尺度绿色空间的感知特征对比分析

对不同尺度绿色空间的感知特征进行了单独的分析解读和整体的差异对比，通过单因素方差分析和Tukey事后检验证明了不同尺度绿色空间的感知特征具有显著差异。此外，利用相关分析探索了尺度大小和感知特征之间的相关关系。将重要数据汇总整理到表4-29中，得到如下结论：

（1）对于"荒野度""物种丰富"和"前景开阔"三大感知特征，大尺度绿色空间的得分相较于中尺度绿色空间的得分分别高出了13.6%、15.3%和8.7%，相较于小尺度绿色空间的得分分别高出了57.4%、50.6%和63.4%。对

表4-29 不同尺度绿色空间感知特征整体对比

	小尺度	中尺度		大尺度		
	得分	得分	与小尺度比较	得分	与小尺度比较	与中尺度比较
荒野度	4.18	5.79	38.5%	6.58	57.4%	13.6%
物种丰富	4.11	5.37	30.7%	6.19	50.6%	15.3%
前景开阔	3.99	6.00	50.4%	6.52	63.4%	8.7%
安全庇护	4.89	5.01	2.5%	4.67	−4.5%	−6.8%
社会活动	5.30	4.03	−24.0%	3.47	−34.5%	−13.9%

于"安全庇护"这一特征，三种尺度绿色空间的差异不显著。对于"社会活动"这一特征，小尺度绿色空间的得分是最高的，比中尺度高出了 13.9%，比大尺度高出了 34.5%。

（2）小尺度绿色空间"社会活动"和"安全庇护"特征最为明显，有较多的人工设施、构筑物或建筑群，有良好的遮荫挡雨功能，能吸引人集聚，提供给人社交的空间。中尺度绿色空间"前景开阔"和"荒野度"特征最为明显，拥有大片的自然区域，整体富有自然野趣，同时可以在一定程度上提供前景开阔的眺望空间。大尺度绿色空间是尺度巨大的连片完整的自然生态空间，往往以远景辽阔、大气恢宏的景观为特色，具有荒野和原始自然美的特质，因此"荒野度"和"前景开阔"特征最容易被人感知到（图 4-35）。

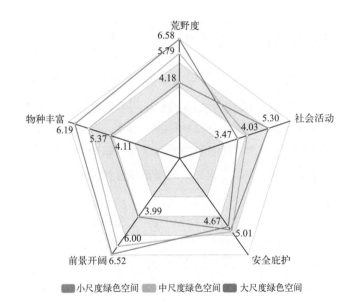

██ 小尺度绿色空间　██ 中尺度绿色空间　██ 大尺度绿色空间

图 4-35　不同尺度绿色空间心理恢复效益比较

（3）通过相关分析发现：除了"安全庇护"特征之外，"荒野度""物种丰富""前景开阔"和"社会活动"特征与尺度大小均呈现出显著性。其中，"荒野度""物种丰富""前景开阔"特征与尺度大小之间有着正相关关系，即尺度越大，绿色空间的"荒野度""物种丰富""前景开阔"特征就越明显，越容易被人感知到。"社会活动"特征与尺度大小是负相关关系，说明尺度越大，越能在其中感受到一种逃离人群的孤独感。此外，通过比较相关系数值的大小发现：尺度大小与"前景开阔"和"荒野度"这两个感知特征关系最为密切，相关系数值分别为 0.65 和 0.63，证明了尺度越大的绿色空间，就越能让人感受到自然的气息，越富有荒野的特质，同时也越能提供开阔的远景瞭望空间。

3. 感知特征与心理恢复效益的关系

不同尺度绿色空间感知特征对心理恢复效益的影响具有明显不同。

（1）对于小尺度的绿色空间，"前景开阔""物种丰富"和"安全庇护"

是对心理恢复效益影响最大的三个特征，影响程度分别为31.8%、27.5%和23.6%。因此，在对小尺度绿色空间进行设计时，需要注重在有限的空间里提供更为丰富的视觉体验，提供给人远眺的场所，同时通过植物、水体、构筑物等的搭配打造出有丰富开合变化的空间（表4-30）。

表4-30 不同尺度绿色空间的感知特征对心理恢复效益的影响

	小尺度绿色空间	中尺度绿色空间	大尺度绿色空间
	标准化回归系数	标准化回归系数	标准化回归系数
荒野度	0.042	0.210**	0.200*
物种丰富	0.275**	0.262**	0.420**
前景开阔	0.318**	0.269**	0.036
安全庇护	0.236**	0.108	0.127*
社会活动	0.061	0.134**	0.149*

注："*"——$P<0.05$，"***"——$P<0.01$。

（2）对于中尺度的绿色空间，"前景开阔""物种丰富""荒野度"是影响最大的三个特征，影响程度分别为26.9%和26.2%和21%。因此，在对中尺度绿色空间进行设计时，需要提升其物种的丰富性，并通过对自然生态的保护营造出适合多种鸟类、鱼类、昆虫等的生境空间。同样地，也需要提供一些视线无遮挡的、可以远眺的空间。此外，必须重视自然的野性和原生态，要避免过于人工化、园林化的场景。

（3）对于大尺度的绿色空间，"物种丰富""荒野度"是影响最大的两个特征，影响程度分别为42%和20%。大尺度绿色空间能够人为设计和改变的因素很少，我们能做的就是要保护好这些荒野的生物多样性和原始自然美的特性，把它们本有的"物种丰富"和"荒野度"特征发挥到极致。这样，当人们身处其中时，才会体验到更震撼人心的景观、体验到人与自然的连接，这样才能把荒野景观的心理恢复效益和健康价值充分发挥出来。

（4）在不考虑尺度大小的情况下，影响绿色空间心理恢复效益的最大的两个感知特征是"物种丰富"和"前景开阔"，其次就是"荒野度"这一感知特征，这三个感知特征对心理恢复效益的影响程度分别为38.4%、32.4%和15.3%。因此，当人们身处在"前景开阔""物种丰富"和"荒野度"特征较为明显的绿色空间中，可以获得更好的压力缓解和精神放松的效果。绿色空间是否具有足够的休憩设施或安全庇护的空间，以及是否能给人提供合适的社会交往场所，对于缓解人的压力并不重要。

4.6.7 研究展望

1. 不同尺度绿色空间心理恢复效益与感知特征的差异

大尺度绿色空间的心理恢复效益比小尺度绿色空间的心理恢复效益高出

41.4%，比中尺度绿色空间的心理恢复效益高出 6.8%。其"远离性"维度得分比小尺度绿色空间高出了 54.2%，比中尺度绿色空间高出了 8.5%，证明荒野能够给人一种逃避琐事烦恼、远离都市喧嚣的逃离感，提供心理慰藉，让注意力和精力得到恢复。同时，其"相容性"维度也比小尺度和中尺度绿色空间均高出了 49.6%，说明只有大尺度的荒野才能给人带来极大的归属感和丰富的探索可能性，更有助于人的身心灵三位一体的恢复。

进一步探究不同尺度绿色空间的感知特征，发现：对于"荒野度""物种丰富"和"前景开阔"三大感知特征，大尺度绿色空间的得分相较于小尺度绿色空间的得分分别高出了 57.4%、50.6% 和 63.4%，相较于中尺度绿色空间的得分分别高出了 13.6%、15.3% 和 8.7%；对于"安全庇护"这一特征，三种尺度绿色空间的差异不显著；对于"社会活动"这一特征，小尺度绿色空间的得分是最高的，比中尺度高出了 13.9%，比大尺度高出了 34.5%。随着尺度增大，绿色空间的"荒野度""物种丰富"和"前景开阔"特征会越来越明显并被人强烈地感知到，自然环境会变得更富有野趣和生机盎然，视野可以眺望到的范围也越来越大，景观变得开阔壮美大气；同时，"社会活动"特征则会慢慢弱化，不会出现过多地专门为各种社交活动如聚会交往等提供便利的场所，就越能在其中感受到一种逃离人群的孤独感。

当人们身处的绿色空间植物种类丰富，有许多的鸟类昆虫或小动物，能够提供远景眺望的空间，同时又富有野趣、十分自然生态的时候，也就是说"前景开阔"、"物种丰富"和"荒野度"特征较为明显的绿色空间中，最有益于缓解精神压力、紧张和疲劳，可以获得更好的压力缓解和精神放松的效果。绿色空间是否具有足够的休憩设施或安全庇护的空间，以及是否能给人提供合适的社会交往场所，则不是很重要，对于心理恢复效益没有显著影响。

2. 基于"视觉信息处理"和"情感审美反应"的原理探讨

绿色空间心理恢复效益的产生来自人与环境的相互作用，这一过程以人的"视觉信息接收处理系统"为基础，以"情感与审美反应为"核心，从这两点切入，探究不同尺度绿色空间心理恢复效益差异的背后深层原因和科学解释。

视觉信息接收处理阶段，通过视网膜、外膝体和视皮层三大主要器官把客观自然环境投射到大脑皮层，形成视觉感知。情感与审美反应阶段，基于视觉感知形成的视觉刺激，产生心理和生理活动并彼此影响，心理活动表现为情绪和认知的交互作用，在这一系列相互交织影响的复杂过程之后，人产生适应性行为，同时绿色空间对人的恢复效益也得到了发挥，图 4-36 简要展示了上述过程。

（1）视觉信息接收处理

人类通过感觉系统获取和处理外界环境信息，包括视觉、听觉、嗅觉、触觉和味觉五大系统，其中视觉系统所处理的视觉信息约占全部感觉信息的

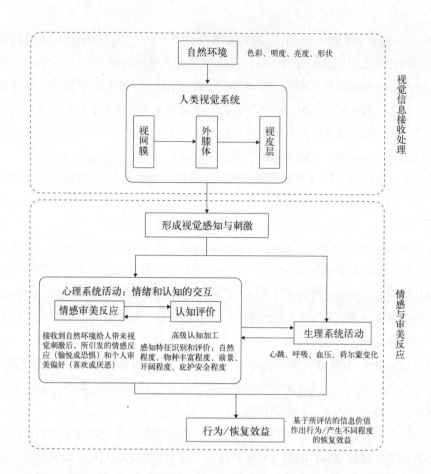

图 4-36 绿色空间产生
心理恢复效益的过程

70%，是人与环境互动的主导感觉系统。绿色空间心理恢复效益的发挥在很大程度上也是通过刺激人的视觉系统，激活对应脑区的活动水平，并进一步激发心理和生理反应，从而产生恢复性结果的。[①]

视觉信息加工处理过程涉及视网膜、外膝体和视皮层三大主要视觉器官，分为三个阶段：第一，环境中的光信号通过眼睛的角膜、瞳孔、晶状体等聚焦到视网膜上，视网膜把光信号（亮度和波长）转变为神经系统可识别的电信号；第二，外膝体接收视网膜传递的电信号，完成信息的中转，进一步分流传递到视皮层；第三，视皮层接收外膝体的信息，投射至脑区，进行信息的处理，形成视觉（图 4-37、图 4-38）。

一个视觉场景会在人类视觉系统中经过低级、中级、高级三层处理分析：低级处理对视觉环境的简单属性进行分析，如目标、颜色、对比度、距离和移动方向；中级处理进一步整合轮廓、识别形状、分析表面特性和深度、进行表面分割和物体运动方向识别；高级处理进行最终的物体识别（图 4-39）。

（2）情感与审美反应

情感体验严格上说是来自人对自然环境的多维度感知，包括视觉、嗅觉、

① 王小娇. 恢复性环境的恢复性效果及机制研究 [D]. 西安：陕西师范大学，2015.

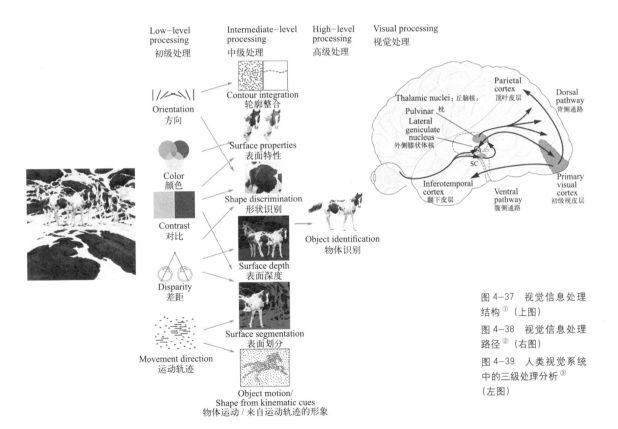

图 4-37　视觉信息处理结构[1]（上图）

图 4-38　视觉信息处理路径[2]（右图）

图 4-39　人类视觉系统中的三级处理分析[3]（左图）

① 引自刘扬，杨伟，郑逢斌. 视觉选择性注意的认知神经机制与显著性计算模型 [J]. 小型微型计算机系统，2014（3）：584-589.

② 引自 Kandel E，Schwartz J，Jessell T，etc.Principles of Neural Science，Fifth Edition[M]. New York：McGraw-Hill Companies，2012：562.

③ 同本页 ②：560.

触觉、听觉等，但这里主要探讨的是视觉感知。第一阶段的视觉信息接收处理完成后，会形成视觉感知，也可以称为视觉刺激。此时，感觉系统的任务告一段落，情感系统开始发挥作用：情感系统接收到感觉系统形成的刺激后，通过一系列的神经系统调节，产生情绪反应（情感），情绪反应最后会影响到人的生理系统活动，如活动行为、血压、心跳、荷尔蒙等（图4-40）。由此可见，情感在人与绿色空间的交互中发挥了至关重要的作用。为何人在不同尺度绿色空间中的心理恢复效益有显著差异？或许可以从研究人在自然环境中情感的唤起过程与机制入手。

罗杰·乌尔里希曾提出过一个"自然场景的情感唤醒模型"（图4-41），揭示了人在自然环境中情感产生的方式和过程，建立了情感与认知、思想、生理系统活动和行为之间的联系。从该模型中，我们可以发现：视觉感知形成后的第一级反应是"初始情感反应"，会激发人的接近或回避，比如喜欢、感兴趣、恐惧等。初始情感反应的发生只需要少量的信息，而且形成速度极快。

初始情感反应会唤醒脑电和自主神经系统，即"唤醒2"的状态，同时，也会对随后的场景的认知评价过程产生影响，形成对环境的基本认知。认知评价过程发生在大脑新皮层，需要对环境信息进行识别和处理，对环境作出评价，判断自然环境是有益于生存和健康的，还是危险不利的。如果最初的情感反应强烈（比如强烈的喜欢或不喜欢），那么就会主导后续的认知过程，认知也会更有效，环境元素会更迅速地被识别，也因此会更容易地被记住。相反，如果最初的情感反应是微弱的，便不会对后续的认知产生显著影响，环境对人而言就比较无趣，没有给人留下深刻印象。比如，一个非常壮美的开阔视野会引起观察者初始的强烈情感反应，引起其强烈的偏好和兴趣，随后在他的大脑中会持续很长一段时间的认知过程，混杂着他以往的经历或某些想法灵感；如果一个环境引发的情感反应很微弱，那么对环境的认知就不会持续性地深入展开，只会有一些最基本的认知。

对环境的认知评价形成后，又会影响情绪，产生"后认知"情感状态和"后认知"唤醒3。新出现的情感可能会反过来影响感知认知活动，产生一系列互相联系、互相影响的情绪和思想互动的复杂过程。情感和认知的交互作用发生在相互关联但各自独立的系统中，情感发生在大脑的边缘系统，而认知发生在大脑的新皮层（图4-42）。最终，个体的情感反应刺激了适应性行为或机能的发生，所谓"适应性行为或机能"就是指适应环境的、能促进人类健康的行为或身体机能。

不同尺度绿色空间之所以会有不同水平的心理恢复效益，在很大程度上是由于人在不同尺度绿色空间的情感和审美反应是不同的，情感唤醒状态也是不同的。大尺度的绿色空间相较于小尺度和中尺度的绿色空间，能够引起更为强烈的情感和审美反应，从而进一步触发更深层次的认知和评价过程。

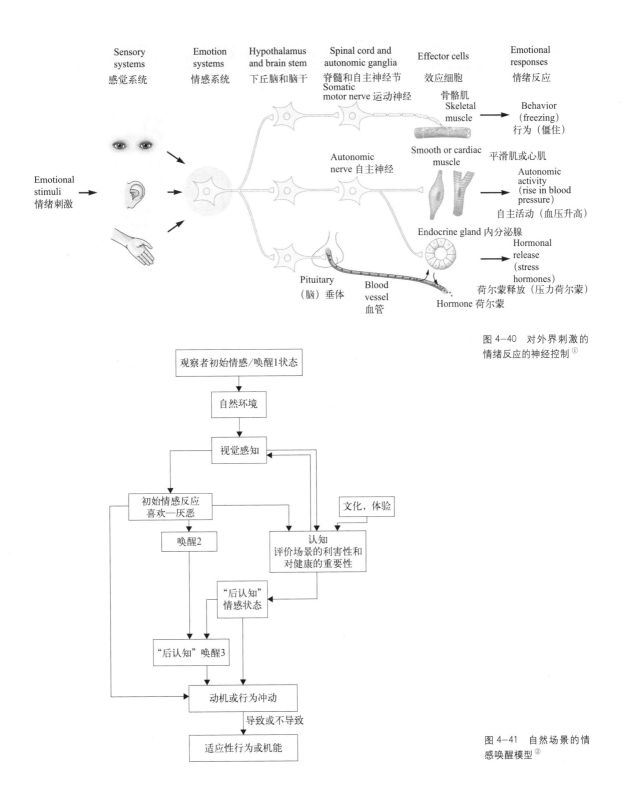

图 4-40 对外界刺激的
情绪反应的神经控制 [1]

图 4-41 自然场景的情
感唤醒模型 [2]

① 引自：Kandel E，Schwartz J，Jessell T，etc.Principles of Neural Science[M].5th Edition. New York：McGraw-Hill Companies，2012：1080.

② 引自：Ulrich R.S .Aesthetic and Affective Response to Natural Environment[J]. Human Behavior & Environment：Advances in Theory & Research，1983，6：85-125.

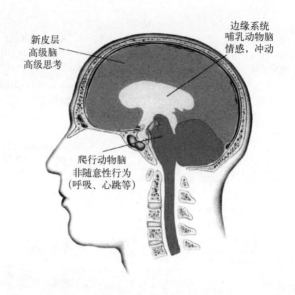

图 4-42　人脑三层
结构①

　　那么为何不同尺度的自然环境会引起不同的情感和审美反应？就需要考虑
人的情感与偏好的自适应功能。由于人类在自然环境中经历了漫长的进化过程，
在生物学上已经适应了自然，而不是城市化的人工环境。因此当人看到的环境
元素具有生存的实际或象征意义的时候，就会产生审美愉悦感，所以人天生就
倾向于对许多自然环境做出积极的反应，这是人的本能。此外，在人类的进化
过程中，基因里留下了探索和获取环境信息的先天偏好；所以自然环境的神秘
性会激发人的兴趣与好奇心，那些具有神秘感、无法一眼看到全局的景观会非
常吸引人的注意力，引导人一步步向前深入探索。

　　小尺度的绿色空间视线可及范围非常有限，无法眺望到远处的景色，空间
整体也较为闭塞拥挤，会引起不喜欢、甚至厌恶回避的情绪。因为从人类进化
的角度看，这种狭窄的环境会隐藏更多的危险或者会让人难以逃跑，所以在这
种环境中人是天生会带有一种回避情绪的。而一些较为宽敞的、视野可及范围
大的环境则不会引起人的厌恶或回避，相反地，会给人带来视觉冲击，有效而
迅速地激发起最初的情感反应，唤起兴趣、审美愉悦和积极感受，而且宽敞、
视野开阔的环境中的危险或威胁都是可以忽略不计的，所以不会引起厌恶和回
避，即使遇到危险，逃跑的空间范围也足够大，受到强烈的喜欢或愉悦情感的
影响，人产生接近和进一步探索的冲动，生理系统活动也会因为这种积极情绪
的唤起产生变化。

　　3. 不同尺度绿色空间心理恢复效益提升策略

　　基于感知特征与心理恢复效益的关系研究结果，围绕"荒野度""物种丰

① 引自：（英）丹尼尔·博尔（Daniel Bor）. 贪婪的大脑：为何人类会无止境地寻求意义？[M]. 北京：
机械工业出版社 2013：12.

富""前景开阔""安全庇护"和"社会活动"五大感知特征获得一些具有实际可操作性的不同尺度绿色空间的优化策略：

第一，对于小尺度的绿色空间，"前景开阔""物种丰富"和"安全庇护"是对心理恢复效益影响最大的三个特征，影响程度分别为31.8%、27.5%和23.6%；而"荒野度"和"社会活动"则对心理恢复效益没有显著影响。在对小尺度绿色空间进行设计时，需要注意以下几点：①注重在有限的空间里提供更为丰富的视觉体验，比如可以增加植物种类、丰富季相色彩，精心设计多层次的植物群落，让人们感觉到自然物种的丰富多样；②虽然小尺度绿色空间面积较为狭小局促，但是依然需要有一定的前景开阔空间，提供给人远眺的场所，如果可以眺望到城市的天际线或者一片较为开敞的水面是非常可贵的，因此，设计师在空间的开合方面也更加注重节奏感和韵律，通过植物、水体、构筑物等的搭配打造出有丰富开合变化的空间；③需要在小尺度绿色空间中提供充足的休憩设施和停留空间，给人一种安全庇护感，从灯光照明、构筑物、小品、卫生设施等多方面提升空间品质，吸引人们在此停留，提升场所的安全庇护感。

第二，对于中尺度的绿色空间，"前景开阔""物种丰富""荒野度"是影响最大的三个特征，影响程度分别为26.9%和26.2%和21%；而"安全庇护"对心理恢复效益没有影响。所以在对中尺度绿色空间进行设计时，需要注意以下几点：①提升其物种的丰富性，可以通过种植设计打造出多层次的植物群落和多样的色彩变化，通过对自然生态的保护营造出适合多种鸟类、鱼类、昆虫等的生境空间；②提供一些视线无遮挡的、可以远眺的空间，中尺度绿色空间面积相对会大一些，主要以半自然景观为主，因此可以重点依托水面或湖面，根据其所在的具体位置，考虑结合城市天际线或者近郊林地、草地等，打造出远景瞭望的空间；③重视自然的野性和原生态，在中尺度的绿色空间中，感知到的"荒野度"特征，会对心理恢复效益产生显著影响，越是自然、人工痕迹越少的景观，越有更高的心理恢复效益，要避免过于人工化、园林化的场景，每一个人为添加的景观元素，从道路铺装到栏杆扶手、从亲水驳岸到亭台楼阁、从座椅景墙到雕塑小品等，都要注意和自然环境的协调，对它们的材质、色彩、形式，以及布局、数量都要精心设计和安排，不能过分夸张、夺人眼球，一定要注意和周围的自然环境相协调，营造出一种整体上富有自然野趣、局部上有人工雕琢的半自然景观。

第三，对于大尺度的绿色空间，"物种丰富""荒野度"是影响最大的两个特征，影响程度分别为42%和20%；"安全庇护"和"社会活动"虽然有影响但相对较小，而"前景开阔"则对心理恢复效益没有显著影响。大尺度绿色空间的典型景观是荒野景观，能够人为设计和改变的因素很少，我们能做的就是要保护好这些大面积的连片的自然生态空间，保护好他们的生物多样性和原始自然美的特性，把它们本有的"物种丰富"和"荒野度"特征发挥到极致。这样，当人们身处其中时，才会体验到更震撼人心的景观、体验到人与自然的连接，这样才能把荒野景观的心理恢复效益和健康价值充分发挥出来，对人们的心理健康产生积极的影响。

综合来看，影响绿色空间心理恢复效益的最大的两个感知特征是"物种丰富"和"前景开阔"，其次就是"荒野度"这一感知特征。

4. 不同尺度绿色空间自然疗法系统

从小尺度的庭院花园、社区绿地、街旁绿地，到中尺度的城市公园、郊野公园，再到大尺度的国家公园、区域自然生态空间，这些不同尺度的绿色空间都是人们接触自然的重要媒介，对人的身心恢复有巨大的积极影响。每一种尺度的绿色空间都有各自的不同感知特征，对人所产生的心理恢复效益也都有各自的侧重点，可以相互补充，却不能相互替代。可以进一步把不同尺度的绿色空间引入心理咨询或治疗领域，构建一个"园艺疗法""生态疗法""荒野疗法"三大疗法相互补充、相互促进的绿色空间自然疗法系统，针对不同心理健康程度的人群采取与之最相适应的自然疗法（图4-43）。

小尺度的绿色空间对于园艺疗法，以人工自然系统为主，通过园林景观和人工修剪整齐的植物，刺激人的感官，让人开展丰富多样的园艺活动，起到舒缓人的精神压力获得一定程度的疗愈效果。人与环境的交互主要体现在被动的视觉信息接收与主动的园艺活动开展。主要针对心理压力较大、有一定焦虑感

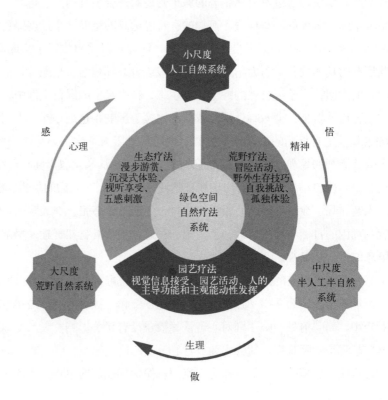

图4-43 不同尺度绿色
空间自然疗法系统

的亚健康人群，或者患有轻度的唐氏综合征、智能缺陷、脑性麻痹、自闭症，以及身心障碍人群。

中尺度的绿色空间对应生态疗法，以半人工半自然系统为主，景观整体富有自然野趣，大面积的森林、湿地、草坪、水体等有助于激活人的副交感神经系统，降低交感神经系统的活跃度，达到缓解压力的作用。此外，环境中的植物精气、负氧离子、流水鸟鸣声等，通过听觉、嗅觉、触觉等多方面的感官刺激，可以进一步舒缓神经、增强血液中免疫细胞的活性、降低血压。人与环境的交互主要体现在漫步游赏、沉浸式体验、视听享受、五感刺激等。可以针对患有高血压、糖尿病、抑郁症、焦虑症和免疫力低下的人群进行与之相适应的生态疗法。

大尺度的绿色空间对应荒野疗法，以荒野自然系统为主，大尺度的荒野景观给人带来巨大的视觉冲击，身处在这样的环境中，人会体验到孤独感、敬畏感、崇敬感，一种大自然所赐予的精神层面的力量。从而提升对自我的认知、建立自尊、强化自我认同。人与环境的交互主要通过冒险活动、野外生存技巧、自我挑战、孤独体验等实现。荒野疗法针对的人群一般是患有较为严重的身心障碍人群，如严重抑郁、焦虑，精神分裂、病态人格，或者躯体疾病伴发的精神障碍，心身疾病所引起的心理异常等（表4-31）。

5.研究应用与未来研究方向讨论

风景园林学是一门应用型学科，在开展科学研究的同时，如何将研究成果应用于规划设计实践也是一项重要议题。本研究以城中公园、长广溪湿地公园和三江源国家公园为例，在有限的样本下发现：大尺度绿色空间的心理恢复效益比小尺度绿色空间的心理恢复效益平均高出41.4%，差异水平巨大，证明了不同尺度绿色空间的心理疗效不同，大尺度自然空间心理恢复效益最好；并从绿色空间感知特征的角度对背后原因进行了进一步解释。

表4-31 不同尺度绿色空间自然疗法系统各自侧重点

	小尺度绿色空间	中尺度绿色空间	大尺度绿色空间
自然系统	人工自然系统	半人工半自然系统	荒野自然系统
人与环境交互	视觉信息接受、栽培／修建／嫁接／种植等园艺活动、人的主导功能和主观能动性发挥	漫步游赏、沉浸式体验、视听享受、五感刺激	冒险活动、野外生存技巧、自我挑战、孤独体验
恢复效益	舒缓人的精神压力获得一定程度的疗愈效果	降低交感神经系统的活跃度，达到缓解压力的作用；增强血液中免疫细胞的活性、降低血压	获得大自然所赐予的精神层面的力量；提升对自我的认知、建立自尊、强化自我认同
针对人群	身心障碍者、唐氏综合征、智能缺陷、脑性麻痹、自闭症	亚健康、高血压、糖尿病、抑郁症、焦虑症、免疫力低下	精神分裂、躁狂抑郁、病态人格、神经官能症、躯体疾病伴发的精神障碍或心理异常

结合目前国际上流行的"公园处方"（Park Prescriptions，Park Rx）相关研究，本研究成果可以应用到中国景观处方开具的实践中。所谓"公园处方"就是鼓励市民在自然环境中，通过户外活动和户外体育锻炼来促进身心健康。一直以来，人们解决健康问题往往依靠医生开具的药物处方，或者运动专家开具的运动处方，虽然目前已经有大量的实证研究证实了景观的健康效益，但绿色空间一直是被忽视和未被充分利用的医疗资源，景观处方或者自然处方应该引起更多的关注和重视。

本研究发现不同尺度绿色空间的心理疗效不同，并提出了绿色空间自然疗法系统（不同尺度的绿色空间有各自的侧重疗法），那么就可以针对不同健康程度、健康问题、健康需求的人群，建议他们去不同尺度的绿色空间，参与不同类型的户外活动或社交活动，采取不同的自然疗法进行疗愈。比如可以让不同等级的抑郁症人去不同尺度的空间进行疗愈，轻微的抑郁症患者或许可以不依赖药物，每年去几次国家公园或者大尺度的荒野空间就能获得疗愈；而抑郁较为严重的患者可以通过药物，并辅助景观处方实现康复。

未来的研究可以给出不同健康程度的人群的具体划分标准，结合每个人不同的情况，根据其严重程度提出更有针对性的景观处方内容，比如去什么类型的绿色空间，在公园的哪些地方重点停留，开展什么样类型的活动，活动强度和活动频率等等（图 4-44）。

Who: 患者姓名   Date: 日期

R_X: 处方签

Sig: 签名

Dispense: 开"药"

Refills: 续"药"

图 4-44 公园处方签
（图片来源：https://www.parkrx.org/sites/default/files/toggles/Blank%20ParkRx%20Pad.png）

签名
Signature: _____

第 5 章

景观游憩的生态影响

5.1 基本概念

5.1.1 基本概念

景观游憩生态影响是指游憩活动行为对自然要素及其生态系统的干扰或侵蚀过程，在时间上是一个由弱到强的影响过程，在空间上是一个从小尺度场地逐渐扩展到中、大尺度生态系统的影响过程。游憩生态影响包括直接影响与间接影响、要素影响与系统影响等，自然六大要素地质地貌、植被、动物、土壤、水文、气候等与游憩活动均发生不同程度的关联，特别是植被、土壤、动物受游憩活动影响的视觉效果比较明显，而对水文、气候等流动性要素的影响一般具有隐藏性，不易立刻观察到但具有长期累积性。自然六大要素是相互联系相互作用的，一个因素的变化会引起其他要素的连锁反应，对于流动性要素如水文、气候、动物等的影响会从小尺度场地扩散到中、大尺度的区域生态系统，对固定性要素如土壤、植被、地貌的局地性影响会通过流动性要素扩展到区域性影响。

游憩使用所产生的影响可能是直接的，也可能是间接的，相互关联的，协同的或互补的。有些影响立刻用肉眼即可看到，如幼林与被践踏的植被，有些影响只能用显微镜才能看到，有些影响从未被识别或研究。越是模糊的影响可能越有意义。例如，游憩对土壤有机体的影响的研究很少，认识也少，但很有意义，土壤有机体对生态系统能量与营养循环特别重要。对大野生动物的干扰几乎不可能识别，因为无法知道在干扰之前这些野生动物的分布与行为，还有很多其他因素在影响动物行为。

直接影响是最明显的影响，所看到的变化是游憩使用的直接结果，植被退化是践踏的直接后果，也反映了土壤被压实后生产力的下降，这又是间接影响——土壤压实的结果；间接影响解释了很多影响之间的关联性，协同影响是游憩影响的普遍特征，有机物质的流失使土壤更易受侵蚀，从而带走更多有机物质。互补影响是游憩影响的另一个特征，本土优势植被覆盖率的下降反而促进了弱势树种的生长，这样又增加了植被覆盖率，土壤水分渗透率下降，土壤湿度提高，土壤持水容量提高。

游憩对自然的影响发生机制可以分几种途径：游憩者活动行为、游憩设施建设、游憩交通工具等，前者包括践踏、随意丢弃垃圾行为、动物喂食、干扰动物、二氧化碳（CO_2）排放、声动等，后者包括尾气、噪声、振动、气流扰动等。

5.1.2 研究历史

游憩生态学是研究户外游憩对荒野地或半荒野地生态影响及其管理的一门

学科，这个学科在20世纪60年代中期才得到广泛的认同。最早起源于1759年斯提林福里特（Stillingfleet）关于英格兰被践踏游径上的植物生存状况的差异性的研究，1922年迈内克（Meinecke）对加利福尼亚州红杉树国家公园游憩影响的研究。基于尼尔巴菲尔德（Neil Bayfield）在英国的多年研究工作，利德尔（Liddle）称他是研究游憩生态学的第一人。许多对践踏影响的研究都集中在欧洲，如对乡村远足和郊游的影响研究。大卫科尔（David Cole）在过去25年里在美国一直引领游憩生态学方面的研究。在澳大利亚，利德尔关于热带地区的沙丘生态群落、生物学特性、抵抗战略及影响理论的研究已经广为关注，他的贡献在于将影响理论和游憩生态应用领域完美结合。科尔1987年写的《游憩生态学》一书详细介绍了游憩生态学的发展历程。

早期的游憩生态学研究主要集中在对被践踏植物形态和生理特性所产生的影响，以及各种物种、植被类型和环境对践踏破坏的抵抗力和恢复能力上。如今，游憩生态学研究主要涉及游憩对荒野地所有资源的影响以及包含践踏在内的其他方面的游憩干扰、管理策略与措施，成为国家公园体系可持续管理的重要理论基础与编制政策法规的依据（表5-1）。

1977年加拿大滑铁卢大学地理系杰弗瑞·沃同怀特发表"户外游憩对环境的影响"研究报告，论述户外活动对土壤、植被、野生动物、空气及水资源的影响方式及其结果，并归纳出游憩活动与环境之间的相互关系。

1987年中国台湾学者林朝钦提出游憩区开发过程中发生的变化：①土地利用的改变，②野生动植物环境的变化，③景观改变，④水源（水质、水量）改变，

表5-1　游憩影响研究案例

游憩地区	压力活动	影响成分	研究方法	影响指标	出处
乞力马扎罗山国家公园（坦桑尼亚）	徒步旅行；木柴搜集	徒步旅行环境；木本植物	体系点取样；一组小块土地用于研究动植物分布的方法	小路的宽度和深度；被破坏的树	Newmark&Nguye
托图格罗岛（Tortuguero）国家公园，哥斯达黎加	游客的出现和行为	筑巢的海龟	巢穴的普查以及对于筑巢行为的观察	数量，位置和巢的类型	Jacobson&Lopez
提哥国家公园，危地马拉	小路的开发和使用	哺乳动物和鸟类	横向测量；远距离取样	人口密度；动物行为	Hidinger
哥斯达黎加和厄瓜多尔	徒步旅行	徒步旅行环境	降雨量模拟试验	紧缩状态；渗透；土地腐蚀率	Wallin&Harden
基伯莱（Kibale）国家公园，乌干达	露营和徒步旅行；野营地的发展和活动	野营地和徒步旅行环境；植被	情况评估调查；小块土地取样	野营地和小路的状况指标；人口和多样性指标；种类构成	Obua&Harding Obua
百内（Torres Del Paine）国家公园，智利	徒步旅行和露营	野营地和徒步旅行环境	情况评估调查	野营地和小路的状况指标	Farrell&Marion
洛克萨哈奇（Loxahatchee）国家野生动物避难所，佛罗里达，美国	行走；观鸟	鸟（苍鹭和朱鹭）	行为观察	搜寻草料以及避免的行为	Burger&Gochfeld

⑤地形地貌改变（土地侵蚀、径流、植被破坏），⑥噪声及空气污染等。

1990年中国台湾学者陈彦伯提出影响生态影响的因素分三类：①植物特性，包括植物生理特征、形态特征等，②环境特性，指气候、土壤、区位等，③游客使用特性，如游客使用量、使用分布、游客行为等。游客使用压力是造成植被生长状况变差及土壤裸露等冲击的重要原因。

近30年来中国旅游业发展对自然保护地生态环境的影响日渐显露，很多喀斯特溶洞生态系统衰退，溶洞景观变异；多数自然保护地游径侵蚀严重，地表裸露、土壤板结、植被退化、水质污染、动物逃离，科学认识这些现象发生、发展的机理对自然保护地生态保护与可持续发展具有重要意义。

5.1.3 主要内容与进展

1. 对自然要素的影响

对位置固定性自然要素如土壤、植被等的影响行为主要是践踏、露营等，伴随践踏的是土壤压实、板结、大孔隙丧失和雨水渗透率的降低，水土流失增加，地表有机质的流失，土壤支持植物生命的能力下降，多数情况下土壤条件的巨大改变为新物种的入侵提供了机会，而这会对场地原生植被产生不利影响。严重的践踏会致使植物直接死亡，植物活力和再生能力也会由于土壤特性的变化而降低。

对移动性自然要素如水、动物等的影响行为主要是污染、干扰、捕杀等，以及因土壤、植被的影响而连带发生的影响，直接影响与间接影响都比较明显。人类干扰会导致野生动物在生理、行为、繁殖、数量水平、种群构成和多样性方面发生变化。研究结果表明影响野生动物反应的游憩干扰至少有六个因素：游憩活动的类型、游憩者的行为、可预测性的影响、影响的频率和强度、时间、地点。游憩者对野生动物的主要影响是无意地干扰，这是由于个人缺乏这方面知识并在无意识情况下对野生动物所生存的环境产生压力而造成的。生理上和心理上的压力会产生极其严重的影响，特别是在冬天。野生动物和人类相互影响的时间和地点是控制扰动影响的关键因素。

大型动物更容易受直接因素的影响，小型动物则更容易受到栖息地改变而造成的间接影响。在游憩地中，人类食物的供给导致了很多动物改变了自然捕食的习性。一个区域内的游憩活动会导致总体物种多样性降低，野生动物的物种组成和结构的改变是人类与野生动物相互影响的最终结果。

大多数游憩活动对鱼类的影响是来自游憩活动对水质和生态系统的间接影响。水体富营养化、污染和船只摇摆对水生植物的机械扰动，这些都是对鱼群不同程度干扰的潜在因素。游船增加了水的浑浊程度，需要处理的人类废弃垃圾，以及汽油和机油的混合物漂浮在水面上。汽油和机油的混合物聚集在水面上，导致了某些鱼类不能呼吸到足够的氧气，并且鱼肉产生异味。

　　与水相关的影响比较特殊，因为它们比土壤、植物和野生动物影响与人类健康更加直接相关。很多研究都不能够说明是游憩使用导致大肠杆菌数量明显增加。在很多情况中，野生动物是饮用水资源受到细菌污染源的一个主导因素。对于游憩者而言，悬浮物质和浑浊度是水体质量最重要的监测信号。悬浮固体的增加大大降低了水的清澈度，同时也降低了公众对于亲水的期望。

　　大多数空气污染物来自公园外面和荒野地边界区域。然而，汽车、卡车、园车、非机动车和其他设施/活动在园内产生排放，对荒野地游憩活动、生态功能和局部环境（例如，路边、走廊和俯瞰远景）产生负面影响。该书主要限于国家公园内的污染物排放和它们对于荒野地游憩活动的影响研究，比如白天观光活动可见度和夜空/星空可见性。

　　空气污染不仅破坏荒野地风景资源，也有害于植物组织、鱼类、野生动物，对生态系统过程产生影响，它甚至影响访客和机构管理人员的健康。美国三分之一的国家公园和历史古迹区的空气污染超过美国环保署规定的卫生标准。当夏季很多美国家庭到国家公园游憩时，公园污染水平通常激增。臭氧指数显示为 75 ppb 或更高，按照美国环保署规定超标，"这个臭氧程度容易对敏感人群造成身体健康影响"。国家公园空气监测指标主要有：能见度——访客可视距离，硫和氮沉积——通过酸化影响生态系统健康和土壤营养物富集、表层水和植被，臭氧——影响人类健康和植被，汞沉积——汞在生物体内的积聚，通过食物链影响人类和野生动物的健康。

　　野生动物研究表明，声学信号在性交流、领土防御、栖息地质量评价和捕食者——猎物之间发挥着主导作用。由于噪声屏蔽减少了动物的听力范围，导致对觅食、交配、迁移模式和捕食关系产生潜在后果。

　　2. 对生态系统的影响

　　考虑到土壤、植被、动物及水体之间的相互关系，生态系统这个概念至关重要。人类活动对生态系统的几个关键属性产生影响。首先，它们会影响到生态系统的功能与能力——能源的固定和循环、营养物质的存储和循环，以及为一系列栖息地物质所提供的适宜家园；其次，影响到生态系统的结构——无论是热带的大草原、牧场、均龄树、非均龄树，还是其他的类别；再者，影响到生态系统的种群结构和组成、物种数量和它们的相对丰富度，以及密度，同时还包括个体物种分布的年龄和规模等级；最后，人类活动会改变一个特定场地的基本的演替模式或者说轨迹及特性。

　　动物中的很大一部分对土壤和植被有着重要的影响，因为它们是整个生态系统中物质和能量循环的分解者和消费者。一方面，年龄结构、空间布局和数量甚至行为意愿的改变都会对土壤、植被和水体产生影响，游憩使用引发的水土流失进而可导致水资源再生能力的下降；另一方面，土壤和植被的影响也加速了侵蚀，水体污染对很多资源都会产生影响，如它会使得水中的溶解氧减少、水生植物及动物的生长和生存发生改变。

3. 技术发展的影响

随着交通技术的快速变化、服装技术的改进，以及最近电子和通信技术的发展，对荒野地的使用和影响也在不断增加。响应和适应技术创新和变化已经成为荒野地游憩管理的一个重大挑战。

新型轻质材料和设计改变了许多传统户外游憩活动：徒步旅行、户外装备、攀岩、野外滑雪、山地自行车、轻型吊床等。这些创新允许"普通"参与者能够完成 20 或 30 年前只能由"精英"参与者完成的事。以徒步旅行背包为例，近年来制造商创造了更轻的背包、帐篷、睡袋、睡垫、衣服和鞋子。然而在过去，长途徒步可能需要 9kg 标准的背包，但现在只需要携带 4.5kg 背包就可以了。这允许背包客走得更远更快，也允许在外停留时间更长。它可能使徒步旅行吸引更多的人加入，并且相比几十年前，它可能使人们参与这些活动的时间更长。使用轻质材料的橡皮筏可以带你到遥远的流域，引起对偏远地区的扰动。

技术的改进和创新带来了新的游憩活动。轻型服装和跑鞋促使越野跑成为一项游憩活动出现。每当新游憩活动出现或者已有游憩活动越来越受欢迎时，对荒野地游憩管理也提出了更大的挑战。越来越多人正在参与荒野地悬挂式滑翔伞、跳伞和蹦极等活动。尽管这样的活动还是很少见，但它们对出现的场地极具破坏性。因此，有很多地方（例如，优胜美地山谷），这些活动是不被允许的。[①]

5.1.4 户外游憩影响的空间格局及其演变特征

1. 典型营地的空间格局

户外游憩对资源环境的影响不会在荒野地随意出现，而是呈一个集中和可预见的空间格局，很多影响局限于游径及目的地区域。营地区影响格局一般分为：影响区、过渡区、缓冲区。每个影响区都具有截然不同的影响种类、水平，以及相应的管理措施。大多数对于植被和土壤的影响随时间推移呈现出一条渐进关系而非直线函数关系。在场地被使用的最初几年，植被的干扰和土壤压实增长迅速，但之后增加速率变慢。然而，某些影响会随着时间持续增加，诸如场地的扩张。长期的趋势研究表明，新营地的衍生影响比已经建成的场地的影响更大。因此，管理更多需要关注的是随时间推移区域的扩张和系统的衍生影响变化而不是已建成的场地影响。

2. 空间格局的动态性与稳定性

空间格局对固定性要素如植物、土壤，以及其他稳定的生态系统比较显著，同时也是最重要的。而对流动性要素如动物、水体，以及移动性物体时就难以

---

① （美）William E. Hammitt, David N. Cole, Christopher A. Monz. 荒野地游憩生态影响与管理（原书第三版）[M]. 吴承照，彭婉婷，张娜，译. 北京：科学出版社，2018：9.

确定。小动物受到的最主要影响就是生境改变对它们造成的影响，体型大一点的动物，可能受到的影响来自更大的区域范围。尽管游憩使用是高度地区化和集中化，但是大灰熊或者秃鹰的种群数量可能受到整个区域范围影响。

对于许多生活在水上或水中的动物而言，如果游憩使用和影响发生在离水一段距离之处，则可能对它们不会造成影响。如果它们所有栖息地遭受到游憩使用干扰，那它们就很可能会受到高度影响。如果鸟的巢穴受到干扰，即使在冬季不再发生游憩使用时，场地内鸟的数量受到干扰的影响依然非常明显。

对于水的影响也会在离污染发生点很远的地方出现。水流会减弱影响的严重性，但却增加了影响的影响区域。野生动物及与水相关的影响能越过干扰发生地传播到很远的地方，因此对这些影响的管理提出了挑战，而对植被和土壤影响的管理则不会遇到这样的情况。科尔（Cole）用12~16年的时间对三个荒野区的扩散和营地状况进行了调查。结果发现，在三个区域中营地最主要的影响就是营地数量有显著增长的趋势。这并不表明没有对一些营地进行改善，而是新建立的营地转移了原有营地的使用压力。长期以来，系统的延展、营地生态单元的激增以及与它们相关联的影响要比单个场地随时间的增加而退化更重要。

5.1.5 户外游憩影响程度的影响因素

1. 主体与客体

游憩影响程度是由访客的使用情况和资源场地的承受能力共同决定。例如，影响力随着团体的规模（大团体或小团体）、使用者的类型（过夜露营者或白天远足者）、使用者的行为（用木材取火点火或用露营地的炉子取火），以及旅行的方式（骑马使用者或远足者）的变化而改变。潜在的影响也因使用者的目的地不同而异。各种不同的使用者特征会对他们的行为产生影响，诸如对低影响技术的了解、游憩的动机、经验水平以及社会团体和结构。个人受教育水平和对某个活动的过去经验也会对荒野地资源影响量产生影响，如果游憩以适当的方式进行则对资源影响可以达到最小化。

环境类型、访客类型和数量都会对资源影响程度产生影响。在游憩使用区域，不同类型的植被和土壤对破坏的抵抗能力是不同的，抵抗力和恢复力根据气候条件和植物的生长阶段而有季节性地变化着。

环境状况和访客行为的相互作用形成了资源影响的稳定模式。影响模式、影响随时间的变化、环境的忍耐力和访客的使用特征必须在管理措施执行前就应该了解。

2. 使用量与影响量

使用量与影响量没有直接关系，使用量随着环境、活动、影响参数，以及正在调查的使用水平范围的变化而改变。影响也根据是否关注资源改变的速度、强度或区域范围而不同。

不同的荒野地游憩方式会产生不同类型和不同程度的影响。驾驶越野车的人会比远足者到达的地方更远，并且在短时间内对区域产生巨大的影响。雪地车会极大地将雪压实，并且对下面的野生动物或土壤环境产生一定的干扰。已经有证据显示马道和营地的影响量是仅有远足者场地影响量的十倍。

可接受的影响是生态意义的改变和资源价值观两者达成一致的结果。生态意义的改变是对影响的严重程度和持久性的度量，可能与非专业人士所感知的非自然化程度相差甚远。从生态意义角度来说，人类对自然生态系统最为重大的干扰其变化表现并不一定最明显。使用者对自然的认知可能对生态系统造成严重而永久的影响。管理者和使用者都需要开阔视野，只有这样他们才能区分出哪些生态影响是表象的，哪些生态影响是本质的。

不同环境下的影响会因其周围环境的承受力的不同而有着巨大的差异性。影响因使用类型和交通方式而异，并且它们之间的差异性可能会很大。影响的种类和数量都随着使用类型的变化而变化。

3. 直接影响与间接影响

由游憩使用造成的直接或间接影响是相互关联的，且往往这些影响之间是相互作用的，或者一种影响对另一种影响有补偿作用。有些影响甚至对于非专业人士也是显而易见，例如，影响初期树木和被践踏的植被就是很好的例子。其他的影响则需要显微镜才能够看得见，而有些影响甚至到目前还没有被发现或研究。那些许多不引人注目的影响可能有着重大的意义。

对这些影响的剧烈程度和它们之间的相互关系、它们的空间分布，以及如何随着时间变化而变化的了解也是非常重要的。大多数的影响是高度集中的，自然影响的剧烈程度是随着游憩活动的类别而变化的，使用和影响之间的关系却很少是直接的线性相关。

5.1.6　户外游憩影响的生态管理

1. 价值观

管理者、游憩者和生态学家关注的兴趣点是不同的。生态学家大多数关注的是影响对生态系统功能的损害或者其独特性的毁坏，例如，把那些枯死的残枝烂叶堆在一起燃烧或者一个不显眼濒危植物的消失，这两者都会引起生态学家的关注。但是大多数的游憩者却不可能注意到它们其中的任何一个。生态学家也可能去评估这种变化的重要性及其需要多长时间才能够发生恢复。根据这个标准，侵蚀就是非常严重的了，因为它需要几百年的时间来更新被侵蚀的土壤。在处理游憩影响时，管理者必须平衡生态学家、游憩者、其他使用者以及法律规章制度的限制和机构政策之间的关系，并对他们的管理区域内的特殊情况进行特殊对待。

2. 访客管理

对访客实施管理是许多荒野地场地最重要和最有效的管理手段，尤其是对于公共政策禁止大范围资源控制的指定荒野地。在任何地方，提供给访客恰当的且影响最小的行为方法对限制资源恶化是非常必要的。

访客管理主要包括使用限制、停留时间控制、使用分散、使用集中、使用类型限制、团体规模限制、低影响教育、低影响技术、有效交流、使用季节限制、营火方案、访客信息等，在低影响技术推广中《软途径》和"不留痕迹"影响最大，《软途径》是世界上第一本完整介绍低影响技术的畅销书；"不留痕迹"（Leave No Trace，LNT）是一项联邦政府土地管理机构、非营利教育组织以及游憩产业间的合作产物，它的任务是"发展一项全国性公认的影响最小化的教育系统，通过训练、刊物、电视和网络对联邦土地管理者和普通群众进行教育"。通过 LNT 项目，低影响教育系统开始形成一致性。这种一致性明显体现在 LNT 核心项目的原则上：①提前计划和准备；②在耐用的地表露营和旅游；③打包带进来，打包带出去；④适当处理那些你不能打包带走的东西。

LNT 项目认识到教育的程序需要根据不同的地点和使用群体进行调整。某些行为，可能在一个场地是恰当，而对另一场地而言可能是灾难性的。LNT 项目为美国七种不同生态区域和六种特定游憩活动（漂流、骑马、攀岩、雪地露营、岩洞探险和海上皮划艇）发行了相关的户外技能小册子。拓展资讯和国家户外领导学校把 LNT 准则整合到国际项目之中，当然这项技术需要进一步的修正。

3. 场地管理

在游憩资源管理中，环境耐久力、场地抵抗力以及生态恢复力是三个关键指标。如果将游憩使用场地安排在影响抵抗力高同时恢复力也高的场地是最为理想的。选择耐久力强的场地并且通过对场地因素的操控是控制游憩影响的主要手段。环境的耐久力是使得游憩影响最小化的一个关键因素，它同时也是十分复杂的因素，许多访客使用的特征可以通过管理将影响降至最低。

可接受改变的极限（LAC）是场地管理的国际通用模式，管理的首要任务就是制定可接受改变的极限。确定何种程度的影响已经成为问题并需要采取相应的管理措施。由于影响因使用量、使用类型以及所在的环境状况而异，所以采取管理策略去控制影响时会存在很多的变数，考虑到任何所采取的管理措施对系统中的其他部分可能产生的结果是非常重要的，如访客的体验和资源状况等。

管理可以通过对影响因素的控制从而将影响控制在可接受的极限内——它们的自然性、重要性和地理分布。变化是自然环境的正常规律，所以通常管理寻求的不是阻止变化，而是设法阻止消极的变化和由于人类的游憩使用造成场地的加速变化。

荒野地场地资源管理的第一个任务就是确定哪些是不期望发生的变化，并限制可接受变化的种类和数量目标。一旦管理声明了它将会提供的状况（在哪里，有多少影响），那么就有必要清查所有环境状况，并将其与目标中声明的状况进行比对。如果清查的结果与目标声明不符合，那么管理部门就必须采取行动改善现有的状况。

场地控制是通过控制使用活动的发生和操控场地本身从而将影响降至最低。如果使用活动是发生在相对承受力较高的场地则其所产生的影响要小于承受力低的场地，通过对场地的设计和处理也可以将影响控制在可接受的限度内。场地管理技术包括定位使用具有抵抗力的场地、永久性关闭、暂时性关闭、影响访客使用的方式、场地硬化和屏蔽、关闭场地的修复等。影响访客使用的方式主要有三种：控制易于访问的地方、在特定的地方开发设置设施以及设计集中使用的场地（包括交通流线在内的设计）。

已经具有了大部分资源影响的监测技术，但在很多荒野地游憩区域尚缺少监测项目和系统地实施。在未来，必须一致努力于对主要资源影响的开发和执行详细监测程序。科尔和马里恩建议的监测步骤：①评估系统的需求和限制；②检查和选择监测方法以及影响评估的草案；③测试和完善这些草案；④记录草案并对评估人员进行培训；⑤形成实地收集程序；⑥指定数据分析和报告程序。

4. 公共政策

社会和公共政策已经使得这些区域可以作为游憩使用，我们必须接受荒野地资源作为游憩目的使用的适宜性。人类作为游憩者也是这些荒野地生态系统的一部分，因为人类是所有生态系统的一部分。荒野地管理是维持自然性场所环境的一种努力，使得这些场所在被游憩使用时所受到的人类干扰和影响也尽可能降至最低。我们必须接受一个真理——当荒野地有游憩使用时，无论这个使用有多小，它都会产生一些类别的影响。一般来说，管理者的职能不是去阻止改变的发生，而是控制环境改变在可接受的范围之内。

作为管理判定的标准，可接受的变化极限是从不可接受和可接受的影响中划分出来的。管理层必须确定这根线画在哪里，然后通过管理计划执行这个标准，管理者在设定可接受的资源变化极限时必须要权衡政策、经济和公共使用之间的关系。

平衡公众对荒野地的游憩期望同时维护荒野地的自然环境是对游憩资源管理者很大的挑战。我们必须将游憩管理和自然保护限制在可接受的水平之内。

5.2 研究方法

5.2.1 研究方法

游憩生态影响的研究分描述性研究、评价研究、影响机理研究和管理控制研究等 4 类；从定性研究转向定量研究。从短暂的人为实验转向长期监测。

1.描述性研究主要是基于研究目标、问题、对象的选定，设计研究方法、研究手段与研究指标，通过实地调查获取指标，对现存影响状态进行定量描述。这类研究方法通常称之为实测法，借助测量仪器进行实地测量、取样等，这类方法的关键是指标的选取与设计，指标选取取决于研究目标与问题，也要参考已有的相关研究成果，吸取相关学科的研究人员参与。目前比较通用的影响指标如表 5-2 所示。

表 5-2　游憩生态影响指标体系

生态影响	主要描述指标
直接影响	土壤——土壤紧实度，有机质流失，矿物质流失； 植被——高度与长势退化，脆弱物种消失，植物群分离，植被受损，外来物种引入； 野生动物——栖息地丧失或变样，外来或凶猛物种引入，动物行为改变或烦躁，情感转移； 水——外来物种与病菌进入，浑浊度增加，富营养化，水质恶化
间接影响	土壤——土壤湿度与毛细孔减少，侵蚀加剧，微生物活动改变； 植被——土壤侵蚀加剧，成分变化，微气候改变； 野生动物——健康与繁殖率下降，死亡率增加，物种组成变化；水——水生动植物系统健康下降，组成变化，海藻过度生长

对于特定活动对生态环境影响的指标具有特定要求，如营地生态影响指标有：植物扰动、地表裸露、树损伤、柴火可利用性、树根暴露、清洁度、营地规模、社会游径状况、营地密度、卫生设备、距离主要干线的距离、距水源的距离、露营者之间可视性。

在描述性研究中，指标是用作反映游憩影响要素的代表性指征变量，每个指标都应该是便于测量管理的，能切实反映游憩影响的情况，且指标的数量也应具有操作的合理性。

（1）便于量化测量。

（2）简单可靠，可进行重复而准确的测量。

（3）监测费用合理。

（4）指示意义明显，能突出反映研究地域的特征。

（5）具有敏感性，可早期预警。

（6）具有一定的灵敏度，对于游憩使用变化反应明显。

为保证研究顺利、结果准确和能有效反映实际影响状况，在指标筛选时必须对游憩环境以及游人与环境的相互关系、游憩地的管理方式进行深入的分析和了解，并进行巧妙的设计研究。如美国缅因州阿卡迪亚（Acadia）国家公园在对马车线路的游憩拥挤度研究中，选取了"每视域人数"作为游客调查的主要指标，简便而有效。

监测法是指标获取的重要手段，也是目前在国内外相关研究中普遍采用的一种方法，越来越多的监测运用现代信息技术自动连续动态监测，及时获取数据为动态研究及管理提供了重要技术支持。动态监测是智慧景区、智慧旅游的核心技术。

2. 游憩影响评价研究是在描述性研究基础上，对目前的影响程度及其后果进行评估，影响程度是通过分级的方法，对选定的影响指标与状态进行分级，一般分轻微影响到严重影响 5 级，影响级别的设计是在大量案例调查统计基础上提炼出来的，也可以参照相关研究成果进行试验。在游憩对植被影响评价中试验法是比较常见的一种方法。

试验法是通过不同的影响量（类型与强度）的试验寻求影响量与植被变化之间的定量关系。其突出特点是选择有限的研究变量，严格控制研究变量的变化过程、试验环境和非研究变量的稳定性，并可对使用和未使用、使用前后的资源环境状况进行对比性研究，这一方法科学性更强，这一方法在英美等一些发达国家应用较多。国内学者这几年也在这方面开展了大量研究，如美国怀俄明州风河山地（Wind River Mountains）露营地游憩影响的空间形式研究中就成功地运用了这一方法。针对两种不同的植被类型，试验者分别在 5hm² 的范围内设置了 16 个面积为 49m² 的试验区，借助国家户外领导学校（The National Outdoor Leadership School）的 LNT 标准教学课程，对各个试验区进行从年宿营 1 晚到年宿营 4 晚、每使用 1 年即封闭恢复 3 年及连续使用 3 年等不同设计强度的游憩使用试验，并另设了 4 个不受游憩干扰的控制区进行比照。由于 LNT 标准教学课程的介入，使得试验可以控制游憩活动按一定的规范进行，保证了不同试验区之间的可比性。同时由于对实际发生的游憩活动没有进行细节的约束，又保证了试验结果的自然真实性。

为了减少实地测量的工作量，在具体的实践中，往往是根据研究需要，进行有针对性的比较。如罗费尔（Rouphael）等在对不同珊瑚礁地貌因水肺潜水活动的影响差异进行研究时，就利用对同一试验区内反复下潜试验结果的比较，以及不同坡度的试验区进行同样的下潜试验的结果比较，否定了珊瑚礁地貌与潜水影响的必然相关假设，得出珊瑚礁对水肺潜水活动影响的耐受性主要由其组成形态决定的结论。

模型法是游憩影响评价的关键方法，通过模型建立分析各相关要素之间的互动关系，预测影响的后果及其未来可能变化趋势。

3. 游憩影响机理研究是提高游憩影响研究成果预测能力的关键，也是游憩影响管理的重要基础，认识了影响机理，才能有针对性进行干预和调控。国内学者近几年在九寨沟等保护区开展了很多这方面的课题研究，取得了一些重要研究成果。

4. 游憩影响管理是游憩影响研究的重要目标，游憩影响研究的目的就是为了资源的有效保护和可持续利用提供决策依据。游憩影响研究成果中转化为当代国际自然保护管理直接理论基础的成果是游憩容量，ROS，LAC，VERP，VIM 等模式均是基于游憩容量研究成果基础上。

5.2.2 评价方法

1.状态描述法

单要素指标法与综合指标法，前者如植被影响的指标、土壤影响的指标、水文影响的指标等，后者如刘春艳等对九寨沟自然保护区旅游非污染生态影响评价研究中提出游径评价法，采用游客自辟道路游径变宽、植被根部裸露以及泥泞路等指标评价游客对土壤、植被等的践踏破坏程度。刘春艳等在九寨沟景区游径状态描述指标体系（表5-3）。

表5-3 九寨沟景区游径状态评价指标体系

项目		景点名						原始森林			总计
		诺日朗	长海	五彩池	树正群海	珍珠滩	熊猫海至五花海	跑马路	步行路	放马路	
游径特征	长（m）	300	511	446	4017	825	2502	450	319	254	8966
	宽（m）	0.6	0.9	1.5	0.8	0.6	1.48	7	1.5	0.6	—
	石木栈道长（m）	300	511	446	1270	825	891	0	0	0	3344
	占游径总长比例(%)	100	100	100	31.6	100	35.6	0	0	0	37.3
	使用类型	步行	步行	步行	步行	步行	步行	步行/骑马	步行	步行/骑马	
游径评价指标	自辟道路										
	次数		24	9	16	2	17	5	2		40
	频次（次/km）		47	20	5	2	7	11	6		5
	长（m）		218	95	331	17	245	355	46		914
	占总长比例（%）		42.4	21.4	8.2	2	9.8	79	14.3		10.2
	宽（m）		0.6	1.3	0.6	0.6	2.02	1.00	1.55		
	游径变宽0.6~1.5m										
	次数	5	9	4	3	7	26	0			89
	频次（次/km）	17	18	9	1	8	10	0			10
	长（m）	52	1242	31	19	84	543	0			1226
	占总长比例（%）	17.3	4.3	6.8	0.6	10.3	21.7	0			13.6
	游径变宽>1.5m										
	次数	4	6	3	3	7	8	4			35
	频次（次/km）	13	12	6.7	1	8	3	9			4
	长（m）	26	49	25	24	110	89	49			392
	占总长比例（%）	8.7	9.6	5.6	0.7	13.2	3.6	11			4.3
	根部裸露										
	次数	6	13	23	164		34	65*	33	9	293
	频次（次/km）	20	25	52	49		14	81	104	35	33
	泥泞路段										
	次数									7	7

续表

项目		景点名						原始森林			总计
		诺日朗	长海	五彩池	树正群海	珍珠滩	熊猫海至五花海	跑马路	步行路	放马路	
游径评价指标	频次（次/km）									28	1
	长（m）									70	70
	占总长比例（%）									27	0.7
	深（cm）									6.07	

注：* 其中有 11 次分布在跑马路的边缘，54 次分布在游客另辟的林间小路上。

（表格来源：刘春艳，李文军，叶文虎. 自然保护区旅游的非污染生态影响评价 [J]. 中国环境科学，2001，21（5）：399-403.）

2. 影响监测法

借助科学检测手段对环境指示物的变化分析来揭示生态系统变化的机制与过程，如对九寨沟五花海臭带形成过程的研究通过硅藻与 BSi 的变化过程来解释臭带形成原因、未来趋势及解决办法；对九寨沟道路灰尘化学成分，以及大气气溶胶含量及其空间分布特征的分析，来说明旅游交通对九寨沟景区大气质量与体验质量的影响。

3. 分级评价法

在现象描述基础上评价这种现象可能带来的后果如生态衰退与改善，风景质量下降与改善等。对于九寨沟风景区来说，游径两侧的生态变化对九寨沟景区会带来什么样的影响？九寨沟景区的核心是水景，游径两侧的生态变化对水景会带来什么样的影响？与海子富营养化、环海臭带的形成是什么关系？寻找生态影响的时间、空间变化规律。判断目前这些影响与变化是可以接受的还是不能接受，到了质变临界点？生态影响程度的分级，从一般影响到严重影响（表5-4）。

表5-4　游径影响分级表

分级	特征描述
Ⅰ级	轻微损坏的步道——有一种或几种冲击特征的组合；步道宽度为 <1.5m；不超过三个明显的踏板；较低至中等的扩展试验区潜力；可能有一些侵蚀点 0.15m；一些裸露和松散的土壤可能存在于步道表面；总的来说，这种分类下的步道是稳定的，只要条件不再进一步恶化，就不需要任何维护
Ⅱ级	中度损坏的步道——步道部分清楚显示恶化的条件；要么是一个具有显著损伤的单一撞击特征，要么是两个以上撞击特征的组合；步道宽度超过 1.5m；在 0.15 和 0.3m 之间的切口（在没有任何其他特征的情况下，0.5m 的切口将满足条件本身）；超过三个踏板；有泥浆和流水；小道是流离失所的；土壤是松散的。破坏的程度和程度是重要的，足以规定一些管理措施
Ⅲ级	高度损坏的步道——这是一个潜在的热点，显示一种类型的影响特性或几个特性的组合；损害的程度和程度都很严重；基本的冲击特征包括步道宽度、踩踏增加、多个切口；通常这些以组合的形式出现，例如，步道二侧拓宽；在某些情况下，步道的宽度较小，但有几个步道，其中一些是深切口（>0.5m）；经常暴露的基岩和树根、滑坡等均是严重损坏的影响特征
Ⅳ级	严重损坏的步道或"热点"——单个标准或多个影响特性的组合都符合此类别；其基本参数为步道宽度、多个步道切口，其破坏程度均较Ⅲ级严重；其他冲击特征均令人满意时，如果基本参数显示损坏严重，则视为严重损坏，在这种分类下，小道显示出过度的宽度（3m），多个踩踏和切口（0.3m）；它还可能表现出滑坡的迹象；土壤松散，无有机质层；暴露的基岩频繁；步道受到严重侵蚀；根部暴露过多；道路非常泥泞，需要绕过；坡度超过 10%。总的来说，这类步道需要紧急修复，否则不久的将来土地退化将不可避免，破坏可能会在垂直（深度）和水平两方面展开

（表格来源：Nepal, 2003）

对游憩影响的评价，就需要了解被影响的属性以及扰乱本身的特征。必须考虑属性的稀有性和不可替代性，同时也要考虑扰动对生态系统的功能、结构、组成、动力的影响大小以及影响是暂时的还是长期的。

5.3 影响机制与特征

5.3.1 对自然要素的影响

1. 对植被的影响

（1）影响状态的描述与指标

践踏是游憩对植被的主要影响方式，客观上表现为各类非正式游径的出现、树根裸露等，主要描述指标有：植被覆盖率、树种成分、外来物种、树损与树根裸露、更新能力等方面，过度的游憩影响导致植被覆盖率降低、物种成分变化、外来物种的扩散、树损与树根裸露、群落更新能力丧失、灌木退化等。

（2）影响机理的分析

周晓等2007年秋冬季（10—12月）在九寨沟核心景区不同湖泊采集的水样中对水体硅藻及其水质指标数据进行了分析，发现典型的富营养化指示种颗粒直链藻和星形冠盘藻在旅游旺季出现，并在淡季消失，表明旅游对九寨沟核心景区的湖泊产生了一定的影响，而其生态系统具有较强的自我调节功能。[①]

（3）影响程度的分级

在影响状态描述的基础上对照影响程度分级表才能知道影响的程度及其严重性，影响程度分级一般分四级：轻微影响、中度影响、重度影响、严重影响等。

2. 对土壤的影响

游憩对土壤的影响主要体现在有机质流失、有机土壤流失、土壤压实板结、土壤湿度降低、土壤侵蚀等方面（表5-5）。

表5-5 土壤影响分级表

土壤属性	影响程度		
	低	中	高
质地	中等	粗糙	均匀，优质
石子	适度	高	低
有机质背景	适度	低	高
土壤湿度	适度	低	高
肥力	适度	高	低
土壤厚度	无	深	浅

---

① 周晓，高信芬，羊向东，李艳玲 . 九寨沟风景区秋季水体硅藻的海拔梯度变化 [J]. 应用与环境生物学报，2009，15（2）：161–168.

3. 对大气质量的影响

(1) 状态描述指标

旅游对景区大气的影响主要体现在道路灰尘与大气气溶胶含量上。

(2) 影响机理分析

对近地面(2m 以下)大气质量的影响,对于以机动车交通为主的景区,汽车燃料燃烧、机械磨损(刹车磨损、汽车油泵烧结物磨损)、金属腐蚀、油漆脱落等直接增加道路灰尘中 Pb、Cu、Zn、As 等重金属元素的含量;九寨沟景区是沟谷型以观光车为主要交通游览工具的景区,道路灰尘重金属污染尤为明显,许宇慧等 2010 年研究发现九寨沟景区道路灰尘存在重金属大量富集的现象。其 Zn、Cu 含量的地质累积指数污染级别达中度污染,Pb、As 的污染级别为无污染到中度污染,I_{geo} 污染级别达中度污染,机动交通是道路灰尘重金属的主要影响源。各类样品中各元素的污染程度排序为:景区内道路灰尘 Zn>Cu>Pb>As;景区外道路灰尘 Zn>Pb>As>Cu;景区内表土:As>Zn>Cu≈Pb。Pb 和 As 主要来自车辆汽油燃烧与油漆脱落,Cu 来自刹车磨损和汽车油泵的烧结物质的磨损;Zn 主要来自轮胎的橡胶硫化过程、轮胎磨损颗粒、机械磨损和润滑油等。此外,装饰材料和管材等也含 Cu、Pb 和 Zn(表 5-6)。[①]

表 5-6 九寨沟灰尘及表土重金属含量

样品		Zn	Pb	Cu	As
景区内道路灰尘	中值	497.5	87.5	118	18
	最大值	1870	708	757	51
	最小值	74	18	31	< 11*
	变异系数	61.9	95.6	85.0	59.2
景区外道路灰尘	中值	206	52	57	24
	最大值	515	179	97	48
	最小值	120	21	37	< 16*
	变异系数	49.2	64.7	27.5	55.2
景区内表土	中值	73	19.5	14	14
	最大值	194	29	37	26
	最小值	45	7	< 12*	< 7*
	变异系数	51.9	32.2	64.2	39.1
四川省土壤背景值		86.5	30.9	31.1	10.4

注:* 表该值为检测限(LOD),在 I_{geo} 计算及相关性分析时以 0.5LOD 代入。

(3) 对大气质量(2m 高以上)的影响

乔雪等监测研究表明,旅游活动强度不同,气溶胶浓度明显不同,九寨沟沟口汽车流量大,服务设施集中,长海海拔高,汽车相对较少,客流量较少,

---

① 许宇慧,等. 四川省九寨沟景区道路灰尘及土壤重金属含量评价 [J]. 山地学报,2010,28 (3):288-293.

两地气溶胶浓度明显不同（表 5-7）。

2010 年 4 月—2011 年 4 月，在九寨沟长海和沟口两监测点同时采集了气溶胶样品。沟口受旅游活动干扰大，而长海气象站附近受旅游活动干扰相对较小，这两地气溶胶的差异能大致反映旅游活动对当地气溶胶的贡献程度。沟口采样点位于游客中心楼顶，距地面约 10m；长海采样点位于长海东北侧山坡气象站内，距地面约 2m。

九寨沟主景区位于日则沟、树正沟和则查洼沟沟底，海拔为 2000~3100m。旅游观光车共约 400 辆，其中 80 辆的尾气达到欧 IV 标准，其余达到欧 III 标准。诺日朗服务中心是景区内唯一允许游客吸烟及有餐饮服务的区域。

观光车排放的大气污染物易于在山谷中累积，这些污染物吸附于颗粒物形成气溶胶，或经光化学反应生成二次气溶胶。浓度过高的气溶胶可能会对生态环境和旅游景观产生重要影响，但影响程度和机制都不清楚，也未引起重视（表 5-7）。

在自然和人为因子的综合作用下，九寨沟气溶胶具有明显的季节和空间格局（表 5-7）：

人为活动使 TSP、SO_4^{2-}、Ca^{2+}、K^+、NH_4^+ 和 NO_3^- 等离子在九寨沟旅游强度大的监测点高于在旅游强度较小的监测点；而主要来自自然源的 Na^+、Mg^{2+} 和 Cl^- 等离子浓度在两监测点之间无显著差异。

在旅游强度最高时期（6 月—10 月），由于降水量较高，气溶胶浓度总体上反而为全年最低；在旅游强度较低时期（1—3 月、11—12 月和 4—5 月），降水量较低且西北沙尘会影响九寨沟，气溶胶浓度则总体上相对较高，这项研究表明冬季九寨沟不适宜开展大规模旅游活动。

表 5-7 九寨沟大气 TSP 和水溶性无机离子的浓度（ug/m³）

监测点	指标	TSP	SO_4^{2-}	NO_3^-	NH_4^+	Na^+	Cl^-	K^+	Ca^{2+}	Mg^{2+}
沟口	样本量	45	45	45	45	45	45	45	45	45
	均值	35.7	4.46	0.85	0.70	0.20	0.14	0.18	1.15	0.18
	标准差	26.3	3.58	0.67	0.61	0.20	0.12	0.13	1.09	0.11
	极小值	3.0	0.18	0.15	0.02	0.03	0.04	0.02	0.14	0.01
	中值	31.0	3.59	0.64	0.51	0.11	0.11	0.15	0.99	0.15
	极大值	135.0	16.98	2.39	2.68	0.88	0.81	0.52	6.62	0.49
长海	样本量	46	46	46	46	46	46	46	46	46
	均值	24.3	3.28	0.59	0.48	0.16	0.15	0.13	0.90	0.18
	标准差	20.2	3.02	0.63	0.43	0.15	0.15	0.13	1.26	0.12
	极小值	3.0	0.00	0.00	0.00	0.02	0.04	0.02	0.08	0.03
	中值	20.0	2.17	0.40	0.31	0.09	0.10	0.10	0.45	0.15
	极大值	118.0	13.75	3.61	1.79	0.57	0.73	0.80	6.49	0.60

（4）影响程度的分级

依据国标《环境空气质量标准》GB 3095—2012 中的分级标准进行分级。

4. 对水环境的影响

（1）状态描述指标

分水上活动与水岸活动、上游活动的影响，以及游憩设施的影响，水上活动的影响如划船等，影响指标主要有水体浑浊度、富营养化、细菌含量增加等。

（2）影响机理分析

王晶等对九寨沟 2005 年雨季（4—9 月）36 个降雨事件下多点地表径流的监测分析表明，近年来九寨沟核心景区随着游客流量的增加，旅游负荷增大，旅游干扰增强、游径增宽、地表植被被践踏、地表凋落物盖度 / 厚度减小，苔藓盖度腐殖质层减小，植物多样性减少、土壤良好结构遭到破坏、地表径流发生频率与产流量及径流含沙量增大，输入湖泊的养分增多，核心景区以及周边区域的水资源受到部分污染，氮磷增加，导致湖泊富营养化（图 5-1、图 5-2）。

王晶等对九寨沟景区五花海富营养化过程研究表明，在五花海部分游客选择湖泊边的林下憩息造成环湖周围已形成约 5~10m 的干扰带，最大的五花海标志石牌周围已形成约 30m 的干扰带，环湖近岸水体形成了约 2m 宽藻类水绵集聚带——臭水带。

因旅游活动在湖泊区形成影响圈层结构：湖心带、臭水带、干扰带、游览带、干扰带、生态带。臭水带是指九寨沟核心景区五花海近岸水体集聚大量藻类水绵，尤其在雨季最为严重，宽度约 2m，富营养化比较严重（图 5-1、图 5-2）。[①]

5. 游憩设施的生态影响

栈道是目前比较流行的一种生态游憩设施，也称之为生态栈道、生态游径等，"生态栈道"是九寨沟管理局为了减少游客游径实施的一项重大工程，2002 年建成，全长 50 余千米。由于旅游地的状况和游客数量的变化。部分地区栈道相继还在加建、补建。栈道虽然有减少游径、防滑等功效，但栈道也有其弊端。由于降雨经过栈道的淋溶、截留、过滤等过程，栈道下变成养分富集区（相对于同一条件下的无栈道区），栈道下全氮和全磷含量都显著高于栈道上，经过地表径流的推移和携带，会使进湖养分含量增大，湖边（静水）水质污染的趋势会加速，尤其是直接架在湖面上的栈道，养分直接输入湖泊的量会增大。

该研究在五花海、原始林、珍珠滩栈道上下布置 10 组收集盆，其中五花海 4 组，原始林 4 组，珍珠滩 3 组，用来评定直接入湖的降水经过栈道后的变化情况。每次降雨后测定盆中水量，混匀采集 250mL 带回实验室分析氮、磷含量，间接评价旅游对栈道的干扰。经分析，得出如下结果：

（1）栈道下水中 TN、TP 含量比栈道上大，栈道下 N 富集区氮含量比栈

---

① 王晶，等. 旅游活动对九寨沟地表径流氮磷流失的影响研究 [J]. 生态环境，2006，15（2）：284-288.

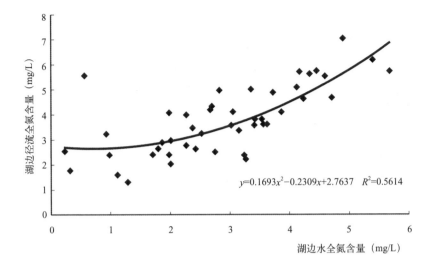

图 5-1 地表径流对湖边水全氮的贡献

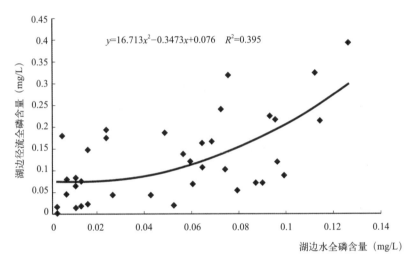

图 5-2 地表径流对湖边水全磷的贡献

道上大 0.874mg/L，大出 58.68%；栈道下 P 富集区磷含量比栈道上大 0.063mga，大出 271.77%；

（2）栈道下 TN 含量比栈道上为抛物线增长规律（F86），相关系数为 0.5422，$F=29.145>F001=6.96$，达到极显著水平；栈道下 TP 含量比栈道上为指数增长规律（n=157），相关系数为 0.6377，$F=92.343>F00l\_6.8l$，达到极显著水平，如图 5-3，图 5-4 所示。[①]

6. 对野生动物影响

（1）影响状态描述指标

游憩对野生动物的影响主要是通过设施、交通工具、活动行为等因素来影响的。游憩影响植被分布格局进而影响动物分布，其次是直接影响动物行为的。户外游憩对野生动物影响主要体现在动物栖居地迁徙、野生动物扰动、动物行

---

① 王晶，等 . 旅游活动对九寨沟地表径流氮磷流失的影响研究 [J]. 生态环境，2006，15（2）：284-288.

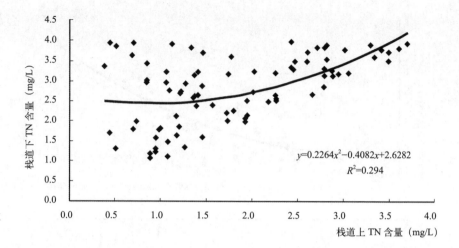

图 5-3　九寨沟景区栈道上下 TN 含量比较

$y=0.2264x^2-0.4082x+2.6282$
$R^2=0.294$

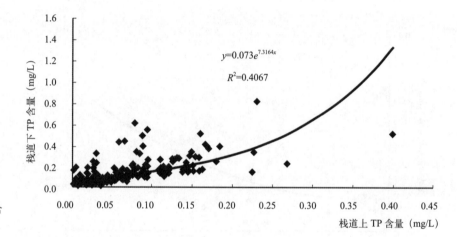

图 5-4　栈道上下 TP 含量比较

$y=0.073e^{7.3164x}$
$R^2=0.4067$

为的改变、动物健康状况及繁殖率下降。

（2）影响机理分析

张跃等 2003—2010 年对九寨沟自然保护区产期观测，设置 8 条样线，发现人为干扰显著影响九寨沟大中型野生动物的空间分布，历史上的人类活动将原生森林植被转化为次生的落叶阔叶林、灌丛和草地，使树正、亚纳和尖盘等地下坡位（相对海拔 0~199m）的大中型野生动物的物种丰富度降低（分别为 4、2、2 种）。旅游活动及其交通在内的人为干扰，可能导致附近 50m 海拔范围内保护动物的缺失，并使下坡位的某些物种向高海拔处移动。生境破碎化则使野生动物的种类组成发生改变，使原有森林内部优势种，如羚牛（Budorcas taxicolor），逐渐被适应能力强的物种，如豹猫（Prionailurus bengalensis）、雉鸡（Phasianus colchicus）和野猪（Sus Scrofa）等所取代，并将长期影响野生动物种群的存活。[①]

① 张摇跃，雷开明，张语克，肖长林，杨玉花，孙鸿鸥，李淑君 . 植被、海拔、人为干扰对大中型野生动物分布的影响——以九寨沟自然保护区为例 [J]. 生态学报，2012，132（13）：4228-4235.

Shalene L.George，Kevin R.Crooks 对加州橙乡自然保护地（NROC）为基地，对城市自然保护地大型哺乳动物行为方式和人类游憩活动的关系做了一系列观察和研究，研究发现不同的哺乳动物对人类游憩活动的反应程度不同。他们认为这些动物对人类游憩活动有一定的忍耐程度是因为自然保护地内禁止打猎和诱捕。另外自行车对哺乳动物的影响最小，而步行者的影响比机动车更大，特别是当他们有狗相伴时，所以他们建议应当对遛狗行为进行限制。但他们并不赞成禁止一切游憩活动，因为那并不能给野生动物带来更大的益处，反而会增加投入。

行人的影响＞机动车＞自行车。这说明游憩的影响力不仅与形式有关，还与时间、交流程度有关。行人正是因为逗留时间比较长，与环境交流比较多，从而对环境施加了更大的影响。另外他们的积极保护观念也是值得思考的：保护区不是不让普通人进去，而是适度开发，达到利益最大化。这与我国一刀切的做法是有差别的。但我们也不能盲从，中国人口太多，难以控制人流，并且到现在也没有一个确切的结论究竟怎样的开发程度是合适的。我们的自然地带所剩无多，应该谨慎为之。

实际上这些影响是相互关联的，一种影响可能是另一种影响的原因，影响具有连锁性。足、马蹄、滑轮及车轮都会直接伤害现状植物，植物覆盖率、生长率，以及再生产能力都会减弱，树龄结构受到的影响最为明显，例如在很多营地，基本都是中老年树龄的树种组成，年幼树基本没有，很多年长的树也被汽油灯、铁钉所伤害，留下很多伤疤。

游憩对大动物的影响是最明显的，要么全部被杀害要么被无意的扰动而降低其生育力，受扰动的鸟会离开巢，迁徙到更远的地方，一些动物过度依赖垃圾食物，小动物由于栖息地改变而受影响，土壤有机质的流失会促使一些昆虫迁移寻找食物。

已经改变的树龄结构、空间分布甚至行为对土壤、植被和水都会产生影响，生态系统的营养与能量循环也会受到影响。

（3）影响程度的分级

影响程度分为低、中、高、极高影响四级。

5.3.2 对生态系统的影响

景观游憩对生态系统影响主要表现在要素关联性与空间尺度关联性等两个方面。生态要素关联性是指一个要素的变化会影响到其他要素的变化，呈现所谓的连锁反应——食物链、景观链的变化，如植被的变化会影响到土壤、动物、水文，以及风景质量的变化。例如用于游憩的外来物种的引入可以改善垂钓与狩猎的机会，但带来的结果是本土鱼的完全消失，这在大雾山国家公园就已发生过，彩虹鳟鱼（Rainbow Trout）的引入导致本土小溪鳟鱼（Brook Trout）的消失，现在只能在高的孤立的小溪中见到（图5-5）。

　　空间尺度关联性是指场地尺度的生态变化会影响到景观尺度、区域尺度的生态变化，特别是流动性要素变化的影响通常是区域性的，如大气污染、水体污染、动物迁徙等。科尔与兰德斯（Cole and Landres）1996年提出最严重的游憩生态影响是大范围的、持续的、高强度的影响，特别是对生态系统稀有属性的影响（图5-6）。

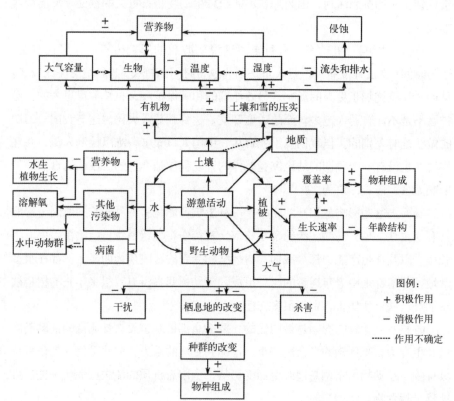

图5-5　自然要素的生态影响指标体系
（图片来源：William E. Hammitt 等，2018）

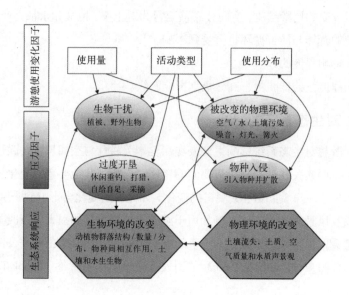

图5-6　使用量、活动类型和使用分布与荒野游憩生态影响的关系模型
（图片来源：Monz et al.，2010）

5.3.3 生态影响的时空特征

1. 线性游憩影响的空间特征

节链型（I 型）：游憩使用的显著特征是高度集中性，大部分使用集中在几条步道及目的地游憩据点上（Manning，1979），节主要发生在各据点上如露营区的扎营地、野餐桌与营火场、展望较佳的崖边及泊船的河畔或湖岸等，链是在各节点之间路线上形成，如登山步道及各节点之间的步道上。

产生这种现象的原因主要是游客心理与行为所决定，边缘倾向及安全方便行为，多数人在显然已被使用过的地方露营或从事其他游憩活动会感觉比较舒适和安全。

渐变型（U 型）：以游径为中心践踏影响程度逐渐降低，植被高度、土壤、动物等的自然程度逐渐提高。

纺锤型（S 型）：主游径两侧有若干条人为走出来的社会游径，如藤条沿主游路攀附。

同心圆型（O 型）：在环湖游径与湖面之间通常形成非连续的亲水活动带，湖岸践踏比较严重，在近湖岸形成一个富营养化的臭水带。

2. 点状游憩影响的空间特征

点状游憩以露营、野餐、垂钓为代表，麦克文与托克（McEwen&Tocher）1976 年将已开发的露营地根据冲击程度分为三个区：冲击区、影响区、缓冲区，冲击区的经营目标是尽可能缩小面积并保持引人入胜。

3. 游憩影响的时间模式

（1）游憩影响的时间变化规律

游憩影响程度与游憩影响持续时间密切相关，影响主要发生在使用的最初的 1~2 年，然后缓慢增加。哈特（Hart）1982 将已开发的露营地冲击的发展过程分两个时期：一是短暂的进入时期，即营地开始使用时出现的影响现象；二是动态平衡时期即改变降至最小的时候。在动态平衡时期，由于使用所引起的额外影响将因维护的措施与自然的恢复过程而减低。

研究显示游憩基地的冲击与其使用年数间为一抛物线而非线性关系(图 5-7)。

有些营地在使用的初期并不会发生剧烈的影响，而是随着时间的延续而恶化，这种影响的特点是地域的扩张、林木的伤害及有机层的丧失，营地扩张或迁移的主要原因是营地吸引力下降或不能满足一些活动的开展，特别是对团体活动人群来说容易发生。图 5-8 显示明尼苏达州边境水域独木舟区（Boundary Water Canoe Area）的一个露营地如何在 2 年内倍增其影响区的范围。第一年向邻近地区扩张，第二年出现卫星式的影响区。影响区扩张的问题以团体旅游最为严重，他们往往是一群素昧平生的人们，各自寻求隐秘的地方扎营，因而造成了大面积的影响。

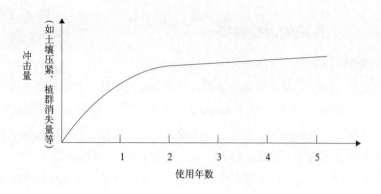

图 5-7 游憩区游憩影响程度与使用年数之关系模式图
(图片来源: Hammitt & Cole, 1987)

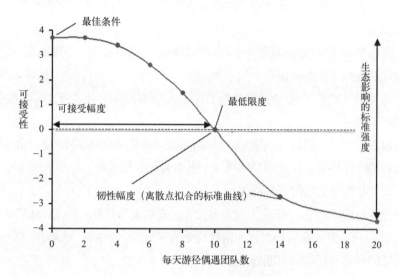

图 5-8 生态韧性概念曲线①

林木的伤害是累积性的，与日俱增，树根的裸露、树干的物理伤害及幼树的移除等，都会长期影响林木的活力与生长速率，由于旧伤不易消失，因此每一个新的伤害都代表影响的增加。大部分林木在基地开放后短时间内即遭到伤害。

（2）特定要素生态影响的时间变化规律

步道影响的时间变化：一是路面加宽，或路两侧的践踏，土壤压实，植被退化、消失等，这在风景区比较普遍；二是冲蚀，主要来自截流、融雪、涌泉或暴雨，一旦步道上积水便开始产生冲蚀，与时恶化。

野生动物的影响的时间形态还在研究中，一般情形是干扰初期冲击比较大，随着时间推移冲击效应减低，是因为动物发展出对干扰的容忍力与适应力，这是有两种情形发生：一是动物与人的和谐相处；二是动物不能忍受频繁的干扰，弃巢而去。

① Robert E.Manning, Laura E.Anderson. Managing Outdoor Recreation-Case Studies in the National Parks[Z]. CAB Internationl, 2012：16.

水的影响的时间形态具有累积性、后发性，短期内不明显，长期的累积将导致水生态环境的根本变化。例如美国某些高山湖泊周围的游憩使用，使得湖水微量元素逐渐累积，造成生物群的改变，虽历经10多年游憩的使用量，仍难以恢复（Hammitt&Cole，1987）。

5.4 生态韧性与游憩容量

5.4.1 生态韧性

生态韧性是指生态系统受外界干扰和影响后自身调节、适应这种压力和扰动的能力，韧性不是指系统受到干扰后恢复到以前状态的速度，而是指系统受到干扰后仍然保持原有属性的能力。包括人类在内的任何个体或系统，都必须保持有一定的弹性能力，来缓解各种压力与干扰的影响而保持系统不崩溃。目前，生态韧性理论已成为可持续发展研究的新视角。

在自然生态系统中，一场干旱可能会导致一片农场严重退化，但对另一片农场的影响并不大，那是因为后一个农场生态系统的韧性比前一个更强，能在遭受干旱的干扰后继续保持其基本结构和功能。

可持续发展需要创新的思维，运用韧性思维管理我们赖以生存的社会—生态系统，要求我们尽可能深入了解社会—生态系统作为一个整体的运作方式和内在机理，明确人类是与自然相互联系的系统中的一分子，并将诸多问题置于一个具有韧性的生态系统中去思考，进而制订和实施旨在保持系统韧性的管理方式。

游憩对于生态系统来说是一个外动力，任何外力的侵入系统都会相应作出响应，影响在一定限度内系统是可以自恢复的，超越这个限度系统就会发生质变，我们把这个限度称为极限承载力，也称为极限容量（图5-8）。

5.4.2 生态承载力与游憩容量

第二次世界大战结束后，美国经济快速发展，20世纪50年代和60年代游憩爆发式发展引起日益严重的游憩冲击问题，在有限的人力、物力下，如何实现景观游憩区资源持续使用和游客体验目标？必须找出适当有效的对策，研究者、经营者、游客都必须对游憩冲击有所认知，对游憩认知能否被接受作出判断。承载力就是在这种背景下被提出，承载力为政策制定提供了一个组织框架。

在游憩承载力概念形成与发展过程中，有三次重要转变或历史性飞跃。

1. 游憩承载力内涵的拓展

1964年，瓦格（J.A.Wagar）、鲁卡斯（Lucas）等人在评估游憩地承载量时，发现不同使用群体及不同使用方式对拥挤的知觉是不同的。承载量的大小取决于这些复杂的关系。承载量的大小取决于管理活动的数量和类型。例如施肥、灌溉、轮修等可以提高生物资源的耐久性，调控游客分布、适宜的管理措施、额外设施的供给以及游客教育计划等均可提高游憩体验质量。把游憩承载力从单纯的生态环境容量扩展到游憩体验质量—社会环境容量和心理环境容量。运用游憩使用量与游客满意度的关系模型解释日益增加的使用量对游憩质量的影响。拥挤对满意度的影响是多变的，取决于游憩者需求与动机。承载量大小直接受管理行为影响。例如，生物物理资源的耐久性可以通过对蔬菜施肥和灌溉等行动、定期休养和轮换使用不同地带来提高。类似地，通过疏散游客、建立适宜的规章制度、提供附属的游客服务设施和设计一套鼓励良好使用的教育计划等方法，游憩体验的质量可能维持或者甚至得到提高。因此，承载量在景观游憩应用中增加了管理因素，从三类容量扩展到四类容量，即生态容量、物理容量、社会容量、设施容量等，改变了过去三类容量—资源容量、游客容量、设施容量（Alldredge，1973）。

2. 游憩承载力区域差异与分区管理

影响游憩承载力的三个因素具有明显地域差异性。

首先是生物层面，不同的物种其维持健康和活力的能力不同，任何特定的游憩使用量必然对某些生物种有利而对另一些生物种较不利。任何一个生物种在不同的环境状况或不同类型及密度的人类使用，其生物承载量会有所差异，所以几乎不可能定出一个适用于各种状况而又不明确的生物承载量。同一生物群落对不同的游憩使用方式承受力不同，各生物种对使用压力的反应不同，游憩承载力不能一刀切。

其次是物理层面，水量能供多少游客使用，污水处理能力是多大，土壤压实、渗透率、径流量、抗冲蚀能力等，哈特维德（Richard J.Harteveldt）发现游客在红杉林散步所造成的土壤压实有助于红杉的生长（土壤压实和土壤湿度所形成的良性效应），地形坡度、起伏程度不同，承载力也不相同。

最后是文化层面，游客数量和游客间接触的方式都会影响游客的满意度和游憩容量，每个人对使用密度的偏好不同，在不同时间从事不同活动时对使用量和接触形态的期望不同。植被密度影响社会或心理容量，乔灌木密度增加可以增加分散性游憩活动的容纳量。

自然界特质的改变会影响游客对美的感受，美学容量与社会容量密切相关，在自然游憩区游客不宜多，但在其他游憩区（海滨浴场或游泳池）大量游客反而是吸引游客的主要景观。在一些使用节点，服务每个人的管理成本降低或增加，使用强度所持续的时间也不相同。

基于这些问题的认识，斯坦凯（Stankey）等学者提出 ROS 概念，提出大尺度自然景观生态保护与游憩使用的空间分区管理办法，ROS 也因此成为全球保护地共同认可得分区管理模式。

3. 从单一指标计算转向管理目标体系

关于游憩承载力的定义有上百种，但在游憩地实际应用中普遍受挫，主要原因在于承载力中的每个要素究竟如何量化？承载力是一个静态的数还是一个动态

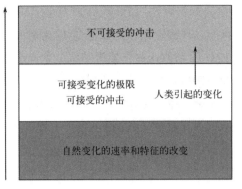

图5-9 荒野地可接受的生态变化模型
(引自Frissell and Stankey, 1972)

变化难以计算的概念？允许多大的影响或变化？（How much impact or change should be allowed）。Frissell and Stankey 1972年提出（limits of Acceptable Change）模式：游憩环境的变化是不可避免的，只要有使用，生态环境就必然发生变化，关键是变化到什么程度不可接受（图5-9）？

通过1971—1997年的研究，对LAC的思路发生转变，发现LAC同管理目标、指标与质量标准有关。这样就把焦点集中到提供访问者体验的类型上，管理目标与体验类型相关，体现体验质量指示物的一些指标反映了管理目标的本质。例如荒野地管理目标之一就是提供孤独（Solitude）机会，对孤独体验质量有重要影响的指标是游径及营地偶遇者人数，一些研究发现每天5个偶遇者是保证孤独体验高质量的最大指标。

管理目标是采用广泛性的、陈述性的语言对游客获得的体验类型的定义。质量指标更为具体，是可测量的变量，反映管理目标的本质或意义。他们是使管理目标转化成可测量的中介或措施。质量指标包括生物物理、社会和管理环境因素，这些因素是决定游客体验质量的重要因素。质量标准定义了每个指标变量的可接受变化的最小值。

影响管理目标、指标和质量标准的因素可归纳为自然资源、社会及管理三个方面。自然资源的生物特征可以确定游憩利用对环境影响的程度。对生物特征的研究可以为管理目标、指标及质量标准的制定提供依据。访问者需求对适宜的户外游憩机会具有重要影响，对游客的研究可以确定游憩使用的适宜类型与水平。法规、条例及其他有关政策指南均影响管理目标和质量标准，金融、员工及其他管理资源都会建议游憩利用的类型与数量。

5.4.3 游憩容量与韧性管理

从生态影响、游憩承载力到生态韧性管理，对生态影响机理的认识深化逐步转向景观科学管理体系，这些体系包括LAC（Stankey, et al, 1985；McCool and Cole, 1997a），VIM游客影响管理（Graefe, et al.1990），VERP（Manning, et al, 1996b；Hof and Lime, 1997；国家公园局, 1997），承载

容量分析程序（Shelby and Heberlein, 1986），质量改进与学习（Chilman, et al, 1989, 1990）和游客行为管理程序（加拿大环境和公园服务机构, 1991）。所有这些框架体系将上述承载量的概念综合起来，合并成一个合理的、有条理的评定承载量的程序。

表 5-8 所表示的是三个得到最广泛采用的基本模式，其核心因素包括：

（1）对可获得的游憩机会类型进行定义时，通过质量指标及标准，游憩机会应该尽可能定义具体而可计量。

（2）对指标变量进行监测，以确定是否满足质量标准。

（3）对何时、何地监测到的违背质量标准的行为采取管理措施。

表 5-8　承载力管理模式

可接受的改变限度 LAC	游客影响管理 VIM	游客体验和资源保护 VERP
1. 鉴定 / 确定（Identify）区域的概念和问题	1. 预先评估历史数据	1. 组建一个多学科组成的项目队伍
2. 定义和描述机会的等级	2. 回顾管理目标	2. 建立公众参与战略
3. 选择资源和社会状况指标	3. 选择核心的影响指标	3. 为公园主要目标、意义和主要的解释专题建立书面文件
4. 资源和社会状况目录	4. 为核心指标选择标准	4. 分析公园资源和游客使用现状
5. 资源和社会指标的标准具体化	5. 比较标准与现状	5. 描述游客体验和资源状况的潜在范围
6. 鉴定可选择机会的等级分配	6. 鉴定可能引起的影响	6. 把潜在的区域分配到具体位置
7. 鉴定每个可选择机会的管理行为	7. 确定管理策略	7. 为每个区域选择指标和具体目标，建立监测规划
8. 评价并选择一个可行方案	8. 实施	8. 监测资源和社会指标
9. 方案实施和监测		9. 采取管理行为

最近对承载量的这些体系的分析比较肯定了体系之间的基本结构有着相似性，提出了一些体系之间共享的主题：

（1）鼓励跨学科的规划团队。

（2）关注与游憩有关的管理行为。

（3）需要健全的自然和社会科学信息。

（4）建立清楚的、可量度的管理目标。

（5）游憩机会的定义考虑自然、社会和管理因素。

（6）游憩行为、环境设施、体验和利益之间存在联系。

（7）对游憩使用及其引起的环境、社会影响之间关系的复杂性的认可。

（8）对游憩机会多样化的重要性的认可。

（9）关注通过管理可以影响到的游憩机会因素。

（10）游憩管理策略和战略的范围。

（11）需要持续地进行监测和评价。

5.5　生态影响的价值判断

游憩影响的客观评价与主观认识存在多种可能，有完全一致，也有大相径庭，使用者、研究者、管理者的认识也存在不一致，例如对于观光游客来说，暂时的践踏、亲水活动并不认为对环境有多大的影响。一个营地由于游憩使用减少了95%的蜘蛛，这个变化是重要还是不重要？是积极变化还是消极变化？这是一个价值判断的问题，取决于游憩地所提供的游憩类型、各种用户组的目标以及资源管理目标。

生态研究者关心的是影响变化的后果及生态恢复的时间、影响发生的尺度。游憩者关心的是体验质量，在 Turkey Run 州立公园做了一项调查，发现99%的营地75%的土地裸露，但大多数露营者认为营地条件比较好，很满意，2/3野营者没有发现树与灌丛受到损伤，事实上几乎每棵树都有损伤。这说明大多数游憩者缺乏对生态影响的认识与关心。

游憩者对资源条件的敏感性总体上与管理者有点相似，但在生态影响程度上认识不同。对游憩者来说少量的影响比没有影响更容易接受，游客满意度与影响数量之间没有必然的联系（Lucas，1979）。在处理游憩影响问题上，管理者必须平衡生态学者、游憩者、其他用户组，以及法规与政策的制约，把这些融为一体适应所管理的特定地区。

5.6　游憩踩踏对土壤植被的影响实验

5.6.1　研究背景

游憩踩踏对土壤植被影响是最基础的影响，也是研究文献相对比较多的领域，以此为基础逐步扩展到水体、噪声、生态系统等多方面，研究手段日益先进（实验室、噪声监测设备、便携式仪器、数据分析软件）；研究框架从微观逐步扩展到宏观层面，学科领域更综合（生态学、社会学、心理学、经济学等多学科交叉），研究方法更定量（GPS/GIS 技术、大数据方法统计游客量、计算机模拟预测等）。

游客踩踏影响了土壤水渗透与流动，造成土壤板结、孔隙度减小，引起水土流失，并且主要对植物灌木层和草本层造成影响。常见的指标选择和测量方法见表5-9，本实验采用便携式仪器测量法测量土壤植被指标，该方法具有易操作、可实时反馈、低成本的特点。

表 5-9　土壤植被指标选择与测量方法汇总

土壤因子	方法	特点
土壤容重、含水量、孔隙度、三相比、pH、有机质（林大仪，2004；黄程，2010）； 土壤硬度、容重、pH 值（Deluca，1998；管东生，1999；何兴兵，2004；陈飙，2004）； 腐殖质层厚度（何兴兵，2004）； TN、TS、TP、有效态磷（管东生，1999）； 含水量（王忠君，2003）； 生化酶活动量（Ros M，2004）	土壤硬度——硬度仪； 土壤容重——环刀法； 含水量——烘干法或 TDR 快速测量； 孔隙度——换算法； 三相比——换算法等； pH——电位法、试剂法； 有机质——重铬酸钾法； 便携式仪器快速测量法	1. 实验室方法居多，通过复杂实验步骤或试剂检测； 2. 野外快速测定法使用较少，多利用便携式仪器测量土壤硬度、含水率、电导率、温度等简单指标； 3. 实验室法精确但繁琐，野外快速测定法便携但精度不够
植被因子	方法	特点
种群、群落（刘鸿雁，1997；宋秀杰，1997；李贞，1998；管东生，1999；石强，2000）； 种类、高度、数量、盖度（丛林，2013）； 植被盖度减少率、植相变异率、植株高度降低率（李志强，2014）； 敏感水平、景观重要值、物种多样性信息指数、阴生种比值（程占红，2006）	基础指标统计； 相对指标统计； 自定义指数概念； 便携式仪器测量	1. 观察法居多，通过简单工具进行物理指标测量； 2. 数据收集方法较为传统，创新点是对数据分析方法的优化； 3. 指标计算方法的筛选并不固定，多根据自身研究目的自定；常采用经典指标； 4. 盖度、高度指标在相关研究中均作为主要指标

5.6.2　实验设计

1. 研究区概述

本实验选择上海共青国家森林公园，是上海市区唯一以森林为主要特色的城市公园，位于上海市杨浦区，东靠黄浦江，西临军工路，嫩江路横贯公园南部，占地 132hm²（水域约 15.3hm²，树林面积约 90hm²）。公园整体景观风格呈现自然野趣的特点，每年吸引着大量游客，年均游客量在 200 万人以上。同时每年公园内高密度的游憩活动会产生很大的生态冲击，尤其是踩踏对土壤植被产生了巨大的破坏，公园内出现了大量社会游径（Informal Trail）。本文通过踩踏实验和生态评价结合的方法对公园社会游径提出管理改造建议。

共青森林公园相比于荒野环境，草坪和地被的植物物种丰富度较低，每个片区常为单一物种，土壤的区域差异也较小。因此，可以对场地的分类进行简化，按照草坪地被的维护等级、植物类型、生长状态等特点进行分类，筛选出三类最主要的软质活动场地：A 类野生地被、B 类野生草坪、C 类人工草坪（图 5-10）。野生地被多为大叶片、植株较软、平均高度在 10~20cm 的地被植物，如天胡荽（学名：*Hydrocotyle sibthorpioides*）、小蓬草（学名：*Conyza canadensis*）等，在公园中分布最为广泛。野生草坪指接近自然生长状况的草坪，如老虎皮草（学名：*Zoysia sinica*），一般这类草坪抵抗力较好，维护力度较小，生长状况主要受季相影响，较为接近自然野生状态。人工草坪指生长过程中需要较高维护度，拥有较好景观效果的草坪，如早熟禾（学名：*Poa annua L.*）。从三类场地中各选取 1 处游客活动未干扰的区域作为样地进行踩踏实验，A 样地为野生地被，位于公园南侧广玉兰林下；B 样地为野生草坪，位于公园东侧浦江揽胜处；C 样地为人工草坪，位于公园东北角雪松大草坪，如图 5-10 所示。

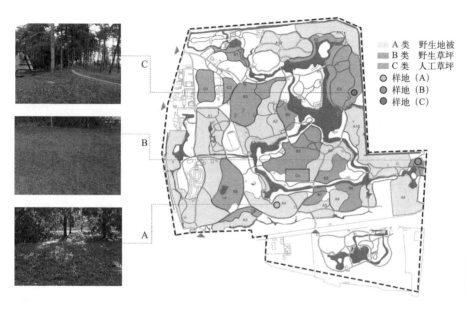

图 5-10 共青森林公园三类主要场地划分及样地选址

2. 实验步骤①

本实验选择了公园冬季淡季时期进行，实验时间为 2018 年 1—3 月。在三处样地分别选择 2m×5m 范围作为踩踏实验场地，并对场地进行设置（图 5-11~ 图 5-13）。

1~6 号的踩踏带分别对应踩踏强度 0 次、50 次、

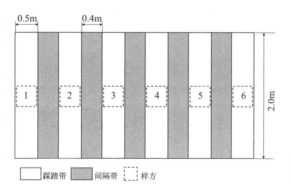

图 5-11 踩踏实验场地设置方法

100 次、200 次、400 次、700 次。将踩踏带进行梯度划分，0 次为对照组，50 次、100 次踩踏作为低强度，200 次为中强度，400 次、700 次为高强度。每条踩踏带宽 0.5m 长 2m，间隔 0.4m。实验者体重约 60kg，正常步态行走一次计作一次踩踏。选取每条踩踏带正中 0.4m×0.4m 的样方进行数据采集，测量指标分别为土壤的硬度、含水量，植被的高度、盖度。三块场地的踩踏实验均为第 1 天一次性完成，之后分别于第 1、4、8、15、22、30、60 天记录样方内的数据。

采用 Delta-T HH2/WET 土壤三参数仪测量体积含水量（%）；采用 TYD-1 型便携式土壤硬度仪测量土壤硬度（kg/cm²）；采用钢卷尺测量植物高

---

① 本实验是研究生杨浩楠负责，张颖倩、王春蕾协助完成。

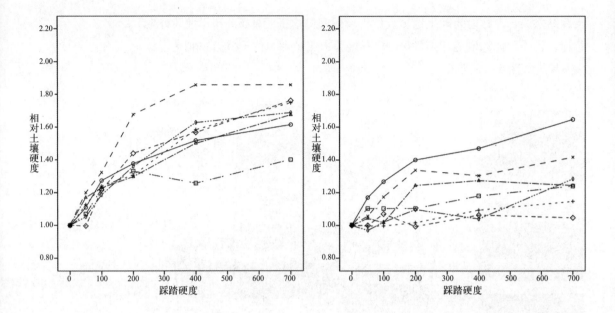

图 5-12 A 场地 RSH 随踩踏强度变化图（左图）
图 5-13 B 场地 RSH 随踩踏强度变化图（右图）

度（cm）；通过相机对样方俯拍，利用 Photoshop 软件将照片像素化，计算绿色系像素比例从而估算植被盖度（%）。

由于本教材研究对象有三类场地，对于不同植被类型，单纯比较指标变化量并无较大意义，故引入相对指标 *RA* 概念，对指标变化率进行比较。相对指标 *RA* 计算方法如式（5-1）：

$$RA=\frac{A_{ij}}{A_{i0}}=\frac{A_{ij}}{A_{10}} \tag{5-1}$$

式中　A_{ij}——表示第 i 条踩踏带第 j 次测量数据；i=1~6 代表踩踏带编号；j=0~7 代表调研次数，分别对应踩踏前、第 1、4、8、15、22、30、60 天；

　　　A_{i0}——表示第 i 条踩踏带的初始值；

　　　A_{10}——表示对照组的初始值；

　　　A_{1j}——表示对照组第 j 次测量（由于样方背景基本一致，故 $A_{i0}=A_{10}$）。

在实验过程中，指标会受到其他非实验因素干扰，如植物自然生长、降水、气候变化等，这种干扰属系统误差，可通过修正来消除，修正的方法分为 k 值修正法和 δ 值修正法。

k 值修正指将 A_{ij} 乘以系数 k 来进行修正，如式（5-2）、式（5-3）所示：

$$RA_{k值法}=\frac{A_{ij}\cdot k}{A_{10}}, \quad k=\frac{A_{10}}{A_{1j}} \tag{5-2}$$

$$RA_{k值法}=\frac{A_{ij}\cdot A_{10}}{A_{10}\cdot A_{1j}}=\frac{A_{ij}}{A_{1j}} \tag{5-3}$$

δ 法修正指将 A_{ij} 加上系数 δ 来进行修正，如式（5-4）、式（5-5）所示：

$$RA_{\delta \text{值法}} = \frac{A_{ij} + \delta}{A_{10}}, \quad \delta = A_{10} - A_{1j} \tag{5-4}$$

$$RA_{\delta \text{值法}} = \frac{A_{ij} + A_{10} - A_{1j}}{A_{10}} \tag{5-5}$$

对两种方法进行对比优选：

（1）对比公式的分母，k 值修正法受到 A_{1j} 的干扰较大，当对照组指标波动较大时不宜采用；δ 值修正法分母为常数，可优先使用。

（2）当指标变化为增大时，A_{ij} 没有上限，两种方法都可使用。根据前一条结论，优先采用 δ 值修正法。

（3）当指标变化为减小时，A_{ij} 有下限，当 $A_{ij} \approx 0$ 或 $A_{ij} \ll A_{1j}$ 时，$RA_{k \text{值法}} = 0$（与实际相符），$RA_{\delta \text{值法}} \neq 0$（与实际不符），故采用 k 值修正法。

根据实验记录土壤硬度变化为增大，采用 $RA_{\delta \text{值法}}$；土壤含水量浮动较大，采用 $RA_{\delta \text{值法}}$；植被盖度和高度变化均为减小，采用 $RA_{k \text{值法}}$。修正后指标计算方法如下。

相对土壤硬度（Relative Soil Hardness，RSH）详见式（5-6）：

$$RSH = \frac{SH_{ij} + SH_{10} - SH_{1j}}{SH_{10}} \tag{5-6}$$

相对土壤含水量（Relative Soil Moisture Content，RSMC）详见式（5-7）：

$$RSMC = \frac{SMC_{ij} + SMC_{10} - SMC_{1j}}{SMC_{10}} \tag{5-7}$$

相对植被盖度（Relative Vegetation Cover，RVC）详见式（5-8）：

$$RVC = \frac{VC_{ij}}{VC_{1j}} \tag{5-8}$$

相对植被高度（Relative Vegetation Hight，RVH）详见式（5-9）：

$$RVH = \frac{VH_{ij}}{VH_{1j}} \tag{5-9}$$

5.6.3 实验结论

1. 土壤硬度变化

通过 SPSS 软件绘制 RSH 随踩踏强度变化图，根据数据比较 ABC 三类场地在不同踩踏强度下的 RSH 的抵抗力和恢复力水平，详见表 5-10、表 5-11、图 5-14、图 5-15。

对相对土壤硬度的分析有以下结论：

（1）踩踏会造成土壤硬度的增大，同时踩踏后植被叶片被破坏而产生的水分渗入土壤会降低土壤硬度。这种现象在初始盖度较高的高强度踩踏带最为明显。

表 5-10　ABC 三类场地相对土壤硬度 RSH 的抵抗力恢复力

场地	踩踏强度	低强度	中强度	高强度
A 野生地被	抵抗力	****	***	*
	恢复力	*****	—	—
B 野生草坪	抵抗力	*****	****	***
	恢复力	*****	****	***
C 人工草坪	抵抗力	****	***	**
	恢复力	*****	*	—

表 5-11　土壤硬度抵抗力恢复力评价指标

相对土壤硬度	< 120%	120%~140%	140%~160%	160%~180%	180%~200%	> 200%
抵抗力评价	*****	****	***	**	*	—
恢复期	8 天内	15 天内	22 天内	30 天内	60 天内	超过 60 天
恢复力评价	*****	****	***	**	*	—

注："*"计作 1 分，120% 以内视为已恢复。

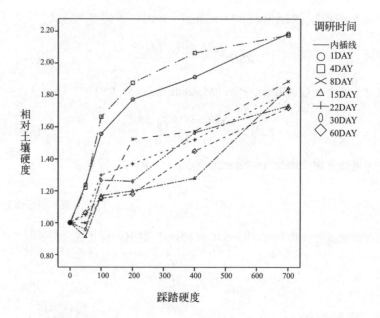

图 5-14　C 场地 RSH 随踩踏强度变化图

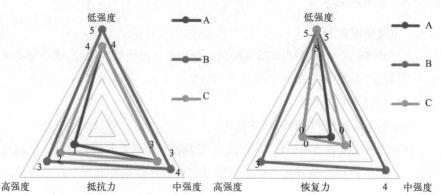

图 5-15　ABC 三类场地相对土壤硬度 RSH 的抵抗力恢复力对比图

（2）踩踏的影响并非当天结束，而会持续一定时间。持续时间与场地的类型和初始状况有关。通常情况下，一周后踩踏对土壤硬度的影响效果才消失。踩踏后第八天的相对土壤硬度指标才能较真实地反映踩踏冲击水平。

（3）相对土壤硬度随踩踏强度呈递增关系，但增长幅度与场地初始土壤硬度有关。初始硬度越高，增长幅度越小。

（4）野生地被和人工草坪对中高强度踩踏抵抗力很差，也很难恢复；野生草坪对中低强度踩踏均有较好的抵抗力且恢复较快。高强度踩踏对三类场地的影响均很难恢复。

2. 土壤含水量变化

由于受到降水的影响，踩踏对土壤含水量的影响只能做定性规律总结。采用相对含水量 RSMC 来进行分析，得到相对含水量随时间变化图，详见图 5-16~图 5-18，结论如下：

（1）踩踏尤其是高强度踩踏会造成含水量的短暂增加；土壤含水量初始值越高，增幅作用越小。

（2）在没有外部降水补给的前提下，踩踏对含水量的增幅效果短时间内便会消失。

（3）降水是影响含水量后期变化的主要原因，踩踏是影响含水量变化幅度的主要原因。高强度踩踏带无论是降水或缺水时，含水量的变化幅度均最大，即土壤失去了涵养水源的能力，表层土易沙化或积水。

（4）不同场地的含水量对踩踏表现出的规律不尽相同，很难横向对比。

总的来说，在干旱地区，或者降水不足时期，含水量研究的现实意义更大，而上海降水丰富，含水量主要受环境影响。

3. 植被盖度变化

通过俯拍记录踩踏带中央 40cm×40cm 样方内植被盖度情况，通过 Photoshop 软件将每张照片处理成 15×15dpi 的像素图像，筛选出绿色系像素填充为白色，整理得到像素图，如图 5-19 所示，网格内白色像素所占比重即为实际盖度值，与之相反的则为土壤裸露度。

绘制相对植被盖度 RVC 随时间变化图及随踩踏强度变化图（图 5-20、图 5-21）。由图可知，ABC 三类场地均表现出较一致的变化规律，分为恢复规律和强度响应规律。

根据图 5-21，以时间为线分析其恢复规律：

（1）A 场地（野生地被）盖度对于各强度梯度踩踏恢复力均较差。

（2）B 场地（野生草坪）在踩踏强度 50 次以下，盖度几乎无影响；超过 100 次后，恢复力与场地 A 接近，略大于 A。

（3）C 场地（人工草坪）恢复能力优于 AB 场地。

（4）4~8 天踩踏影响最为显著，以 4~8 天的数据来分析强度与盖度的变化

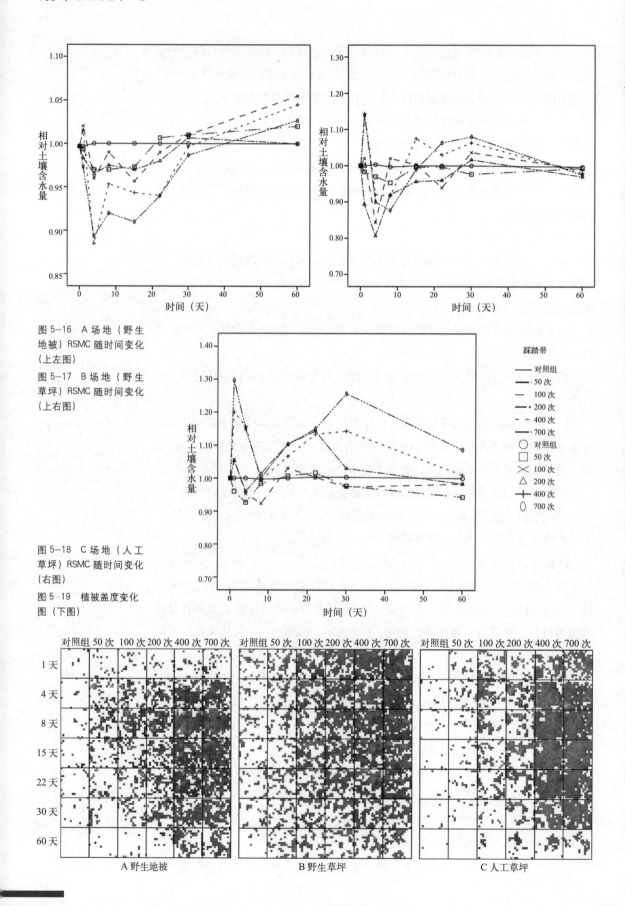

图 5-16　A 场地（野生
地被）RSMC 随时间变化
（上左图）

图 5-17　B 场地（野生
草坪）RSMC 随时间变化
（上右图）

图 5-18　C 场地（人工
草坪）RSMC 随时间变化
（右图）

图 5-19　植被盖度变化
图（下图）

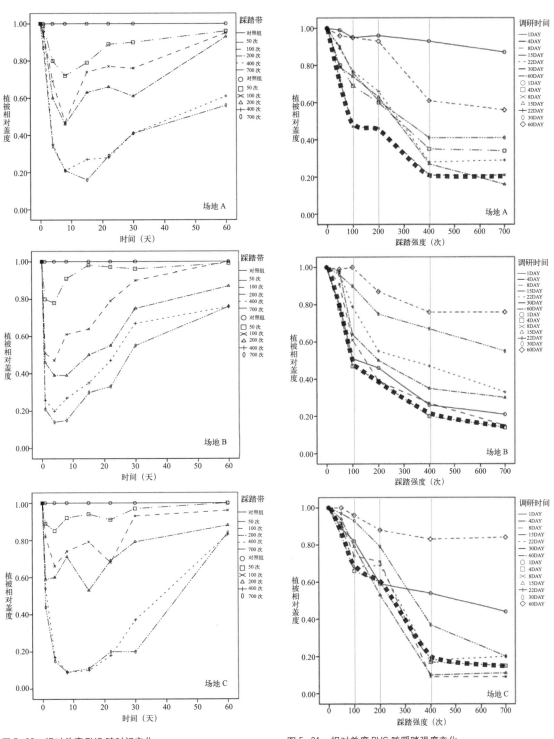

图 5-20 相对盖度 RVC 随时间变化

图 5-21 相对盖度 RVC 随踩踏强度变化

关系较为准确。

（5）对比 ABC 场地相对盖度恢复速度（恢复速度仅代表实验组恢复至对照组状态的速度）。50 次低强度踩踏：C=B > A；100 次低强度踩踏：C > B=A；中强度踩踏：C > B≈A；高强度踩踏：ABC 均很难恢复。

根据图 5-22，以 4~8 天数据作为标准分析其强度响应规律：

（1）相对盖度指标随踩踏强度基本递减，并呈现梯度变化。盖度的减小过程中大概有两个停滞期，分别对应 100~200 次和超过 400 次两个区间。

（2）中低强度踩踏即可造成约 40%~60% 的相对盖度减少量。

比较 ABC 三类场地在不同踩踏强度下的 RVC 的抵抗力和恢复力水平，详见表 5-12、表 5-13，图 5-22）。

表 5-12　ABC 三类场相对地植被盖度 RVC 的抵抗力及恢复力

场地	踩踏强度	50 次低强度	100 次低强度	中强度	高强度
A 野生地被	抵抗力	****	***	***	*
	恢复力	****	***	*	—
B 野生草坪	抵抗力	****	***	**	*
	恢复力	*****	***	*	—
C 人工草坪	抵抗力	*****	****	***	
	恢复力	*****	****	**	

表 5-13　植被盖度抵抗力、恢复力评价指标

相对盖度	100%~80%	80%~60%	60%~40%	40%~30%	30%~15%	15%~0
抵抗力评价	*****	****	***	**	*	—
恢复期	8 天内	15 天内	22 天内	30 天内	60 天内	超过 60 天
恢复力评价	*****	****	***	**	*	—

注："*" 计作 1 分。

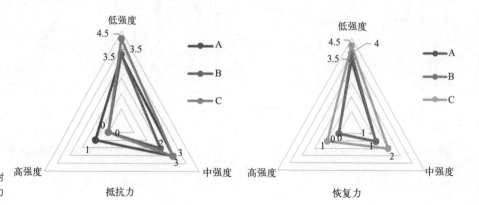

图 5-22　ABC 场地相对植被盖度 RVC 的抵抗力恢复力对比图（一）

总体来说：

（1）踩踏对盖度的影响会持续 4~8 天，以 4~8 天的数据来分析强度与盖度的变化关系较为准确。

（2）相对盖度指标随踩踏强度呈递减趋势，并呈现梯度变化。盖度的减小过程中大概有两个停滞期，分别对应 100~200 次和超过 400 次两个区间。

（3）ABC 场地抵抗力恢复力差异并不显著。高强度踩踏对 ABC 三场地植被盖度均会造成巨大冲击，且两个月也很难恢复；中强度踩踏会造成 40%~60% 的盖度减少量，1~2 个月才能基本恢复，恢复速度 C > B≈A；低强度踩踏的影响很快即可恢复，恢复速度 C=B > A。

4. 植被高度变化

对数据进行整理并绘制相对植被高度 RVH 随时间变化图（图 5-23）及随踩踏强度变化图（图 5-24）。ABC 三类场地表现出较一致的变化规律，分为恢复规律和强度响应规律。

根据图 5-23，以时间为线分析其恢复规律：

（1）与土壤硬度、含水量、植被盖度的变化特征不同，踩踏对植被高度的影响是短暂的，并没有持续期，踩踏后各踩踏带植被相对高度均降至最低值。

（2）低强度踩踏带指标恢复较快，中高强度踩踏带指标的恢复速度先快后慢，分界点集中在 15~22 天。

（3）对比 ABC 场地相对高度的恢复速度，低强度踩踏 C > B≈A；中强度踩踏 C=B > A；高强度踩踏，B 恢复较快，AC 两个月后可恢复至对照组的 60% 以上。

根据图 5-25，以 4~8 天数据作为标准分析其强度响应规律：

（1）AC 场地指标随踩踏强度递减，呈现先快后慢的特点，50 次踩踏即造成相对高度的显著减小。之后随踩踏强度增加，高度变化不明显，达到高强度踩踏后，相对高度已接近 0。

（2）B 场地指标减小不如 A 场地剧烈，且呈现阶段性下降规律，两个平稳期分别为 50~100 次、400~700 次，最终维持在 20% 左右。

比较 ABC 三类场地在不同踩踏强度下的 RVH 的抵抗力和恢复力水平，详见表 5-14、表 5-15、图 5-25。

总体来说：

（1）低强度踩踏即可造成植被高度突变性的降低，中强度踩踏作用减弱，而高强度踩踏使高度产生 80% 以上的减少量。

（2）低强度踩踏后指标恢复较快，中高强度踩踏后指标的恢复速度呈现先快后慢的特点，分界点集中在 15~22 天。

（3）中低强度踩踏对于植被高度的冲击 2 个月便可消除，高强度踩踏影响很难消除。

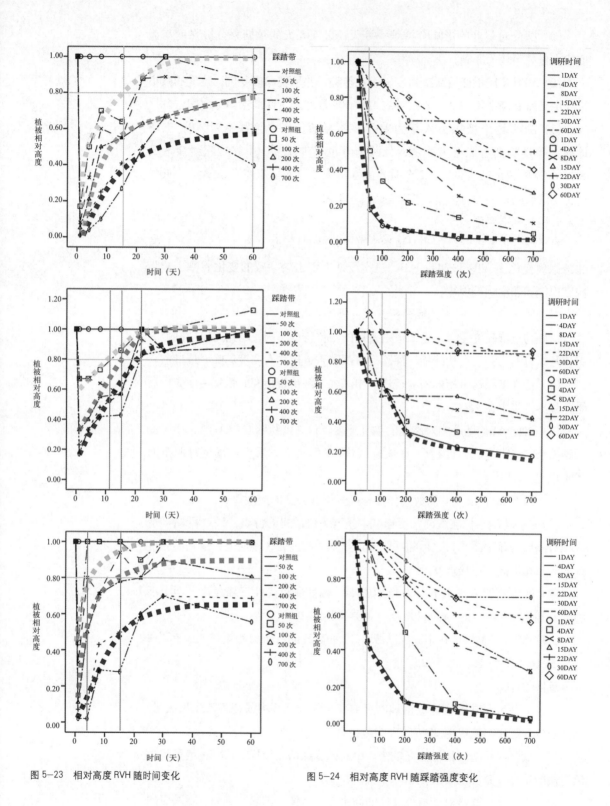

图 5-23 相对高度 RVH 随时间变化

图 5-24 相对高度 RVH 随踩踏强度变化

表 5-14 ABC 三类场地相对植被高度 RVH 的抵抗力及恢复力

场地	踩踏强度	50 次低强度	100 次低强度	中强度	高强度
A 野生地被	抵抗力	*	—	—	—
	恢复力	****	****	*	—
B 野生草坪	抵抗力	****	****	**	*
	恢复力	****	****	****	***
C 人工草坪	抵抗力	***	**		
	恢复力	*****	*****	****	

表 5-15 植被高度抵抗力、恢复力评价指标

相对高度	100%~80%	80%~60%	60%~40%	40%~30%	30%~15%	15%~0
抵抗力评价	*****	****	***	**	*	—
恢复期	8 天内	15 天内	22 天内	30 天内	60 天内	超过 60 天
恢复力评价	*****	****	***	**	*	—

注："*" 计作 1 分。

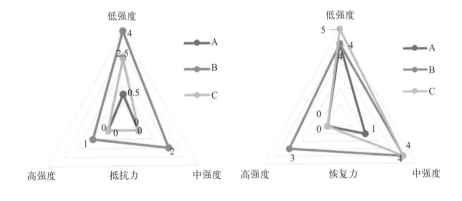

图 5-25 ABC 场地相对植被高度 RVH 的抵抗力恢复力对比图（二）

（4）野生地被抵抗力很差，中高强度的踩踏下恢复较慢；野生草坪对中低强度踩踏有较好的抵抗力，且恢复力很强；人工草坪只对低强度踩踏有一定的抵抗力，高强度踩踏下恢复较慢。

5. 回归模型构建

为了使规律拥有更大的适用性，对其进行回归分析，构建指标对踩踏强度的响应模型。由于土壤含水量变化主要受降水影响，故不对其进行回归分析。

相对土壤硬度随踩踏强度呈现先快速增加（线性增长），后逐渐变缓（S型增长），可分段模拟，以 200 次为分界点；相对植被盖度呈梯段性减小，可分三段模拟，以 100 次和 200 次为分界点；相对植被高度的变化，在 0~50 次指标突变（线性减小），50 次后逐渐变缓，可分段模拟，以 50 次为分界点。通过 SPSS 回归分析得到回归模型，详见表 5-16、表 5-17。

表 5-16　模型汇总和参数估计值

指标	场地	分段	方程	模型汇总					参数估计值	
				R 方	F	df1	df2	Sig.	常数	b1
相对土壤硬度	A	0~200	线性	0.996	468.477	1	2	0.002	1.009	0.003
		200~700	S	0.939	15.394	1	1	0.159	0.673	−30.339
	B	0~200	线性	0.991	219.087	1	2	0.005	0.990	0.002
		200~700	S	0.931	13.396	1	1	0.170	0.364	−15.310
	C	0~100	线性	1.000	6 822.837	1	1	0.008	0.999	0.001
		100~700	S	1.000	6 525.594	1	1	0.008	0.716	−58.419
相对植被盖度	A	0~100	线性	0.999	936.330	1	1	0.021	0.995	−0.005
		100~200	线性	1.000	.	1	0	.	0.480	0.000
		200~700	S	0.941	16.076	1	1	0.156	−2.052	247.469
	B	0~100	线性	0.990	104.037	1	1	0.062	1.000	−0.005
		100~200	线性	1.000	.	1	0	.	0.550	−0.001
		200~700	S	0.997	350.315	1	1	0.034	−2.349	283.365
	C	0~100	线性	0.995	216.787	1	1	0.043	1.007	−0.003
		100~200	线性	1.000	.	1	0	.	0.720	−0.001
		200~700	S	0.955	20.983	1	1	0.137	−2.610	408.771
相对植被高度	A	0~50	线性	1.000	.	1	0	.	1.000	−0.017
		50~700	幂	0.943	49.506	1	3	0.006	17.378	−1.168
	B	0~50	线性	1.000	.	1	0	.	1.000	−0.007
		50~700	幂	0.970	97.620	1	3	0.002	6.517	−0.555
	C	0~50	线性	1.000	.	1	0	.	1.000	−0.011
		50~700	幂	0.949	55.865	1	3	0.005	50.895	−1.152

注：自变量：踩踏强度，R 方接近 1，回归方程高度拟合。

表 5-17　踩踏强度与各指标的关系模型

指标	场地	模型	范围	精度
相对土壤硬度 RSH	A	$y = 0.003\,3x + 1.009$ $y = \exp\,(0.673 - 30.339x)$	$0 < x \leqslant 200$ $x > 200$	合格
	B	$y = 0.001\,7x + 0.990$ $y = \exp\,(0.364 - 15.310x)$	$0 < x \leqslant 200$ $x > 200$	合格
	C	$y = 0.001\,4x + 0.999$ $y = \exp\,(0.716 - 58.419x)$	$0 < x \leqslant 100$ $x > 100$	合格
相对植被盖度 RVC	A	$y = -0.005\,3x + 0.995$ $y = 0.480$ $y = \exp\,(247.469x - 2.052)$	$0 < x \leqslant 100$ $100 < x \leqslant 200$ $x > 200$	合格
	B	$y = -0.005\,3x + 1.000$ $y = -0.000\,8x + 0.550$ $y = \exp\,(283.365x - 2.349)$	$0 < x \leqslant 100$ $100 < x \leqslant 200$ $x > 200$	合格
	C	$y = -0.003\,4x + 1.007$ $y = -0.000\,6x + 0.720$ $y = \exp\,(408.771x - 2.610)$	$0 < x \leqslant 100$ $100 < x \leqslant 200$ $x > 200$	合格

续表

指标	场地	模型	范围	精度
相对植被高度 RVH	A	$y = -0.016\ 6x + 1.000$ $y = 17.378\ x^{-1.168}$	$0 < x \leqslant 50$ $x > 50$	合格
	B	$y = -0.006\ 6x + 1.000$ $y = 6.517\ x^{-0.555}$	$0 < x \leqslant 50$ $x > 50$	合格
	C	$y = -0.011\ 2x + 1.000$ $y = 50.895\ x^{-1.152}$	$0 < x \leqslant 50$ $x > 50$	合格

5.6.4 管理建议

1. 社会游径强度统计

根据已有资料得到 2015—2016 年的游客 GPS 路径共计 180 条，去除公园原有规划设计道路，剩余 GPS 路径可视为社会游径路线，最终得到社会游径 GPS 分布图，详见图 5-26。

对社会游径的 GPS 路线进行分类编号，共计 58 条，最终得到社会游径分布图，详见图 5-27，编号原则为"游径所在场地编号 +n"。

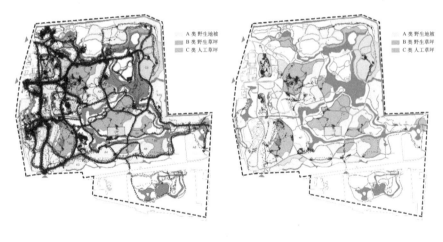

图 5-26 全园游客 GPS 分布（左图）与社会游径 GPS 分布（右图）(2015—2016)（图片来源：作者改绘）

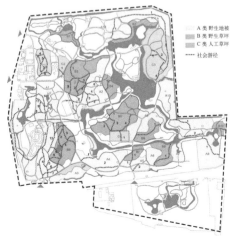

图 5-27 社会游径分布及编号

根据共青森林公园的游客量统计，2013—2016 年游客量维持在 200 万人左右，游客高峰期集中于 4—5 月、10—11 月，淡季期为 12 月—次年 2 月。日均游客量淡季约 2472 人 / 天，旺季约 9666 人 / 天，正常时段约 4598 人 / 天，对游客活动强度评价可分时段进行。以 1 周作为游客量的统计周期，通过周游客量预测周踩踏强度（一周内社会游径上累计通过人次），计算方法详见式（5-10）：

$$社会游径周踩踏强度 = \frac{社会游径GPS路线数}{180} \times 日均游客量 \times 7 \qquad (5-10)$$

将踩踏强度代入回归方程，估算出社会游径土壤植被指标并进行评价，评价标准为弹性值和极限值。弹性值是土壤植被在停止踩踏后 1~2 周可基本恢复至原始状态（20% 的允许误差）所对应的指标。极限值是指土壤植被在停止冲击后 1~2 周内未能恢复但 1~2 月仍能恢复所对应的指标。评价标准详见表 5-18，评价结果详见表 5-19。

由评价表（表 5-19）中可以看出，淡季各项指标均较好，正常时段有一定的恢复能力，旺季时大多数指标均超过极限值。B 场地（野生草坪）的游径的生态状况明显高于其他场地，C 场地（人工草坪）破坏情况最为严重。

2. 优化管理建议

根据评价结论，管理建议的制定需要按照"分期→分类→分地块→分路径"四个流程进行，如图 5-28 所示。

具体解释：

（1）提示指标（表明场地存在冲击）、一般指标（表明场地冲击正常水平）、预警指标（表明场地冲击严重），提示指标和预警指标可以作为游径评价的便捷方法。野生地被提示指标为相对植被高度，预警指标为相对土壤硬度；野生草坪提示指标为相对植被盖度，预警指标为相对植被高度；人工草坪提示指标为相对植被高度，预警指标为相对植被盖度。

（2）漫步体验型场地需要提高游径的通达性和指示性，减少游径的无序扩散；穿越通过型场地需要对游径系统进行优化；游憩娱乐型场地对植被盖度有

表 5-18　各游径土壤植被指标评价指标

场地类型	指标	弹性值	极限值	备注
A	相对土壤硬度 RSH	1.4	1.8	达到极限值时，土壤未出现板结现象，但植被类型变化，耐踩踏地被植物取代原有地被，视为发生不可逆变化
	相对植被盖度 RVC	0.5	0.3	
	相对植被高度 RVH	0.2	0.05	
B	相对土壤硬度 RSH	1.3	1.4	达到极限值时，局部土壤出现板结现象
	相对植被盖度 RVC	0.6	0.3	
	相对植被高度 RVH	0.3	0.1	
C	相对土壤硬度 RSH	1.3	1.6	达到极限值时，局部土壤出现板结现象
	相对植被盖度 RVC	0.6	0.2	
	相对植被高度 RVH	0.3	0.1	

注：此极限值仅代表生态学意义的极限值。

表 5-19 各游径土壤植被指标评价

社会游径编号	相对土壤硬度 RSH			相对植被盖度 RVC			相对植被高度 RVH		
	淡季周	正常周	旺季周	淡季周	正常周	旺季周	淡季周	正常周	旺季周
A01-01	1.81	1.88	1.92	0.24	0.18	0.15	0.02	0.01	0.00
A01-02	1.64	1.80	1.88	0.48	0.26	0.18	0.04	0.02	0.01
A01-03	1.64	1.80	1.88	0.48	0.26	0.18	0.04	0.02	0.01
A01-04	1.33	1.60	1.81	0.49	0.48	0.25	0.08	0.04	0.02
A01-05	1.33	1.60	1.81	0.49	0.48	0.25	0.08	0.04	0.02
A01-06	1.33	1.60	1.81	0.49	0.48	0.25	0.08	0.04	0.02
A01-07	1.64	1.80	1.88	0.48	0.26	0.18	0.04	0.02	0.01
A01-08	1.81	1.88	1.92	0.24	0.18	0.15	0.02	0.01	0.00
A01-09	1.33	1.60	1.81	0.49	0.48	0.25	0.08	0.04	0.02
A01-10	1.64	1.80	1.88	0.48	0.26	0.18	0.04	0.02	0.01
A01-11	1.89	1.92	1.94	0.17	0.15	0.14	0.01	0.00	0.00
A01-12	1.84	1.89	1.93	0.21	0.17	0.15	0.01	0.01	0.00
A02-01	1.64	1.80	1.88	0.48	0.26	0.18	0.04	0.02	0.01
A02-02	1.76	1.85	1.91	0.30	0.20	0.16	0.02	0.01	0.00
A02-03	1.64	1.80	1.88	0.48	0.26	0.18	0.04	0.02	0.01
A02-04	1.76	1.85	1.91	0.30	0.20	0.16	0.02	0.01	0.00
A02-05	1.33	1.60	1.81	0.49	0.48	0.25	0.08	0.04	0.02
A02-06	1.64	1.80	1.88	0.48	0.26	0.18	0.04	0.02	0.01
A04-01	1.88	1.92	1.94	0.18	0.15	0.14	0.01	0.00	0.00
A04-02	1.81	1.88	1.92	0.24	0.18	0.15	0.02	0.01	0.00
A05-01	1.64	1.80	1.88	0.48	0.26	0.18	0.04	0.02	0.01
A05-02	1.64	1.80	1.88	0.48	0.26	0.18	0.04	0.02	0.01
A08-01	1.64	1.80	1.88	0.48	0.26	0.18	0.04	0.02	0.01
A10-01	1.64	1.80	1.88	0.48	0.26	0.18	0.04	0.02	0.01
A10-02	1.76	1.85	1.91	0.30	0.20	0.16	0.02	0.01	0.00
A11-01	1.76	1.85	1.91	0.30	0.20	0.16	0.02	0.01	0.00
A12-01	1.33	1.60	1.81	0.49	0.48	0.25	0.08	0.04	0.02
B03-01	1.15	1.29	1.38	0.49	0.41	0.20	0.52	0.37	0.24
B03-02	1.32	1.38	1.41	0.40	0.21	0.14	0.35	0.25	0.17
B03-03	1.38	1.41	1.42	0.20	0.14	0.12	0.24	0.17	0.11
B03-04	1.38	1.41	1.42	0.20	0.14	0.12	0.24	0.17	0.11
B03-05	1.36	1.40	1.42	0.26	0.16	0.12	0.28	0.20	0.13
B04-01	1.36	1.40	1.42	0.26	0.16	0.12	0.28	0.20	0.13
B05-01	1.38	1.41	1.42	0.20	0.14	0.12	0.24	0.17	0.11
B05-02	1.15	1.29	1.38	0.49	0.41	0.20	0.52	0.37	0.24
B05-03	1.32	1.38	1.41	0.40	0.21	0.14	0.35	0.25	0.17
B05-04	1.15	1.29	1.38	0.47	0.41	0.20	0.52	0.37	0.24
B06-01	1.39	1.41	1.43	0.17	0.13	0.11	0.21	0.15	0.10
B06-02	1.32	1.38	1.41	0.40	0.21	0.14	0.35	0.25	0.17
B06-03	1.15	1.29	1.38	0.49	0.41	0.20	0.52	0.37	0.24

续表

社会游径编号	相对土壤硬度 RSH			相对植被盖度 RVC			相对植被高度 RVH		
	淡季周	正常周	旺季周	淡季周	正常周	旺季周	淡季周	正常周	旺季周
B06-04	1.32	1.38	1.41	0.40	0.21	0.14	0.35	0.25	0.17
B06-05	1.15	1.29	1.38	0.49	0.41	0.20	0.52	0.37	0.24
B06-06	1.15	1.29	1.38	0.49	0.41	0.20	0.52	0.37	0.24
B07-01	1.32	1.38	1.41	0.40	0.21	0.14	0.35	0.25	0.17
B08-01	1.15	1.29	1.38	0.49	0.41	0.20	0.52	0.37	0.24
B09-01	1.32	1.38	1.41	0.40	0.21	0.14	0.35	0.25	0.17
C01-01	1.81	1.92	1.98	0.17	0.12	0.09	0.04	0.02	0.01
C01-02	1.85	1.94	1.99	0.15	0.11	0.09	0.03	0.02	0.01
C01-03	1.51	1.74	1.89	0.60	0.23	0.13	0.12	0.06	0.02
C01-04	1.13	1.48	1.75	0.68	0.61	0.22	0.26	0.13	0.05
C01-05	1.67	1.84	1.94	0.30	0.16	0.11	0.07	0.04	0.02
C01-06	1.51	1.74	1.89	0.60	0.23	0.13	0.12	0.06	0.02
C02-01	1.67	1.84	1.94	0.30	0.16	0.11	0.07	0.04	0.02
C03-01	1.67	1.84	1.94	0.30	0.16	0.11	0.07	0.04	0.02
C03-02	1.81	1.92	1.98	0.17	0.12	0.09	0.04	0.02	0.01
C03-03	1.67	1.84	1.94	0.30	0.16	0.11	0.07	0.04	0.02
C03-04	1.81	1.92	1.98	0.17	0.12	0.09	0.04	0.02	0.01
C04-01	1.67	1.84	1.94	0.30	0.16	0.11	0.07	0.04	0.02

指标较好　　　　　　　　　　　弹性值　　　　　　　　　　　极限值　　　　　不可恢复

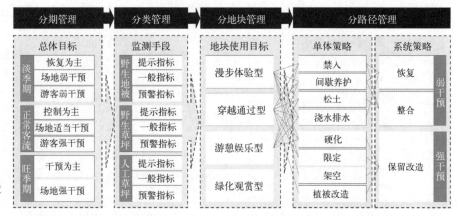

图 5-28　管理策略制定流程

一定要求，不能出现过多的游径。绿化观赏型场地多分布于河道护坡，公园边缘，游客踩踏强度较低，不做详细分析。

（3）系统策略：根据现状，游客的高强度踩踏是客观存在的，将游径完全恢复很不现实。可将低强度的游径筛选出进行恢复；对于高强度踩踏的游径可放弃恢复，通过保留改造和整合的方式将其改造为一条或多条正式游径，从而减少路径总数量，提升场地整体盖度。

（4）单体策略

第一类方法是以恢复为主的弱干预对策，目标是让处于弹性值的游径有机会恢复至原始植被。多用于淡季和正常客流期间，包括：①禁入：淡季期封闭维护1~2月；②间歇养护：每周轮休、周末开放；③浇水排水：高强度踩踏区在强降水时期需排水，在缺水时期需补水；④松土：通过人工翻土的方法改善土壤板结状况，加快土壤恢复过程。

第二类方法是以改造为主的强干预对策，目标是对必要的社会游径进行保留改造，并控制其生态影响。包括：①硬化：将网状游径系统整合为一条或多条通过型道路，并适当硬化（碎石、石板等）作为正式游径；②限定：设立指示牌、路径两侧铺设较厚覆层（落叶、枯枝等），将踩踏限定在主要游径，防止游径的无序扩张；③架空：通过架空结构（钢材、木材等）在地面表层或高空构建通道，阻隔地面踩踏，但对场地干预较大，应谨慎使用；④植被改造：在路径两侧种植麦冬、灌木或冠层较低的小乔木从而限定空间。

根据以上管理原则对各游径提出管理建议（表5-20）。

表5-20 各游径优化管理建议

场地类型	场地亚类	社会游径编号	分期管理			分类管理		分地块管理	分路径管理	
			淡季	正常	旺季	提示指标	预警指标		系统改造	单体改造
A	A01	A01-01	恢复为主、弱干预（轮休、阶段性封闭、长期封闭）	控制为主、适当干预（人流疏散、分时段控制）	干预为主、场地改造（场地改造、游径改造）	相对植被高度	相对土壤硬度	漫步体验型	保留改造	硬化、限定、（架空）
	A01	A01-02							保留改造	硬化、限定、（架空）
	A01	A01-03							保留改造	硬化、限定、（架空）
	A01	A01-04							恢复	禁入、间歇养护
	A01	A01-05							恢复	禁入、间歇养护
	A01	A01-06							恢复	禁入、间歇养护
	A01	A01-07							整合	禁入、松土
	A01	A01-08							保留改造	硬化、限定
	A01	A01-09							恢复	禁入
	A01	A01-10							保留改造	硬化、限定、（架空）
	A01	A01-11							整合	禁入、松土
	A01	A01-12							保留改造	硬化、限定、（架空）
	A02	A02-01						游憩娱乐型	整合	园路重新选线
	A02	A02-02							整合	园路重新选线
	A02	A02-03							整合	园路重新选线
	A02	A02-04							保留改造	硬化
	A02	A02-05							恢复	禁入
	A02	A02-06							整合	禁入、松土
	A03	—						绿化观赏型	—	—
	A04	A04-01						穿越通过型	保留改造	硬化、限定
	A04	A04-02							整合	禁入、松土
	A05	A05-01						穿越通过型	保留改造	硬化、限定
	A05	A05-02							整合	园路重新选线
	A06	—						穿越通过型	—	—

场地类型	场地亚类	社会游径编号	分期管理			分类管理		分地块管理	分路径管理	
			淡季	正常	旺季	提示指标	预警指标		系统改造	单体改造
A	A07	—				相对植被高度	相对土壤硬度	绿化观赏型	—	—
	A08	A08-01						穿越通过型	恢复	禁入
	A09	—						穿越通过型	—	—
	A10	A10-01						穿越通过型	恢复	禁入、间歇养护、松土
	A10	A10-02						穿越通过型	恢复	禁入、间歇养护、松土
	A11	A11-01						穿越通过型	保留改造	硬化、限定、植被改造
	A12	A12-01						穿越通过型	恢复	禁入、间歇养护
B	B01	—	恢复为主、弱干预(轮休、阶段性封闭、长期封闭)	控制为主、适当干预(人流疏散、分时段控制)	干预为主、场地改造(场地改造、游径改造)	相对植被盖度	相对植被高度	绿化观赏型	—	—
	B02	—						绿化观赏型	—	—
	B03	B03-01						游憩娱乐型	恢复	间歇养护
	B03	B03-02							恢复	间歇养护、松土
	B03	B03-03							恢复	间歇养护、松土
	B03	B03-04							恢复	间歇养护、松土
	B03	B03-05							保留改造	硬化
	B04	B04-01						穿越通过型	恢复	间歇养护、松土
	B05	B05-01						穿越通过型	整合	园路重新选线
	B05	B05-02							恢复	禁入、间歇养护
	B05	B05-03							保留改造	硬化
	B05	B05-04							恢复	间歇开放
	B06	B06-01						游憩娱乐型	整合	禁入、松土
	B06	B06-02							整合	禁入、松土
	B06	B06-03							恢复	禁入、间歇养护
	B06	B06-04							保留改造	硬化
	B06	B06-05							恢复	间歇养护
	B06	B06-06							恢复	间歇养护
	B07	B07-01						穿越通过型	保留改造	硬化
	B08	B08-01						穿越通过型	恢复	间歇养护
	B09	B09-01						穿越通过型	保留改造	硬化
	B10	—						游憩娱乐型	—	—
C	C01	C01-01				相对植被高度	相对植被盖度	游憩娱乐型	整合	禁入、松土
	C01	C01-02							保留改造	硬化
	C01	C01-03							整合	禁入、松土
	C01	C01-04							恢复	禁入、间歇养护
	C01	C01-05							整合	禁入、松土
	C01	C01-06							整合	禁入、松土
	C02	C02-01						穿越通过型	整合	园路重新选线
	C03	C03-01						穿越通过型	整合	禁入、松土
	C03	C03-02							保留改造	硬化
	C03	C03-03							保留改造	硬化、植被改造
	C03	C03-04							保留改造	硬化
	C04	C04-01						穿越通过型	恢复	禁入
	C05	—						绿化观赏型	—	—

5.6.5 展望与讨论

本研究聚焦于公园中较为普遍的土壤和植被踩踏现象，提出踩踏实验与模拟评价相结合的方法：通过生态学实验总结土壤和植被指标随踩踏强度变化规律并得出回归模型，根据已有 GPS 游客数据评估全园社会游径踩踏强度进而对土壤植被指标进行评价，并提出针对性的管理建议及改造措施。对于公园管理来说，便携式仪器测量法基本满足了研究需求，不需要通过复杂的实验室指标测定即可快速评价场地，通过设计"分期→分类→分地块→分路径"四个流程使管理办法的制定更加标准化，可操作性较强。

研究提出了相对指标和修正算法，基本实现了不同场地间的比较，但植被土壤的个体差异依然存在，对实验结果会造成一定影响，不同生长期的植被差异较大，后续研究应尽量避免。研究对象的筛选需要更加科学化。

将游客 GPS 路径统计有效的转化为实际的游径踩踏强度。选取一周为累计周期，将实际一周的累计游客踩踏强度等效为踩踏实验中单次集中踩踏强度，从而使回归模型可以有效应用于实际踩踏。该转化方法需要基于更庞大的基础数据，少量 GPS 数据可信度略显不足，只能作为一种尝试的方向。在未来可尝试采取更为高效的客流统计方法，如门票芯片定位、公园 APP 定位、全园监测等，若再结合定点观察法对数据进行修正，则客流统计会越发精确。

本实验重点讨论了踩踏对于单个土壤植被指标的影响，但实际踩踏中指标之间也会相互影响。对于复杂影响机制的进一步解析可以帮助我们深入理解踩踏的破坏过程及土壤植被的恢复机制，使公园管理更为科学化。同时社会游径现象较为普遍，该研究在郊野公园和国家公园的管理中也有一定的借鉴意义。

思考题

1. 游憩生态影响的发生机理是什么？
2. 游憩承载力可以计算吗？
3. 如何有效管控游憩生态负面影响？

第 6 章

景观游憩策划与规划设计

6.1 游憩开发策划

景观游憩策划是景观生态系统保护与资源利用、经济发展的决策过程，主要从四个方面着手：地域景观特质、社会发展需求、经济发展机会、未来可持续性等，是建立在广泛的调查研究基础上对景观资源开发利用方向、关键项目与发展目标的科学求解过程。不同景观类型策划目标与方法均不相同，社区公园、综合性公园、郊野公园、国家公园等游憩发展目标均不相同，但也有共同的特点。

游憩开发决策过程是战略均衡与发展诉求的博弈过程，对于游憩地来说，既要落实国家战略、区域战略，又要寻求所在地发展，建立利益相关者的共识，在生态保护、游憩发展空间与产业链建构上形成综合效益最大化。

6.1.1 地域景观特质与 SWOT 分析

景观游憩策划是从理论到实践的应用过程，面向实际，必须结合具体的地域景观，深入认识地域景观特色，科学评价地域景观特质和潜在的游憩资源，准确分析评价开发利用现状，SWOT 分析是不可缺少的关键环节，这个阶段的重要支撑是真实有效的基础数据收集。利用现代信息技术获取大数据是一个重要途径，但田野调查依然重要，两者结合是游憩策划的基本手段。地域景观特质的把握需要纵向多层次国土景观、横向多维度区域比较，纵横结合才能准确定位特质。

6.1.2 社会发展需求分析与规模预测

社会发展需求分三个层次：国家层面社会发展总体状态与趋势、区域社会发展现状特点与趋势、地域景观社会游憩发展现状与需求趋势，前两个层次是大势，后一个是地域景观游憩需求类型、规模与未来可能发展方向，这类分为两种类型：一是面向本地居民日常休闲游憩需求的供给，如社区游憩、公园游憩等，社会效益为主，二是面向全国或区域社会游憩需求的供给，如主题园、度假区、旅游区等，经济社会效益并重。

1. 游憩需求分析方法

游憩需求调查主要是游憩参与率的调查，包括从事户外游憩的行为，很多需求行为并不是以样本调查为基础，而是基于社会发展现状与趋势做出的总体判断，利用大数据分析方法对需求进行类型与距离的细分。

通常的需求分析方法包括趋势分析法、因果关系分析法、消费者支出法、头脑风暴法等。人口、年龄、性别、收入、职业、伦理、闲暇、居住地等均影响需求规模与行为，年龄对游憩参与有很大影响，家庭发展也会影响各种游憩活动的偏好；收入与职业影响个人支付体验成本。

对于特定场地与设施需求的分析方法主要由地域差异法、规划引导法、场地属性法、发展阶段法等。

（1）地域差异法：地方需求在更大范围内的需求是有差异的，有些地方体验需求增长迅速，有些地方体验需求下降，如冬季胜地与夏季胜地，休闲行为的方式与类型各地差异很大，这就要求规划师熟悉地方环境，规划战略适应地方条件。

（2）规划引导法：规划决策能影响特定场地的需求，特别是废弃的场地或待修复的棕地，开发建设一项或多项兼容活动，如露营或露营—划船—垂钓等组合活动，或其他平时得不到的活动，新游憩机会开发可以激发户外游憩需求的极大增长，甚至导致游憩参与率的地方转移。

（3）场地属性法：场地物理特征能影响特定场地的需求，规划在一定程度上可以改变场地的物理特征，但仍然需要考虑场地的限制性以及需求的专门性。

（4）发展阶段法：处于不同发展阶段的游憩地，游憩需求与活动也不相同。对于比较成熟的游憩地，针对其游憩使用水平，分高密度、中密度、低密度三类，运用 GIS/GPS 信息技术结合满意度量表来调查游憩供需状况。

2. 游憩需求规模度量指标

游憩度量指标是一组表示人与闲暇时间和空间关系的客观指标，用来说明用户—资源定性或定量关系，用于制定公共政策、配置资源、理性策划、评价游憩体验或环境有效性。

美国游憩规划常使用的指标见表 6-1，联邦政府、州、地方游憩或规划部门游憩使用报告中常用的指标见表 6-2。政府使用的游憩定量指标主要有游憩

表 6-1 美国游憩规划指标分类

指标	特别类型	度量单元	实例
使用	人口率	面积/人口	6 亩邻里公园/1000 人
	游憩需求	面积/用户组	6 亩游戏场/600 儿童
	地域百分数	面积/规划单元	10% 规划用地面积
开发	设施/场地	个/英亩	16 个野餐桌/6 亩
	设施布置	个体之间距离	野餐桌 15m 间距
	设施/活动	个/用户组	1 垒球场/10 000 人
	设施大小	面积/设施	18~30 亩邻里游戏场
容量	用户/资源	使用人数/场地	400 人/1.6km 游径/小时
	用户/时间	用户人数/时间/场地	50 人/1.6km 游径/小时
计划	活动/人口	活动/人口	1 植物园/10 000 人
	领导需求	领导/活动	2 领导/100 儿童
管理	管理/用户	职员/人口	1 监督者/1000 用户
	经营/场地	程度/面积	1 劳工/60 亩游戏场

表 6-2　美国政府部门常用的游憩指标分类

目标	特别类型	度量单位	实例
游憩使用	特殊人口	百分数	残疾人 80%
	人口收入	百分数	贫困人口 60%
	人口流动性	百分数	总人口 40%
	使用者行为	偏好百分数	可能用户 50%
	可达性	时间／距离率	步行 5m
游憩开发	审美	形容词	美的／丑陋公园
	设施比例	副词	最好／最差设施
	能源保存	储存卡路里	R-19 绝缘值
游憩状态	计划多样性	计划／设施	计划百分数
	计划参与率	使用者与非使用者百分数	40% 配置
	伦理定位	人口比例	80% 人口
游憩管理	设施运营	清洁度分级	干净／脏的公园
	运行时间	便利小时数／天	50% 夜计划
	公共安全	监管／天	50% 警察现场监督

时间、游憩活动时、游憩人数、游憩天数、设计荷载、访问、交通容量、极限流量、游憩期、瞬时容量、日容量、年容量。

3. 游憩行为调查

（1）偏好与满意度

用户偏好与满意度是景观游憩空间、服务、设施供给的基础，基于 6 个方面的研究：①游憩质量的概念，②游憩活动分类系统，③游憩空间分类系统，④游憩资源调查，⑤游憩行为调查，⑥为规划师与决策者提供系统信息的有效性评价。

（2）游憩质量

与景观游憩体验质量密切相关的 3 个概念：愉悦体验，广泛的选择（在哪里、怎么用闲暇时间），社会心理需求与游憩意愿实现程度。

以资源为导向：以自然资源为基础如阳光、沙滩、波浪、野生动物，满意度取决于资源质量与可达性。

以意向为导向：以心目中渴望的意向为基础，如慢跑者、网球运动员，满意度取决于意向资源的获得与使用。

以休闲为导向：休闲时间的愉悦方式，如周日驾游、购物、电视、电影，满意度依赖于活动或场所如何消费休闲时间。

游憩活动的选择取决于 3 个因素：个体特征、社会关系、游憩机会可获得性（交通、成本、信息等）。

（3）游憩体验行为

游憩体验是由五个阶段组成：筹划、旅途、现场、回程、整理，从整个游憩体验中获得的满意度对游憩行为有重要影响。

运动与交流是理解空间互动的基础，机动性与信息扩散是解释客源地游憩者与目的地之间空间关系的关键要素，距离摩擦对游憩旅行有重要影响，存在一个距离衰减效应，在多数情况下距离效应是负面的，随着距离的增加，超过某个点后，每千米阻力比点前的要增大，旅行欲望就会下降；相反，距离效应是积极的，对某些人或某些情形如游轮旅游，作为游憩体验一部分，距离增加，欲望更强烈。

（4）闲暇调查方法

5 种方法：邮寄问卷、个人访谈、电话访谈、场地观察、自控问卷。

6.1.3　游憩供需关系与游憩机会识别

1. 游憩需求的供给匹配

（1）影响游憩机会的因素

游憩机会是环境心理学在行为环境分析中的应用，这种方法认为人类所有的行为都可以用环境或行为环境来解释，人类对环境的利用都是以目标为导向的，受到环境影响。Clark 和 Stankey 于 1979 年对游憩机会的定义：游憩机会是物理、生物、社会、管理条件的联合，这种联合赋予以游憩为目标的场地的价值，是以游憩为目标的综合地域单元（综合体）。一个游憩机会环境包括自然环境质量（植被、景观、地形、风景）、游憩使用质量（使用水平与类型）、管理条件（道路、开发、规则）等三部分，管理通过这些质量与条件的多种组合为游憩者提供各种机会。

影响机会的六个因素：通道、非游憩资源的使用、场地管理、社会互动、可接受的游客影响、可接受的组织。

（2）游憩机会的供给

供给与提供各种游憩活动的资源及计划密切相关，是一个连续的过程，提供的机会不等于使用者的机会，这中间有一个信息传播与交流的问题，很多场地使用率低，是由于信息传播不畅，如果把开发作为供给，那么整个规划与管理框架应该包括信息策划，使人们知道特定地域的各种机会。

1）人口与供给

从统计数据上看供给规模是很大的，但是人口分布与供给总量之间存在很大差异，地区分布不平衡。这样广阔的面积这么众多的人在周期性使用，居住在这些地方的居民是少量的。在人口中心附近获得大面积土地用于游憩开发，并不意味着市场导向的开发代替资源导向的开发，相反，必须保持机会的平衡，这种平衡必须有富有想象力的规划师从体验的角度而不是从资源的角度来平衡，垃圾堆可以变成滑雪场，废弃的铁道可以变成游径系统，总之，供给是有限的，但是规划师的想象力可以把有限变成无限，有限的土地无限的创意。

2）克劳森（Clawson）的供给分类系统

游憩机会的供给可以分为三种类型：使用者导向、资源导向、综合导向。

使用者导向：强调活动参与，交通便捷，包括安静、教育、特殊兴趣点，如邻里游戏场、运动场及类似的社区设施。使用者导向的规划中，都市公园的标准决定供给规模，这个标准是以服务区人口为基础，问题是假设所有的人口休闲需求是相似的，直接应用于所有的人群，关注的是面积的供给而不是人的需求，实际上，其中相当一部分面积是不方便使用的，如低收入地方是很少使用高密度场地的，需要鼓励尽可能获得更多的土地包括需要再开发以及修复造景的土地，但在城市中心附近的土地价格是非常高的。问题转变为：我们愿意不断提供无效的供给（场地的分布）吗？

资源导向：游憩机会开发是以资源特征来决定的，从森林露营到荒野体验，特别需要强调的是以自然审美为特征的地域，只能提供必要的最少的服务，允许游客使用观赏自然景观，获得各种类型的体验。很多自然风景地域生态环境脆弱，自然生产力不高，不能提供大量的游憩使用量。国家公园系统是户外游憩的主要提供者，其他拥有资源的部门也提供一部分。为了增加更多的游憩机会，可以在人口中心附近风景价值不是很高的自然地域开发有效的连续的供给。

综合导向：活动供给与资源保护平衡的地区，包括州立公园、州立森林，以及大型城市区域公园。通常位于交通便捷的地方，同时又要离主要交通动脉一定距离，使噪声、视觉、交通安全、访问者游憩福利的影响最小化。按照有效供给的思路，提供设施良好、规模适度能满足多数人需求的游憩地。为了鼓励供给，美国政府制定了很多特别计划，如土地和水保护基金、游憩与公共空间法（1954）、联邦水资源再利用法（1965）、水质量法（1965）、国家历史保护法（1966）、荒野保护法（1964）、荒野风景河流保护法（1968）。

3）有效供给的影响因素

环境质量控制：空气污染、水污染、土地利用规划等，无序的第二住宅的发展、垃圾处理厂的缺乏、不适宜的住宅与工厂布局、没有很好规划的游憩地与设施等都会导致游憩资源的丧失。

访问者态度：态度影响行为，能源危机影响交通流，很多户外游憩机会相应减少。不断变化的使用质量，体验质量的高低影响使用者的选择及回游率，规划师面临开发信息与教育计划的挑战，不断改进设计与特别管理计划，以改善游客行为，利用典型景观的潜力，吸引使用者。

管理：管理是有效供给的关键，改善规划与管理，鼓励企业参与，创新休闲服务包（LSP），这是未来的挑战，大量的使用者给荒野环境造成越来越大的影响，LSP试图把荒野环境"移入"人口中心，创造同样的荒野体验如人工仿真滑雪场等。规划师不能满足于传统的方法，不断创新技术，创新游憩方式。

2. 游憩机会的需求匹配

国家政策定位：游憩是一种社会活动，与游憩相关的政策是受其他社会经济政策影响的，游憩政策不仅影响资源、设施、计划的获得，而且与广泛的国家问题相关如人口增长、经济发展、能源保护、文化变革等，游憩规划师要较好理解游憩需求，地方游憩政策与国家政策的协调是一个综合而有野心的目标。

对各类游憩需求的预测、度量、识别，实际上是社会政策与特定场地开发之间的互动，需求的层次是机会类型、数量与区位或交通之间的"贸易"——博弈，要求游憩规划师知道人需要什么、什么机会能最好满足这些需求？影响需求的最主要社会因素是哪些？人口、青年、收入增加、教育、流动性等。

影响游憩需求的规划因素：

①所提供的资源、设施、计划的种类；

②评定责任、成本、运营的战略；

③实施计划与优先权；

④面向一般或特殊人群的游憩资源的地理分布、可达性与有效性。

在国家与区域游憩规划中必须考虑以下因素：

①用户目标与活动；

②所需技能的程度与水平；

③特定活动参与者类型；

④支持活动所需的资源基础；

⑤可达性（交通）；

⑥支持活动的管理/开发程度；

⑦提供游憩机会的资源独特性。

这些因素通常取决于：

①政治过程是需求的晴雨表；

②特定活动或人群的参与率；

③借助调查与标准，对一般与特定人群游憩需求的识别。

3. 特定场地的游憩需求

游憩规划的目的就是创造机会为人们在特定场地开展相应的游憩活动，场地规划需要评估需求、选择最适宜的场地、提供最适宜的机会类型或资源、设施与计划；潜在用户识别与场地特征详细分析是规划基础。

每个场地都有其弱点与优势，其服务范围的大小取决于交通时间与方式：

①成本收益分析；

②所选活动与设施的相对需求水平分析；

③对用户与非用户的现场与家庭调查，决定偏好与满意度水平；

④标准的应用，决定设计容量与特定社会需求。

对于一个特定的场地，要把需求概念转化为现实，确定其需求水平是非常困难的。必须要对用户资源关系有相当理解。

一般游憩需求有三种类型：潜在的、引致的与现实的需求，决定游憩资源的使用、设计与管理，游憩规划要对每种类型需求的现状与未来作出考虑。

潜在需求是人类固有的游憩需求，人类需求等级层次可以转化为资源、形象、休闲欲望，可以用偏好与满意度测量来描述。潜在需求是供给创造需求论点的基础，提供适宜的设施、交通、信息，就会有人使用。

引致需求是由大众媒体或教育所刺激形成的潜在需求，人的游憩行为的改变可促进潜在需求转化为引致需求，规划与管理方法也是促进引致需求形成的重要因素，例如对一个游憩地，鼓励用帐篷营地代替远足、帆船代替动力船，就要使用这些方法。

4. 游憩需求的分布

主要影响因素是四个：①使用的季节性分布；②闲暇时间预算；③使用者与资源的地理分布；④一般及特殊人群对特定活动的参与率。

5. 需求评估

需求评估方法主要有三点：

（1）标准的应用

在美国人与资源的关联指标是过去 10 年国家、州、地方游憩规划中广泛使用的方法，如每 1000 人 10 亩公园地，在中国城市公园用地指标是人均 12m^2。指标法的缺点是忽视地理、人口、游憩行为等地域差异性，优点是容易理解、广泛接受、管理方便、可比、设计承载量指标。

（2）趋势延伸

这种方法适用短期预测（不到 5 年），特别适合人口比较稳定的服务区或游憩机会供给或参与率比较稳定的地区。这种方法的缺点也比较明显，忽视社会与经济条件的互动如通货膨胀、能源危机，不能提供增加机会的价值与收益的信息，忽视提供机会的经济可行性。

（3）满意度原则

一个人不论有多少收入与闲暇，其游憩需求都有一个极限，这个极限与特定活动和区位有关，也与年龄、闲暇期、生活方式有关，可以通过调查或理性预测来确定。

例如，有证据表明，随着收入与教育程度增加，各种户外游憩参与率也增加，但增加到一定程度，一些职业的游憩参与率开始下降。其他研究指出根据社会地位、区域与家庭组成一些特别活动存在饱和度水平。这些结论并不完全令人信服，但确实指出一些特定活动的需求确实存在上限。

对特定活动需求上限的保守估计可以通过对选定活动参与人群的参与水平的推测来获得，这种方法的困境是：①对于多数活动来说，我们并不真正知道它们的饱和点；②假设所有活动的上限作为标准，是脱离实际的。

尽管如此，对于很多商业游憩产品与服务来说在市场研究方面取得了成功，这些方法可以应用到很多公共休闲服务，成功预测、评估特定活动或地域的需求的上限，应用于建立游憩地或系统的最大可能使用水平。

6. 社会经济因素的评估

这种方法特别适用于荒野地需求的评估，这些地方资源有限，交通受控，也可以用于选定活动参与水平的短期预测。

7. 系统动力模型

根据供给、需求与通道来构建游憩系统动力学模型，使用者来源、游憩动机、时间—距离交通方式、人口特征、资源承载量等因素纳入系统中，建立互动反馈—负反馈动态关系模型。

6.1.4 游憩项目策划与经济可持续性

游憩发展具有公益性和商业性两个方面，公益性的背后是纳税人的税收和政府支持，商业性游憩坚持使用者付费原则，投资建设按照市场原则，社会资本投入，多种服务获取收益，维护游憩机会的可持续发展。

1. 游憩策划原则

（1）导向性原则

导向性原则是公园游憩活动策划中应首先考虑的问题。公园作为今后居民生活、社会交往一个重要的场所，应当走在时代潮流前沿，引导人们不断追求更加健康、积极向上的生活状态，推动社会进步与和谐发展。一个好的活动会产生正确的舆论导向和良好的传播效果，达到公园、游客、媒体、相关主管部门甚至周边社区单位多方共赢的局面。

（2）品牌性原则

主题或者品牌是公园游憩活动具有吸引力的重要组成部分。同时，一项成功的公园游憩活动会成为公园具有标志性的经营品牌，像一面旗帜般具有某种代表性的功能。成功的公园游憩活动策划，必须包括完整、细致的品牌经营策略。游憩活动的策划需要因地制宜、根据公园所处的环境条件，通过不断的积累，营造良好的信誉和形象，最终形成品牌活动。如在上海提到赏樱，人们会提到顾村公园每年 3—4 月的樱花节等。

（3）创意性原则

创意性是公园游憩活动策划的关键。一项有创意的公园游憩活动可以提起公众兴趣、吸引大众眼球，并在一段时间、一定区域范围内保持相对唯一性，从而产生独一无二的吸引力、传播力，最终汇聚成强大的社会影响力。

（4）可行性原则

可行性原则是指策划是否具有可操作性、能否按计划一步步有效进行实施。

衡量公园游憩活动策划是否符合可行性原则主要有三项标准。一是环境是否允许，这里的环境既包括活动地点、天气等自然环境，也包括法律法规、政府政策、社会风气等社会环境；二是现有资源能否支持活动目标实现，如人力、物力、财力等；三是投入与产出之比是否在可接受范围之内。

2.游憩策划方法

（1）经验法（常规项目设置法）

这种方法是依据公园原有设施对应的活动或者相关规划设计标准规范中建议的游憩活动项目进行策划。凭借人们对经验总结而形成的习惯方法和程序的记载—规范、资料及专家的个人经验进行项目策划。由于该法淡化了社会生产、生活方式的改变对居民游憩行为的影响，总是以既成的、有限的项目作为新项目的蓝本，因此该策划方法缺乏创新性，所策划出的游憩活动项目一般比较常规。

（2）调研法

运用现场访谈、问卷调研等方法分析使用者的游憩行为习惯和游憩需求，将项目策划的方法都建立在事实的记录和收集之上，以所需定所供。

与此方法相近的，也可以采用函询的方式或电话、网络的方式，反复咨询专家们的建议，然后由策划人做出统计，如果结果不趋向一致，那么就再征询专家，直至得出比较统一的方案。这种策划方法的优点是：专家们互不见面，不会产生权威压力，因此，可以自由地充分地发表自己的意见，从而得出比较客观的策划案。

（3）案例借鉴法

该方法是在对国内外优秀案例进行系统整理与分析的基础上，结合实际情况，有选择地增加新型公园游憩活动项目，或者对游憩活动项目的策划方法等进行优化。

（4）创意法

创意法是指策划人收集有关产品、市场、消费群体的信息，进而对材料进行综合分析与思考，形成概念意向，但不会很快想出策划案，它会在策划人不经意时突然从头脑中跳跃出来。另外一种情况是在进行会议时，策划人充分地说明策划的主题，提供必要的相关信息，创造一个自由的空间，让各位专家充分表达自己的想法。为此，参加会议的专家的地位应当相当，以免产生权威效应，从而影响另一部分专家创造性思维的发挥。

（5）综合法

上述四种项目策划方法都有其特点，但也有其明显的不足。在实际中，往往将上述几种游憩策划方法统一综合运用。综合性的游憩策划方法就是从事实的实态调查入手，以规范的既有经验、资料为参考依据，适用现代技术手段，通过项目策划人员进行综合分析论证，最终实现项目策划的目标。

3. 游憩策划技术路线（图6-1）

（1）游憩策划团队构成

游憩策划是一项集管理、营销、规划设计等多种专业知识与技术的任务，团队应当是由相关领域的专家共同组成。游憩策划之前需要明确策划的团队构成和人员分工，便于职责到人，确保工作有条不紊地开展。

团队分工是组成游憩策划工作的首要任务，其他任何的事项的运作都要靠各相关团队来推动和实施。在团队安排中，既要充分调动职工的积极性，组成全职固定团队，又要考虑游憩策划人员需求的临时性、周期性特点，合理利用临时工、志愿者等兼职人员。

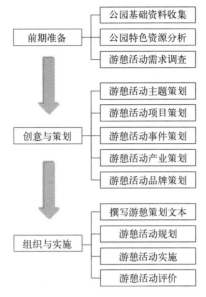

图6-1 游憩策划技术路线

游憩策划人员数量根据游憩策划内容、项目完成时间、项目经费等因素综合而定，各团队可根据自身工作进展情况自行调配人员构成，以减少人员管理压力，保障工作进程的有效措施。一般情况下，游憩策划应包括以下七支基本工作团队：

①游憩活动总负责与指挥团队；

②资料搜集与文案编写多媒体制作团队；

③规划设计团队；

④媒体及对外宣传团队；

⑤接待及后勤服务团队；

⑥现场指挥及安全保障团队；

⑦商品销售及经营团队。

团队组建分工后，各团队应根据自身任务情况分别制定出《游憩策划工作流程手册》，手册中写明团队的组织结构、工作任务、时间安排、注意事项，与其他部门协调事项、应急预案、联络方式、考核标准及活动整体运营情况介绍等九大方面内容。做到团队成员人手一份，以规范和指导每一位团队成员的工作。

（2）游憩主题策划

游憩策划的核心是主题策划，尤其是专类园、主题园、风景名胜公园、郊野公园和大型的综合公园等，都应当在游憩策划前期确定公园主题，明确公园的整体定位和发展方向。一般说来，优秀主题策划应具备以下三方面特征：

1）突出公园特色

公园主题要彰显公园特色，区别于其他公园，使其在未来的发展中有突出的吸引力和竞争力。如上海共青国家森林公园以其位于城市建城区的独特区位优势，结合自身植物特色，打造城市中心区的森林景观野趣主题。

2）符合当前社会关切

公园游憩主题应紧扣社会发展趋势，捕捉社会热点，体现广大百姓生活中关注的热点问题。如上海的曲阳公园，以当下民众关注的健康问题为切入点，发扬精武精神，以体育活动为特色主题，是一个集健身、休闲与赏景相结合的游憩胜地。

3）充满个性与创新精神

游憩主题要避免枯燥与乏味。一项新颖、友好且激动人心的主题是公园游憩活动实现差异化的最佳途径，也是其竞争力构成的重要元素。如上海闵行体育公园将生态主题与体育运动相结合，建设具有时代性的生态型和人性化的空间环境，打造生态体育主题公园，为市民提供了一个环境宜人、设施齐全的活动场所。

（3）游憩活动策划

在游憩主题指导下，游憩策划调研是策划工作的重要基础，广泛的社会需求与市场调研、区域发展现状深入分析等是必要的基础工作，一份完整的游憩策划资料收集应包括背景资料整理与现状调研分析、国内外案例研究、游憩需与域市场定位等三个方面的分析研究工作，头脑风暴法是通常比较有效的方法。

游憩活动项目的策划通常需要考虑以下几个因素：

1）游憩主题与活动策划的关系

不同类型、特色的公园游憩主题不同，公园使用者前往不同类型的公园的游憩目的也不同。新颖而又切实际的主题如同一个具有感召力的口号，不但对活动的内容具有涵盖性，对活动的宣传同样具有感染力。公园的游憩活动应当围绕着公园游憩主题设置，切勿盲目地追求公园游憩活动内容的丰富性。

2）游憩参与者的人群结构

不同年龄、性别、职业、收入、家庭结构等的差异使得不同类型人群的游憩需求不尽相同。在游憩活动项目策划中应充分考虑公园服务对象的多种游憩行为偏好，兼顾各类人群的需求。如在社区公园中通常设有专门的老年人康体活动设施和儿童游乐设施供老年人与儿童进行所需的游憩活动。

3）游憩活动体验的多样化

游憩活动一般分三类：日常性、周期性、事件性活动，周期性活动是指每天或每周开展一次的活动如每晚一场演出等，事件性活动是指针对特定主题策划开展的大型会议、展示、表演、竞技等活动，每年1~2次。

4）游憩活动项目的可行性

受到场地、设施、服务管理、成本、安全等因素的影响，并非所有新颖奇特的游憩活动都能够在公园中开展。在游憩活动策划时，除了要考虑其活动类型的创新性、多样化等要求，还需要考虑到各类游憩活动开展的可行性，以保证后续公园游憩活动的顺利进行。

（4）游憩事件策划

游憩事件策划需要准确及时地掌握市场情况，使决策建立在坚实可靠的基础之上。只有通过科学的项目调研，才能减少项目的不确定性，使市场决策更有依据，降低项目策划的风险程度，游憩事件策划在实施过程中，可以通过调研检查决策的实施情况，及时发现决策中的失误和外界条件的变化，起到反馈信息的作用，为进一步调整和修改决策方案提供新的依据。

（5）游憩产业策划

产业策划的目的是可持续发展，游憩产业由游憩资源、游憩服务、游憩产品和游憩管理等部分构成。游憩产业策划是基于对游憩资源进行合理价值评估，发掘可行的游憩产品和产业，从纵向与横向延伸和壮大原有的产业链，实现游憩产业的联动发展。

产业策划一般分三步：首先，对公园的游憩产业现状进行调查和分析，通过调查得出公园的优势产业和弱势产业，以及将来可发展的产业；其次，在调查基础上对客观存在的市场需求、游憩产业结构、产业布局与产业发展导向、产业发展中面对的问题等进行分析，这样才能对公园及其所在地需要发展什么产业不需要发展什么产业有了清楚的认识，才能够做出准确的定位；最后，在以上分析的基础上提出产业发展的对策。

（6）游憩品牌策划

游憩品牌策划是指为了促进公园游憩系统的高质量发展，借助一定的科学方法和艺术构思、设计制作策划方案的过程。公园游憩品牌是给公园带来溢价、产生增值的一种无形的资产，包括同其他公园游憩品牌相区别的名称、术语、象征、符号及其艺术形式。

公园游憩品牌名称需要对公园的历史、文化、资源、特点以及游客的游憩心理和习惯有全面的把握，要提炼高度差异化、清晰明确、易感知、有包容性和能触动感染消费者内心世界的品牌核心价值，构建以核心价值为中心的品牌识别系统，基本识别与扩展识别使核心价值具体化、生动化，使品牌识别与公园营销传播活动的对接具有可操作性。[①] 除了游憩品牌名称定位，还应重视品牌的韵律感、视觉美、寓意深、个性化。因此，许多公园除了给公园提出了一系列朗朗上口的名称和口号外，还对公园进行吉祥物等的设计，用形象生动的吉祥物，吸引游人眼球，同时也给公园增添了活力。如上海辰山植物园的公园吉祥物"辰辰"。

公园游憩品牌策划的核心在于传播，如何把公园游憩品牌形象传播出去，打造优良的品牌形象，是游憩品牌策划最关键的地方。

---

① 翁向东.本土品牌战略[M].南京：南京大学出版社，2008.

6.2 游憩规划方法

6.2.1 规划性质

游憩规划是把闲暇时间与游憩空间进行科学配置的动态的综合性规划。它既是一门艺术，又是一门科学，利用多学科理论与方法，为人们提供城市公共游憩或私人游憩的机会。在具体实践中，游憩规划集景观规划和社会科学理论于一体，对闲暇时间、空间和资本加以开发利用以满足人类游憩需求，游憩规划是空间规划与社会发展规划的综合。

游憩规划同景观规划的关系是融合关系，游憩需求与发展是景观规划的理论基础，风景园林规划设计就是游憩规划设计，风景园林学科所追求的终极目标是游憩境域。游憩规划同景观规划或风景园林规划不同之处在于游憩规划强调社会发展的可持续性与经济发展基础，针对不同经济发展阶段特点所对应的社会问题提出适应性的游憩解决方案。

6.2.2 规划历史

1. 游憩规划的历史进程

游憩规划同城市开发、公园与游憩运动是并行发展的。

1970 年之前，资源规划与设施规划是游憩规划的主要内容，用于户外游憩的开放空间保护与发展是关注的焦点。场地设计、竞技运动场、户外公共空间等是多数游憩规划的重点，规划的哲学基础是社会改革，强调公园发展是改善城市环境和公民健康的主要途径。公园是城市罪恶环境中的自然避难所，相对于拥挤、污染的城市环境，把公园设计为乡野风情的休养地。

1970 年以来，游憩规划的重点转向城市与区域尺度上公共游憩机会同其他类型的土地利用、设计、交通的关系处理上，焦点仍然是自然资源，但范围扩展到社会与环境因素，包括城市美化、社区发展、历史保存、环境解说、公共与私人空间的游憩多重利用、有组织的社区游憩策划等。

1980 年前后，游憩规划转向环境设计、社会科学与公共管理的融合，作为人类服务与环境管理系统的组成部分，用于提供游憩机会。已开发土地的再利用，非竞技性策划活动，创造性游戏场，艺术、文化、老人、日护理、成人教育等同公园游憩的融合，同时对智障残疾人的关怀也是公园游憩部门的责任。

游憩规划以更宽广的视野把空间与服务整合起来，传统的公园与游憩管理部门转变为具有更多责任的新的机构组成部分，如人类服务、生活多样性、环境规划与管理。室内与室外、公共与私人游憩机会逐渐淡化。

时代发展不断衍生新的社会问题，需要游憩规划及时思考应对策略，调整规划目标、途径与方法以适应目前与未来的需求。游憩规划需要建立整体的、科学的价值观,传统游憩规划二个突出问题必须改变:一是规划过程模式化,官僚政策代替特定地域环境与需求;二是规划过程中公园与游憩专业人员缺乏参与,做规划的人不了解地方的特殊性。要建立弹性的、居民参与的游憩规划,规划是一个连续的过程,从开始到实施,不断调整目标与方向,增加游憩机会,满足不断扩张的游憩需求。

资源短缺下的规划:游憩需求在不断扩张,从 1960 年 42.82 亿人次到 1980 年 101.28 亿人次,再到 2000 年 168.46 亿人次,不仅仅游憩参与率在增加,特别是自然资源导向的户外游憩活动参与率在迅速增加,但土地供给是有限的,数量逐渐减少,矿产开发、工业发展、城镇化等导致游憩地表硬化率加快,这样可以提高容量,但是改变了特定场地游憩机会的类型,如果场地硬化继续增加,户外游憩机会谱中自然机会部分将逐渐消失。

多目标规划:在大尺度区域规划中实现多目标用途的平衡,根据土地适宜性等级,确定最适宜的土地用途。目标是一种定位、方向,为游憩地发展指出方向,目标导向的规划分五个阶段:调查与分析、目标制定、多方案开发、实施、修正。其中目标制定分五个步骤:边界的建立、选择范围的划定、与目标有关的各种关系的评估、多目标评价、作为公共政策的多目标选择。规划目标一般包括长远目标(生活质量)、近期目标(生物多样性)、政策(提供广泛的游憩机会)、计划(分时配置资源)、实施(金融、运行、维护计划与建议)、标准与指标体系(土地、设施、计划的数量与质量)等。

重新思考未来:未来游憩规划的主要挑战是如何随着形势的变化而变化?规划将从以目标为导向转向以人为导向,社会重点从事情转向为人的服务,教育从如何工作转向如何度过闲暇,休闲伦理代替工作伦理,人文主义代替物欲主义,开放空间是未来几代人交流信任的场所,而不是获取利润的特殊公共商品。城在园中代替园在城中。室内与室外、公共与私人空间的差别将逐渐淡化,新概念将会出现:空间与服务的整合满足城市居民生活需要。

通向未来的唯一道路就是希望与乐观,之所以充满希望,是因为很多游憩规划师与设计师在积极创造更好的游憩环境,使人们在这样的环境中更好欣赏城市生活;之所以乐观,一切刚开始发生,我们有很多改进优化的机会,发展更人性化、为人服务的城市公园与游憩概念,平衡对资源与用户的关注,拓宽对城市游憩在时间、空间、态度方面的解释,鼓励企业提供高质量的服务,政府不可能包办一切;把游憩规划作为实验场,研究、示范、创造新产品与服务,把改善城市公园质量同能源危机、需求变化、优先权、城市生活方式联系起来;对过去所制定的城市游憩机会的消费、概念、标准等提出挑战,要认识到保护荒野地免受过度使用的最好办法就是改善城市生活质量与环境,城市开放空间是解决问题的突破点;培训或再培训开明的游憩规划与设计专业人才来适应未来的挑战与机会。

人类发展面临的问题使我们开始认识自然中生活的潜力，在所有资源中最宝贵的是人的意识。这个意识唤醒我们重新评估生活的目的及其真正的意义。城市公园、游憩与开放空间为这样的评估提供了独特的机会。它们提供时间、场所、方式（手段）使人们获得自我发现，引导一个自尊的、更好的社会发展。

2. 美国游憩规划历史过程

美国户外游憩历史进程受很多事件的影响，1872 年黄石国家公园的建立，这个事件的最重要意义就是建立把大块土地奉献给公众使用、游憩欣赏的制度。

（1）概念的形成（1850—1891 年）

18 世纪初多数人认为土地与其他资源都是无限的，事实上在西部开发中人类就受到很多限制，很多资源被毁灭、过度使用、开发成平淡的农业用地，逐渐城市化。然而少数人关心资源的消耗问题，作家与诗人如梭罗（Thoreau）、马什（Marsh）等试图创造自然的审美意识与文化质量，保存自然，为所有的人欣赏。通过他们的努力，很多对待自然的消极态度开始消退，一些忠实支持者积极推动保护区的建立，为公众欣赏。

1864 年优胜美地法案出台，1881 年美农业部成立联邦森林处，1891 年出台森林保护法建立公共森林地。这些事件在美国公众中形成公共土地利用的概念，从此以后公共土地的规模也逐渐扩大。

（2）停滞阶段（1891—1930 年）

美国东部大部分土地都已私有化，大的保护区均出现在西部，由于东部大量人口的隔离，游憩没有成为管理的重要内容，发展地方社区经济成为首要任务，结果导致土地利用规划都没有把游憩作为公共土地的合法用途。

划定的保护区 1905 年划归森林局改名为国家森林，但土地利用规划与游憩机会的开发仍然缺乏。这个阶段的户外游憩规划是毫无生气的，这种局面直到1918 年后才开始逐渐发生好转，1918 年弗兰克（Frank A.Waugh）的报告——国家森林的游憩利用，这是美国官方森林局提供的第一份游憩研究报告，这份报告中把游憩作为国家森林主要用途之一。1925 年森林局出台了一项关于游憩与其他土地利用整合的政策用于指导游憩设施的开发，这项政策被 1926 年的游憩与公共用途法进一步提高，把游憩作为公共土地的一项法定用途，与木材、矿产、牧场共生，后来立法又补充了该项法规。

这个阶段的一个有意义的结果即是人们开始认识到公共土地的户外游憩潜力以及规划的意义。

（3）福利发展阶段（1930—1950 年）

1929 年股票市场的暴跌使 20 世纪 20 年代的发展计划实施大幅度削减，政府实施密集的游憩发展计划用以增加就业机会，来维持最低的家庭收入。同时通过对乡村附近公共土地的游憩开发（修路、建筑、游憩设施）来留住乡村居民，减少外迁，使乡村居民长期受益。

20 世纪 70 年代的很多游憩设施都是这个时期建设的，强调本土材料的使用（木、石头等），同景观的融合。

这个时期也开始了游憩管理规划，由于公共游憩的增加，有些知名地方出现过度使用，1930 年，E.P.Meinecke 美国森林局植物病理学家，研究了游憩使用对植被、根系损伤、土壤压实的影响，这些对树的生长及活力产生影响。地表植被的退化及连续侵蚀会导致场地生产力严重衰退。

基于这些研究，森林局开始制定管理规划指南，把损失降到最低，这个指南包括场地要素分析如土壤、植被、天气等，这些都会影响设施选址，还包括使用控制及场地维护费用最小化的设计特征，如道路系统与开发场地的用地协调、场地硬化等。这个时期尽管是游憩规划管理的开始时期，但规划总体上是资源导向，不考虑游客需求。

（4）大众使用与发展阶段（1950—1970 年）

二次大战帮助美国走出经济大萧条阴影，使美国经济迅速恢复，20 世纪40 年代末经济完全恢复，1950 年美国人生活方式已经开始发生戏剧性变化，接下来的 20 年变化更大，抛弃了紧缩的经济生活，开始寻求更多更好消费品，寻求新的游憩形态来满足新的生活方式要求。

经济繁荣，使美国人拥有更多的时间、更多的钱、更大的个人流动性，游憩参与率明显增加，现状设施完全超载，开发速成计划用以增加设施。有两个最有价值的游憩规划：1956 年国家公园局发起的 66 计划，1958 年美国森林局发起的户外游憩计划。这两个计划成功非常有限，由于需求分析的缺乏以及开发的匆忙，游憩机会需求在不断膨胀，规划由于迅速扩张的游憩交通市场而不断被复杂化。雪橇车、越野车、营地车等，自 20 世纪 60 年代以来需求与供给的沟在不断加宽，最重要的挑战就是游憩交通。

规划问题不仅仅是游憩还要考虑其他土地利用如水、木材、采矿、农业、城市化以及这些用途的冲突与互动。问题转化为如何把这些用途与美国民众的整体需求整合起来，各种需求在连续增长，而资源却不断减少，在资源短缺的情况下，管理者面临如何更合理配置，保护生命支持系统、开敞空间以及视觉景观的协调。

（5）生活质量阶段（1970 年至今）

20 世纪 70 年代以来对环境质量（生态与社会）的强调超过了历史上的任何时候，我们处在一个城市化的技术社会，技术控制事件的发展方向。

最大的文化变化是 19 世纪 00 年代后期由于工业革命所引起的城市化，文化与生态变化从那时开始发生，20 世纪 50 年代和 20 世纪 60 年代休闲行为的变化是由于游憩装备业的技术变化，自控游径车、汽车屋、自行车道、山地车、雪地车，所有这些对现代人及其休闲行为产生生态及社会影响。

质量是美国 20 世纪 70 年代的代名词,表达对生活方式与生活环境的愿望。同样在游憩规划中游憩质量是美国人休闲方式与休闲环境的代名词。

6.2.3 规划目标与任务

1. 总体目标

游憩规划的总体目标是改善生活与环境质量(Getz,1987),通过创造更好的、更健康的、愉悦的、有吸引力的环境使人类福利最大化。改善社区自然环境,使之更实用、优美、安全、兴奋、有效;作为政府一个分支部门,为法定的公共利益服务;对于政府与私人资源的配置,要把长远战略与近期决策结合起来,为政府对社区社会、经济与自然环境决策提供技术支持,促进所有关心社区发展的各部门交流、合作、协同。

游憩规划的基本任务随时代的发展而变化,从资源与设施规划到城市与环境规划到社会与倡导性规划,因时而变。

2. 分层目标

从空间层次看游憩规划,不同空间层级的游憩规划目标与任务要求,国家、省市游憩规划的任务是区别对待,游憩区、游憩场地、游憩设施规划设计任务区别明显。

游憩规划分两种类型:单目标规划(又称项目计划)与多目标规划,前者是针对一个特定目标如邻里公园的开发,后者是政策或系统规划,如城市公园土地的获得、开发与策划等,政策是决策的工具,项目规划是落实政策的实施。

游憩规划目标是动态的,随社会需求变化而变化,公园标准化的优点在于同类公园管理与建设的规范性,缺点在于如果不能动态更新,就阻碍了公园适应社会需求的及时性,给公园管理带来更大的挑战。

事实上,纳税人的怨言、健康危机、环境伦理变化、老龄化、儿童发展等要求公园规划的最好途径就是适应变化。

①为决策制定者提供现状与潜在游憩机会的数量和质量目标;

②改善城市访问者与居民的游憩体验的数量与质量;

③为所有人配置最适宜的游憩机会(范围、区位);

④保存与开发适宜的游憩资源,使之得到最高、最好的利用;

⑤游憩计划要与其他类型规划、综合性计划相结合;

⑥要促进政府所有部门理解、支持,使游憩规划更加有效;

⑦评价公共与私人游憩开发现状与方案的有效性;

⑧鼓励公私合作提供游憩机会;

⑨使现有的及规划的公园与游憩设施和服务合理化;

⑩鼓励改革、示范、研究。

6.2.4　规划类型

1. 管理规划

要保障游憩体验质量，就必须考虑游憩规划设计的针对性，例如荒野地游径设计，平坦而又较宽的游径不仅对远足者有吸引力，对越野车也有吸引力，这样要保障远足者的体验质量就不可能。第一，设计时就要考虑管理，如果开始设计时就考虑到限制越野车的使用，就会利用一些自然因素如大树、岩石、坡度等来设置障碍。第二，体验缓冲带，这是游憩土地利用规划中的哲学概念，两种不同体验之间的过渡带，如荒野游径与高速公路之间，滑雪者与滑雪车之间。第三，有限土地的密集使用，影响体验质量，设计时应该考虑体验空间的大小。第四，规划时间，包括规划编制时间与政治缓冲时间，规划完成后通过政治过程拨款所持续的时间，这个缓冲时间可能是几个月也可能是几年，规划过程应该把这类时间考虑进去，因为在规划实施之前成本与需求都可能发生变化，所以规划必须有超前意识。

2. 社会规划

游憩规划是基于社会需求与游憩行为的规划。第一，行为链与活动包，游憩地在一个中心主题活动下要有一系列辅助活动来支持，同样的主题可以有不同的活动组合，人的需求是复杂的、多重的，仅仅提供一项活动而没有相关支持活动往往不能满足游客需求，如两个森林营地，一个在水边，可以游泳、划船、垂钓，另一个在山边，可以远足、溪流垂钓等，同样的主题，每个营地都有自己独特的活动包。第二，游憩承载量，是指游憩地能承受的游憩使用量，价值的消耗不超过价值的生产，体验质量保持稳定，包括生态承载量和社会心理承载量，生态承载量是指游憩使用对资源基础——植被、动物、土壤、水、空气的长期影响的稳定程度，社会心理承载量是指对于给定的游憩体验类型与质量个人收益最大化的游憩使用水平，社会心理需求与环境知觉是两个最主要的变量，据此即可确定游憩使用类型与水平。承载量的确定取决于特定场地的管理目标——游憩体验的类型与质量，管理者的作用就是控制资源、使用者，保持游憩体验质量水平。承载量是动态的，是社会与环境的平衡点。在荒野地规划中我们试图通过减少限制服务的因素来增加社会承载量，如拓宽游径、降低坡度、改善交通、增加原野开发等等，事实上完全改变了体验类型，加剧了环境衰退；服务要素是管理工具，可以用来调控访问者使用。第三，需求导向，在有限的财政与资源条件下，必须使用优先制度来进行合理的配置，这个制度要以潜在的游憩需求为基础，否则，投入了资金与空间资源，还不能满足公众需求。第四，设计的功能化，一旦用户需求转化为特定场地开发，场地的功能设计就变得非常重要，要引导期望行为的发生（活动参与、客流行为、环境知觉等）以及场地的保护。

3.资源规划

自然系统游憩规划需要考虑三个要素：第一，自然主义与审美，视觉和谐、独特风景、行为空间、游憩技术等是游憩空间的基本要求，游憩开发必须同环境协调，太不和谐的视觉效应，会极大降低其自然吸引力，设施也必须使用适宜的材料，同整个体验环境呼应。独特的自然风景是最重要的游憩资源，正是在这些地方，可以诱发很多游憩活动的发生，植被的退化、不协调的建筑、大而俗气的标牌、被推土机推平的模式化场地等构成了视觉污染，游憩开发不能太迷恋于技术，很多小公园忽视安静与过度空间的创造，而用标准化建设与廉价的设施导致过度开发，通常廉价设施的维护费用是很高的，生命周期短，审美价值低，我们需要更好理解人类需求，要有耐心供给需求。第二，不可逆原则，这个原则主要用于各类规划方案资源后果的评价，按照这个序列，从资源导向走向活动导向，有些是可以逆转的，有些是不可以逆转的，如荒野与乡野之间是可以逆转的，但乡野与野餐地之间就难以逆转。第三，资源潜力，资源潜力评价有各种方法，规划师必须关注两个社会心理问题：①杰出游憩资源区位同人口中心之间的巨大差距，这个差距将随着能源与机动性的减少而更大，越来越多缺少特色游憩地开发将更接近人口中心；②很多越位游客，很多人选择某些游憩机会并不是他们最满意的机会而是由于其便捷的地方交通，这样会导致很多资源的潜力没有完全实现，只有有效减少越位游客。例如很多荒野游客选择荒野环境是因为它们是乡野体验的最好替代，他们并不是完全满意，而且影响真正的荒野游客的体验，解决这个问题的答案不是让他们失去参与荒野体验的信心，而是开发乡野机会鼓励他们去他们期望的地域去体验。

6.2.5 规划过程与方法

1.传统规划与现代规划的区别

游憩规划是渐进的而不是革命性的，要让公众有一个可接受的过程；它是多元的而不是专制的，要考虑从个人到群体的不同需求；它是客观的而不是主观的，规划指标与方法论尽可能接近事实；它是现实的而不是理想的，规划方案与经济预算要进行招投标；它是人性的而不是官僚政治的，所建议的规划、设计与策划应该是为人服务的，而不是为机关服务的，机关负责提供游憩机会、制定措施。

游憩规划方法要从传统走向现代，从静态规划走向动态规划，要适应社会发展和社会需求的动态变化。

传统规划方法：是静态的、线性的过程，有一系列逻辑步骤，规划师开始于定义问题，结束于解决问题的建议。强调结果与产品，忽视分析与过程，最关心的什么是规划、怎么规划，而不是谁参与规划，为什么要规划；方法手段时常变成目标，用实施规划代替实现目标的方法。

传统规划过程用指南或标准来生产统一的空间与服务,降低规划本身的复杂性;专业价值观凌驾于过程之上,公众对专家已经准备好的规划的评论来代替真正的公众参与,每件事都按照时段、责任与结果被安排与预测,规划是二维的物理规划——刚性的、统一的、不可替代的。

现代规划方法:规划过程是动态的、增值的,价值观、行为、公众优先、政治妥协等是规划的起点,强调的是分析与过程。规划过程的各个阶段都伴随变化、辩论、妥协、牵连,结果用来检验方法,结果比规划与方法更重要。

游憩规划产品是一系列政策、优先权、相对弹性而又多样化的、代表社区价值的指标。

传统与现代游憩规划思想的不同,使得规划方法与途径也不相同。

传统的方法强调:数量重于质量,形态目标重于社会目标,形态重于功能,增长重于非增长,自然资源开发重于保存,社区重于个人,这些概念所反映出规划的特点是:单目标的形态规划,有终点的规划过程,功能中心化,长远的,与行政或自然边界相关的严格的规划范围。

现代规划方法强调:质量重于数量,社会目标重于形态目标,功能重于形态,自然资源保护重于开发,个人重于社区,规划的特点是多目标政策规划,连续的不断调整的规划过程,功能分散化,着眼于近期,弹性的规划边界。

传统方法主要关注成本与效率,现代方法主要关注利益与实效,使用更多定量方法,更加关注产品质量。以复杂的研究方法、模型模拟、系统分析、计划预算等为基础,运用倡导性规划制定政策与行动计划。

2. 现代游憩规划方法

游憩规划方法与技术主要关注空间与设施标准的应用,这些标准通常称为指南,尽管比较绝对,忽视人口、密度、游憩行为、气候、社区经济基础等方面的差异。规划任务是调查、分析、项目信息、行为活动(游憩)、空间(资源)、地理区(规划单元)、指标(标准或社会指标,对自然、社会、政治变化比较敏感)。

游憩规划方法分五类:资源方法、活动方法、经济方法、行为方法、综合方法。

(1)资源方法:自然资源决定游憩机会类型与数量,供给限制需求,自然承载量限制了人的使用,现实需求比潜在需求更重要,它鼓励设施的重复利用而不是多样化,供给者或管理在规划中居于支配地位。自然因素高于社会因素,环境决定开敞空间的获得与保护,其他因素都要让位,对资源的重视代替对使用者的重视。规划过程是由生态决定的,而不是由多元论决定的。

这种方法强调供给代替需求,把社会与政治因素重要性最小化,这在非城市地区如水源保护区、国家森林保护地、国家公园等,这对企业旅游开发、新社区、军事装备等同样有用,这些地方有非常好的资源,规划与决策是以控制为中心。

游憩规划资源方法与刘易斯（Lewis，1961）、麦喀格（McHarg，1969）的研究密切相关，他们的研究为支持不同类型游憩活动的自然资源分类提供了系统的方法。他们最重要贡献就是都市区域开敞空间系统分类方法与准则。

（2）活动方法

根据过去活动参与率来决定未来提供什么游憩机会，供给创造需求，公共偏好或机会需求是根据参与率来判断的，而且要提供更多相同类型的机会。使用者与供给者的价值是规划过程中主要考虑的。社会因素重于自然因素，重视现存公共游憩机会的使用者与供给者，强调现实需求，经常被影响公共利益的政治因素所扭曲。由于过于依赖过去，这种方法对非使用者及未来需求缺少对策。

这种方法最适合应用于范围小、一个公共部门管辖的人口均质区，超过5万人口的城市其作用就非常有限。不适用中心城市及大都市区，无法应对多样化的人口与生活方式。

这种方法同布特尔（Butler，1962、1967）、班农（Bannon，1976）的思想密切相关，他们建立了NRPA（1971）活动标准，促进了国家标准的发展，建立了游憩活动分类方法。

（3）经济方法

社区经济基础决定游憩机会的数量、类型与区位，很多机会的日常维护都需要费用，活动供给与需求也是由价格来调控的，在规划过程中使用者与供给者目标是由经济来平衡的。

经济因素重于社会与自然因素，强调市场需求与机会定价、成本与收益。规划过程易受政治与特殊利益的影响，定量比定性更重要。

这种方法强调复杂的统计技术的应用，与克劳森和尼奇（Clawson and Knetsch，1966）的思想密切相关，他们把经济方法应用于游憩需求预测中，把收益—成本分析法引入规划方案选择中，在20世纪60年代美国很多州与联邦游憩计划受此影响明显。

（4）行为方法

个人与社会群体的时间预算被转化为公共与私人游憩机会（土地、设施、计划），问题的焦点是作为体验的游憩，什么人要参与、喜欢什么活动、作为活动的结果对参与者发生了什么，使用者偏好与满意度决定了规划过程。

行为方法关心现实需求与潜在需求，在分析需求与供给基础上开发社会需求的指标，这些需求在游憩环境（自然环境与行为活动的综合）中得到满足，游憩环境除了传统的城市公园以外还包括广泛的公共与私人游憩机会。

行为方法在Drive（2005）、Gold（1973）、Hester（1975）、Check、Field、Burdge（1976）的思想中最明显，他们在市民参与、使用者与非使用者调查、人与空间关系等方面对传统方法与空间标准提出挑战。

行为方法是理解和满足城市人口游憩需求的最好方法，但它比其他方法更复杂、更有争论，因为它需要价值判断、可信的调查、高度的市民参与。在分析邻里非使用者、潜在需求、未来需求、特殊人群需求等方面很有用。

（5）综合方法

这种方法包括四个步骤：①调查与评价现状和潜在的游憩资源；②识别用户组及其特征；③根据潜在的资源类型与用户组需求来评估游憩供给与需求；④把这些需求与规划指南、设计指南、景观解说、收益—成本分析等纳入游憩计划中。

这种方法的独特性主要表现在四个方面：①人群分组，与环境特征需求的对应；②规划区按资源类型（环境特征）细分；③游憩体验需求与资源类型的对应分析；④规划与管理指南的编制。

3. 规划技术路线—系统规划方法

系统规划方法着重建立内在相关的综合的规划方法，根据地方现状、需求、价值的规划，创造和谐环境，维护周边自然生态环境。

系统规划的方法是社会对游憩地需求的评定过程，是社会对空间及设施需求落实到具体工作层面的过程。同时，系统规划方法必须明确游憩地管理机构的工作任务及工作目标，并应随社会公共休闲游憩需求的变化而改变，应与城市规划、城市土地利用规划相协调。

建立用户—资源关系动态评价模式，这种模式要求评价休闲需求与资源潜力，提供地域基础上的各种游憩机会。①识别游憩用户与资源，用户可以根据宏观的行为格局以及类似游憩活动来推理，资源主要基于环境稳定性及风景质量来确定景观个性，景观个性与资源适宜性决定资源导向游憩机会的供给潜力；②评估游憩需求与供给，确定供需之间的差距；③编制游憩规划，系统规划方法的首要关注点是将系统要素整合到总体背景中，着眼于公众利益的服务，同时建立公众信任，提倡公众合作，建立动态开放的体系，允许对游憩地系统及时、合理、有序地改进，优化配置有限资源、综合评价需求、参与者互动。

无论公园与游憩地管理机构如何定位其公共目标，系统规划模式始终将重点放在基于市民参与及互动的规划决策过程上。无论公园与游憩地管理机构如何界定其服务对象，系统规划始终将公众参与互动作为决定空间布局、土地利用、设施规划的基础，以合理分配有限资源求得游憩利益最大化为基础（图6-2）。

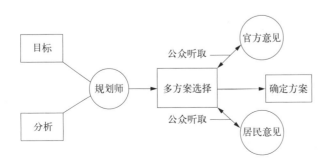

图6-2 受益者共同参与的规划模式（战略规划）

6.2.6 游憩规划师

游憩规划最主要的是三个变量：访问者（行为、动机、知觉）、资源（潜力与限制）、管理（为满足访问者需求的计划管理与规划），其中访问者需求是首先要考虑的问题。

与其他规划师相比，户外游憩规划师的独特性在哪里？

1. 从人类行为角度是行为学家，作为游憩规划师，首先要理解谁来使用这些服务与设施？现在很多设施与场地闲置不是需求太少，而是不能满足访问者的行为需求。最早的汽车营地都闲置在那里，就是因为不合理的区位，不能满足现代游径营地需求者的行为；同时也要理解如何调整行为以保护场地与游客，使游憩体验质量得到最大化。

2. 在自然资源理解方面是自然科学家，资源环境是影响游憩体验质量的重要变量，某种类型的活动需要某种类型的资源环境，规划师需要懂得自然资源的经营，以及行为需求与资源经营的配置，一定的植物群落适宜多少量的使用？什么类型的土壤适合中强度或高强度的使用？怎样保持鱼及野生动物的数量使之成为最主要的游憩吸引物？过去很多规划在行为需求与资源基础维护的整合上是失败的，例如营地与垂钓场地的进入点一般是道路或河道的交叉点，这类场所比较适应游客行为，也是开发的理想区位，但是忽视了访问者使用对土壤、植被、水流速度的影响。大部分这类场地最终导致植被退化、水土流失，进而失去了对访问者的吸引力，由于溪流淤积渔业生产也受到影响。在一些山地乡村，很多湖泊开发都选址于溪流流入湖泊的冲积扇上，这些地方与河床相比，开发成本相对较低，但是冲积扇是极不稳定的，一定时期都会受到洪水的影响。不理解资源与游客使用的潜在影响，对冲积扇的开发在经济上与生态上都是一种灾难。

3. 从景观健康发展的角度是设计师，健康的景观开发是指更美、更经济、更环保的方式，这种开发更适宜作为游憩环境，保持现状植被比引进外来物种在经营管理上更经济。

4. 从景观视觉敏感性角度是美学家，美学与自然美对城市居民来说变得越来越重要，这种观念的变化尽管有点晚，但反映了价值观的变化，视觉环境质量比景观上的任何开发都重要，大而对称的开发不适合自然景观的逻辑。这种变化同样适合城市，我们在城市景观中开始看到更多的游径系统、绿带与安静区。

5. 从土地利用哲学角度是通才，从城市公园到荒野地，游憩使用的完整的序列应该被认为是重要而又合理的形态。规划师应该有明确的目标，尽可能提供各种需求。

游憩规划师应该认识到游憩是资源与景观多重利用中的一种，游憩必须同其用途友好竞争与协调，游憩不是终点，它是满足社会与心理需求的手段之一，是人的收益。

6.3　游憩系统空间布局

游憩系统空间布局因空间尺度与性质不同而不同，国家层面游憩系统空间布局包括自然保护地体系、公园体系、国家游径体系、国家风景河道、国家海岸、国家湖泊等，城市层面游憩系统空间布局包括 15min 游憩圈规划、公共开放空间体系规划、体育设施体系、文化娱乐设施体系、绿道体系规划等，对于特定性质的地域类型，游憩系统空间布局也不相同，如河道游憩体系、国家公园游憩系统布局等。这里以欧洲国家公园为例，从分区、设施体系、游径与活动体系布局三个维度做一个简要介绍。

6.3.1　城市游憩系统空间布局

城市开放空间系统是以住区为中心的游憩体系的物质空间载体，在性质与规模上可分为公园绿道体系、文化娱乐体系、运动休闲体系、事件展示体系等（表 6-3）。城市自然生态系统是城市游憩系统布局的第一基础，服从于城市生态安全格局、生物多样性保护和文化多样性保护的需要（表 6-4）；不同自然系统的空间结构与规模是城市游憩系统布局的第二基础，从社区公园、综合性公园到乡村田园、郊野公园、国家公园、绿道体系格局，实现生态系统服务功能与游憩多样性需求的统一，成为各类景观空间的特色与性质定位的直接依据（表 6-5，图 6-3、图 6-4）[①]；每类景观空间的多重价值的复合利用与综合效益最大化目标是游憩系统布局的第三基础，是各类设施规划设计与营建的直接依据，按照公园城市理念和基于自然的解决方案（NbS）思路，文化体育与社会交往设施同自然系统的融合是大势所趋，必将根本改变传统文化、体育、园林绿化三个部门分而治之的局面，在游憩理念统领下实现部门融合、设施融合，提高城市开放空间系统与设施系统的有效布局和综合利用，高质量提升城市居民幸福感。

表 6-3　城市游憩地体系

公园绿道体系	文化娱乐体系	运动休闲体系	事件展示体系
邻里公园	博物馆	综合性体育馆	展览中心
城市中型公园	影剧院	专业运动馆	博览中心
城市大型公园	图书馆	休闲俱乐部	大型城市活动事件
城市郊野公园	歌舞厅	高尔夫球场	城市民俗节庆活动
城市绿道	商业街区	网球场	各类演出活动

---

① 表 6-5、表 6-6，图 6-3 引自文献：Martina Artmann，et al. Using the Concepts of Green Infrastructure and Ecosystem Services to Specify Leitbilder for Compactand Green Cities—The Example of the Landscape Plan of Dresden (Germany) [J]. Sustainability.2017，198 (9)：1-26.

表 6-4　多尺度城市绿色基础设施的空间形态与规划目标

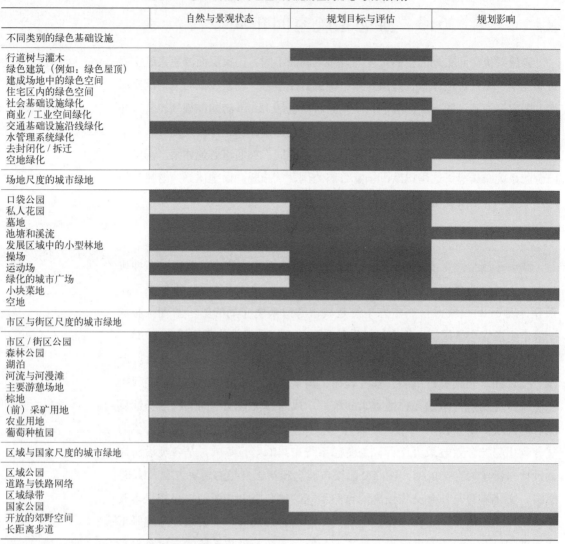

注：深色格子代表考虑，浅色格子代表不考虑。

在国外城市游憩系统规划中，游憩休闲服务设施、公园开放空间与游步道、社区游步道与自行车道、艺术文化遗产与节庆策划是其主要内容，其中郊野公园、游憩度假区、假日公园值得国内学习。

1. 郊野公园

顾名思义，郊野公园是位于城市郊区满足城市居民户外休闲需求的以自然为主体的公园，山水环境是郊野公园的理想选址环境，废弃地是低成本建设郊野公园的最佳选择。郊野公园根据其性质与特色可以分为郊野休闲公园、运动公园、自然公园等，这些公园均具有游憩功能，但在游憩密度、游憩设施上具有一定的区别。

郊野游憩公园的基本设施包括入口区、野餐与游戏草地、儿童游戏场、一

表 6-5　生态系统服务功能与景观尺度状态的对应性

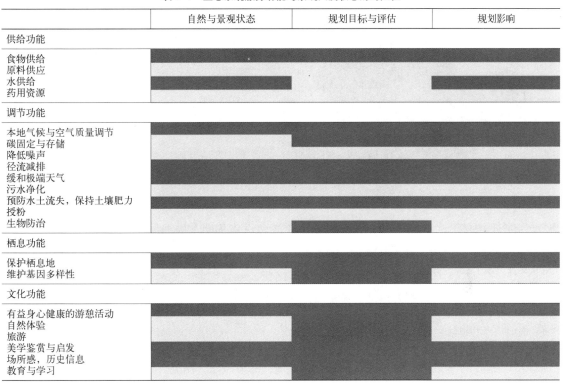

	自然与景观状态	规划目标与评估	规划影响
供给功能			
食物供给			
原料供应			
水供给			
药用资源			
调节功能			
本地气候与空气质量调节			
碳固定与存储			
降低噪声			
径流减排			
缓和极端天气			
污水净化			
预防水土流失，保持土壤肥力			
授粉			
生物防治			
栖息功能			
保护栖息地			
维护基因多样性			
文化功能			
有益身心健康的游憩活动			
自然体验			
旅游			
美学鉴赏与启发			
场所感，历史信息			
教育与学习			

注：深色格子代表考虑，浅色格子代表不考虑。

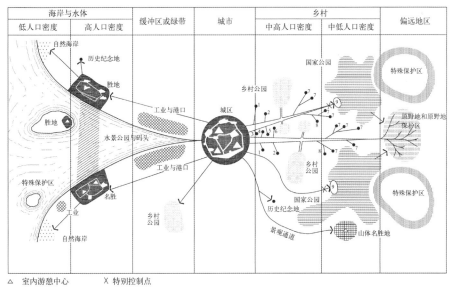

图 6-3　城市游憩地体系空间结构模式图
1—游玩区；2—高尔夫；3—赛场；4—水上运动；5—展示区；6—运动场；7—野餐地；8—风景区；9—停车场

日游营地、水景特色、帆船或划船、餐饮服务、动物放养园、儿童农场、生态博物馆、植物园、游径网络（健身游径、步行道、自行车道、骑马道）等。这些设施的共同特点是以自然为基础，是对自然资源的合理有限利用，在这里建筑物和沥青路面都应控制在最小的范围内，以保护该区域的自然原貌。

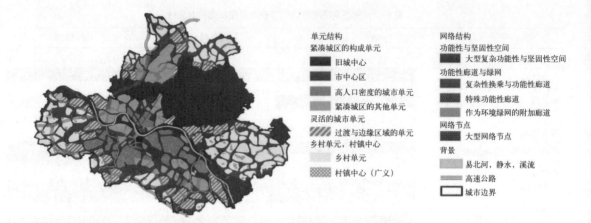

单元结构
紧凑城区的构成单元
　■ 旧城中心
　■ 市中心区
　■ 高人口密度的城市单元
　■ 紧凑城区的其他单元
灵活的城市单元
　▨ 过渡与边缘区域的单元
乡村单元，村镇中心
　▨ 乡村单元
　▨ 村镇中心（广义）

网络结构
功能性与坚固性空间
　■ 大型复杂功能性与坚固性空间
功能性廊道与绿网
　▨ 复杂性换乘与功能性廊道
　▨ 特殊功能性廊道
　▨ 作为环境绿网的附加廊道
网络节点
　■ 大型网络节点
背景
　▨ 易北河，静水，溪流
　▤ 高速公路
　□ 城市边界

图 6-4　德国雷斯顿城市绿色基础设施与自然游憩空间系统融合性（图片来源：[英]曼纽尔·鲍德·博拉，弗雷德·劳森，游憩与旅游规划手册[M].吴必虎，唐子颖，译.北京：中国建筑工业出版社.2004）

郊野休闲公园是在上述游憩设施基础上增加很多人工休闲设施如洗浴场所、露天游泳池、骑术中心、高尔夫球场、游艇设施、剧院广场和餐馆、咖啡厅等。对于冬季寒冷地区，这些设施集中于一个大型娱乐中心建筑里。

郊野运动公园是以标准化运动场为特色，是在运动俱乐部基础上为运动爱好者、家庭休闲等提供了广泛的兴趣参与点。

郊野自然公园与郊野游憩公园相似，所不同的是自然公园保留有大面积的自然原野地区，如森林、湿地、海滩沙丘、溪流、牧场等，部分对游客开放。

郊野公园是自然导向型游憩活动为主的公园，根据使用密度的不同可以分为四种类型（表 6-6）。

表 6-6　自然导向型游憩活动的四种类型

类型	使用密度			
	很低	低	中等	高
日使用人数/公顷	<5 人	5~50 人	40~300 人	1000~2000 人
环境质量	与自然接触	可获得很大空间	不拥挤到拥挤	非常拥挤
活动举例	使用游径	在郊区野餐	有组织的野餐与野营	沙滩泳池运动中心
设施	仅需小憩凳椅	最低要求	必要	非常重要

（表格来源：（英）曼纽尔·鲍德·博拉，弗雷德·劳森，游憩与旅游规划手册[M].吴必虎，唐子颖，译.北京：中国建筑工业出版社，2004.）

每个场地所能容纳游客量多少取决于该处的自然特征及其设施类型，存在一个极限容量，超越这个容量就会破坏场地，游憩体验质量下降，影响与自然的接触机会。纽约中央公园（340hm²）每年接待 1500 万游客，平均每天每公顷 120 人。上海浦东世纪公园（140.3hm²）每年接待 576 万游客，平均每天每公顷 14 人疫情期限流单日上限 16 000 人。

2. 度假游憩区

以自然资源与环境为依托的游憩度假区主要类型有滨水、滑雪、温泉、乡村、高尔夫度假区等，各类度假区既有共同的特性与设施也有各具特色的设施。

滨水度假区包括湖滨、河滨、海滨等类型，其中以海滨度假区最为普遍，世界上著名旅游度假胜地均分布在三大海域：地中海、加那比海、亚太海域。

乡村度假区与旅游开发更多地与其附近的大城市和人口密集地区有关，起源于第二住宅，我国盛唐时期唐长安即流行第二住宅，典型的城市与第二住宅的距离与城镇规模有关，小城镇一般在 100km 以内，超过百万人口以上的城市一般在 150~200km，欧美国家第二住宅发展经历了从自由发展到严格控制的阶段，最早的第二住宅通常是对被遗弃的乡村建筑进行整修翻新，在最有吸引力的地点征用土地建造别墅、木屋，为地方经济带来正面效益（土地买卖，创造就业机会），但是这种选址于风景优美、环境敏感地带的大量第二住宅的建设消极影响逐渐显现，由于第二住宅多数时间闲置不用，地方政府为此支出高额的基础设施成本，当地利益最小化，土地价格逐步上涨破坏了农村经济结构，并导致了日益明显的城市化过程，大量耕地被占用。此后政府采取措施控制第二住宅在环境敏感地带的发展。

（1）在建筑密度接近临界密度（如 5 座别墅 /km²）的地方禁止修建更多的别墅。

（2）划定具体的农业用地、绿化带、游憩用地以及优美的自然景色保护区。

（3）带状或块状组团布局（独立外观和更大程度的私密性，促进儿童共同游戏）。

为了改善第二住宅人气消沉的状况，创造积极的第二住宅形象，充分利用当地的自然资源（湖泊、池塘、河流或森林）开展各种户外活动如骑马、水上活动、垂钓、高尔夫等，集中组团布局，依托乡村俱乐部，完善服务设施。对于退休人群居住的别墅，提高标准，周末居住的别墅，降低标准。

在 20 世纪 60 及 70 年代欧洲国家流行社会度假村，这类度假村住宿设施简易如青年旅馆、度假村、帐篷村、改建的村舍与农庄等，面向工薪阶层、平民阶层、社会弱势群体，为低收入家庭、各种团体、成人教育、老年人、儿童聚会、周末旅游等不同社会成员提供假日服务（包括为游客安排专门的滑雪索道）。在许多欧洲国家，由于目的地竞争、拖车营地与露营车的出现、季节性等原因，社会度假村客房率日益下降。从正常运行的最低门槛与经营能力的最大容量（餐饮服务与特殊游憩容量）来看，最佳规模 300~800 个床位，较大度假村应分若干组团各有 300~400 个床位。

现代乡村度假发展呈现多种模式，从其乡村性来看大致可分为真乡村、半乡村、假乡村等三种度假区类型，真乡村度假区是建立在真实的乡村基础上，与村民同住同乐，真实体验乡村生活；半乡村度假区是建立在田园乡野景观基础上，度假者可以体验乡村生活，但吃住与村民分离，高档住宿与乡野体验相结合；假乡村度假区是借乡村之名，度假体验与乡村无关，如国外一些乡村俱乐部实质上是高尔夫俱乐部、游艇俱乐部等。从经营方式来看，欧洲一些国家流行一种外租乡村度假区模式，这类度假区位于优美的环境中（山地、森林、河流或湖泊），可以租住一周或更长时间；德国、荷兰和比利时，在人口密度比较大的地区，均有基于周末或短假期的乡村度假区。

最早的乡村度假区之一是 Pompadour 度假村（地中海俱乐部），以骑马作为主要的活动。自 20 世纪 60 年代以来欧洲北部大型度假区都被规划为适应各季节的全季候目的地。

度假村规模：1000~2000 个床位，提供积极全面的度假活动：运动、游憩、文化、自然、休闲等，有许多通向附近的短途游览线路配套服务。

住宿设施：私家廊房、胜地旅舍、公寓旅馆、牧人小屋。

普遍的户外活动：山地自行车、短途旅行、骑马、迷你高尔夫。

为儿童以及带儿童出游的家庭提供：为不同年龄段的游客提供操场、幼儿园、娱乐活动、短途旅行、竞赛等。

3. 假日公园（Holiday Parks）

假日公园概念最早是由一家名为"中央公园"的荷兰公司于 20 世纪 70 年代所提出，1997 年开始风行于欧洲大陆，主要选址于大城市附近、交通便利、景色迷人的地方，少数建在海滨，以激活原有度假村，假日公园一般需投资 1~1.5 亿美元，占地 100~200hm^2，驾车 2~3h 之内到达。

假日公园是郊野自然公园、游憩公园、休闲公园、运动公园的综合，不同于乡村度假区，是一个具有 2000~4500 个床位的综合性度假区，多数客房配有自助式厨房，要有不拘一格的室内游泳池，如亚热带水上乐园：沙滩、海浪、水槽、滑梯、急流、水流按摩浴缸、模拟海水、人工瀑布、水滨快餐厅等，配以异乡情调的植被、借助人造阳光，塑造主题景观。有一个融风味美食、购物、社交和文化活动于一体的中心广场。为不同年龄阶段的游客提供针对性服务：为有幼儿的家庭提供临时看护和监护服务，为有十几岁的孩子的家庭提供活动项目，在非高峰时间为成人创造聚会机会，包括运动、保健、文化或乡村体验；为 55 岁的游客提供新的活动。

假日公园在经营管理上有两类：一是封闭式，60~130hm^2，游客可以不出园门，园内有足够的活动让游客体验；限制非居民的进入，每个公园都有一种特殊吸引物：冲浪学校、潜水或滑雪坡等，平均总密度为每公顷 30~60 个床位；二是开放式，25~50hm^2，游客住在园内，游在园外，对一日游游客开放。平均总密度：每公顷 60~100 个床位。[①]

6.3.2 公园游憩系统空间布局

1. 欧洲国家公园总体布局

为了便于进行管理，欧洲国家公园内部均进行了区域划分。这是欧洲国家

---

① 根据《旅游与游憩规划设计手册》相关资料整理。

公园的共性之一，但不同国家采用的划分方式却不尽相同。通过对欧洲部分国家不同分区类型的国家公园进行整理（表6-7），总体上可以分为三种方式：①二类分区，将国家公园划分为严格保护区域与发展管控区域；②三类分区，将国家公园划分为严格保护区域、过渡区域以及发展管控区域，这也是最为常见的一种分区方式；③四类分区，将国家公园划分为严格保护区域、过渡区域、发展管控区域以及其他功能区域。各国家公园在区域划分过程中均将自然资源的严格保护作为首要原则。

从以上数据可以看出，严格保护区域面积或严格保护区域与过渡区域的面积总和在国家公园中占比是非常高的。这些区域是依据国家公园内自然资源保护要求划定的，是因为自然资源保护是欧洲国家公园最为重要的功能之一。因此，访客在游憩过程中会受到一定的限制，但笔者在实地调研中并未感受到明显的区域界限。欧洲国家公园通过游径、标识等设施的设计，对访客进行积极的引导，使得访客在游憩过程中尽可能地避开生态敏感性较高的核心区域。另外，通过参与专业人士带领的环境教育活动，游客也可以获得进入严格保护区域的机会，享受体验自然的权利。

表6-7 部分欧洲国家公园分区一览表

序号	案例名称	分区统计							
1	Hainich NP（德国）	自然演进区	94%	发展管控区	6%	—		—	
2	KalKalpen NP（奥地利）	荒野保育区	89%	生态保护区	11%	—		—	
3	Guiana Amazonian NP（法国）	核心区	59.9%	合作区	40.1%	—		—	
4	Cévennes NP（法国）	核心区	25.1%	合作区	74.9%	—		—	
5	Bavarian Forest NP（德国）	自然演进区	68.0%	发展区	8.75%	管控区	23.2%	—	
6	Berchtesgaden NP（德国）	自然演进区	67%	发展区	10%	管控区	23%	—	
7	Harz NP（德国）	自然演进区	60%	发展区	39%	管控区	1%	—	
8	Pantelleria NP（意大利）	自然保育	55%	生态缓冲区	40%	旅游发展区	5%	—	
9	Šumava NP（捷克）	核心保护区	39%	生态缓冲区	57%	发展活动区	4%	—	
10	Wadden Sea NP（荷兰）	荒野保育区	37%	生态缓冲区	62%	发展活动区	1%	—	
11	Bükk NP（匈牙利）	严格保护区	25%	生态保育区	70.8%	旅游发展区	4.25%	—	
12	Kiskunság NP（匈牙利）	严格保护区	24.4%	生态保育区	44.7%	旅游发展区	30.9%	—	
13	Balaton−felvidék NP（匈牙利）	严格保护区	19.9%	生态保育区	35.6%	旅游发展区	44.5%	—	
14	Aggtelek NP（匈牙利）	严格保护区	19.5%	生态保育区	13.2%	旅游发展区	67.5%	—	
15	Fert−Hanság NP（匈牙利）	严格保护区	16%	生态保育区	60%	旅游发展区	24%	—	
16	Hortobágy NP（匈牙利）	严格保护区	15%	生态保育区	80%	旅游发展区	5%	—	
17	Lagonegrese NP（意大利）	自然保育区	8%	生态缓冲区	90.5%	旅游发展区	1.5%	—	
18	Hohe Tauern NP（奥地利）	荒野保育区	18.3%	核心保护区	7.1%	生态缓冲区	13.3%	旅游发展区	61.3%
19	Dolomiti NP（意大利）	严格保护区	7.9%	生态保育区	82.2%	农业保护区	9%	发展活动区	0.9%
20	Abruzzo NP（意大利）	严格保护区	6.9%	生态保育区	83.8%	农业保护区	8.5%	发展活动区	0.8%

（表格来源：寇梦茜整理）

在四个案例国家公园中，英国是极为特殊的一个国家。由于英国政治体制的原因，国家公园均由各国家公园管理局所管辖，因此并没有国家层面的分区规定。多数情况下是采取因地制宜的方式，在国家公园范围内，针对需要保护的特定资源划定其他类型的自然保护地。

以英国布罗兹湿地国家公园（The Broads National Park）为例（图6-5），在其边界范围内为保护河流周边的生物多样性，划定有一定数量的自然保护区，其中也包括国家自然保护区与特殊科学价值保护地。另外，国家公园内还有不同等级的村镇聚居点，而为了保护这些极具英伦特色的文化遗产与人文景观，围绕着这些村镇也划定有相关保护区。自然保护区内仅有洪水检测和一些生态影响较小游憩设施，例如：自行车租赁、徒步休憩点等。可见，英国国家公园是依据自身资源保护需求进行区域划分的，且不同区域之间会有一定的重叠。

以英国凯恩戈姆山国家公园（Cairngorms National Park）为例，在公园区域内包含了五类自然保护地，即：湿地保护区、特殊保护区、特别保护区、国家级保护区、特殊科学价值保护地（图6-6）。与上一案例相似，以上保护地的划分是有大面积重叠的，例如：面积最大的湿地保护区同时也是国家级保护区和特殊科学价值保护地。因此，国家公园内是依据自身资源保护需求进行区域划分的，并且同一片区域是可以重复划分的。

通过对三个分别位于英格兰、威尔士及苏格兰的国家公园的案例剖析，可见英国国家公园并不存在完整的分区体系。各国家公园由其管委会独立管理，并依据所拥有的自然资源及其保护需求进行区域划分的，各类自然保护地是可重叠的。

2. 欧洲国家公园设施体系

通过对以上四国国家公园设施体系的分析，可以看出每个国家的侧重点不尽相同。尽管各个国家公园的管理体制各不相同，但四国国家公园的设立目的都是十分相似的，包括三个主要目的：①保护特有的生物多样性与景观独特性（包括自然景观与人文景观）；②为公众提供体验自然、享受自然的机会；③在遵循可持续发展的前提下，成为带动周边区域经济发展的动力。因此将四类设施体系综合起来，可以得到一个相对完整的欧洲国家公园设施体系（表6-8）。

3. 国家公园设施体系国家差异

由于欧洲国家公园设施体系是综合四国设施体系框架得到的，通过对比两者的重合率可以看出各国国家公园更为关注的部分（表6-9）。通过纵向对比，可以发现德国、英国与法国国家公园均是生态保育与社区发展并重，意大利最重要的则是生态保育。

各国国家公园设施体系所提及的设施都是国家公园建设中最为重要的部

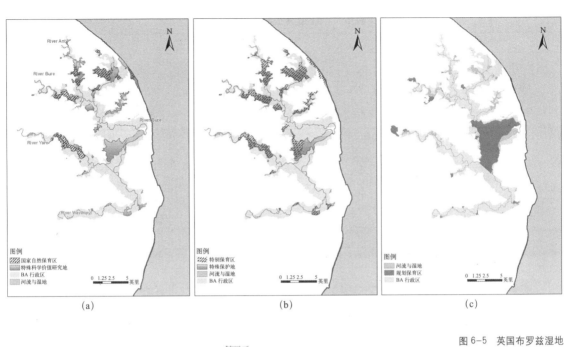

(a)   (b)   (c)

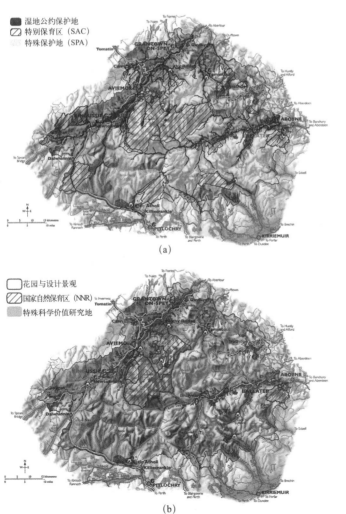

(a)

(b)

图6-5 英国布罗兹湿地
国家公园布局示意图
(a) 特殊科学价值研究地
与国家自然保育区分布
网络;
(b) 欧洲重点特殊科学价
值研究地分布网络;
(c) 保护地(设计与文化
遗产)

图6-6 英国凯恩戈姆山
国家公园区域划分示意图
(a) 湿地保护区、特殊保护
区、特别保护区;
(b) 花园与设计景观、国
家级保护区、特殊科学价
值保护地
(图片来源:Local De-
velopment Plan 2015
https://cairngorms.
co.uk/wp-content/
uploads/2018/03/2018
0227_CNPALDP_vFinal_
ESRIopt.pdf)

表 6-8　欧洲国家公园设施体系框架

设施类型		设施类型细分			
生态保育	卫生管理	污水处理设施	废物处理设施		
			垃圾处理设施		
			家庭废物循环利用设施		
	野生动物管理	野生动物保育设施	野生动物监测设施		
		生态多样性/野生动物廊道	野生动物观测点		
	研究与监测	科学研究设施			
社会福利	健康与社会关怀	医疗设施	体育设施	无障碍设施	
		医院	水上运动设施	无障碍道路	
		全科医生诊所	陆上运动设施		
	教育	基础教育设施	环境教育设施		
		公立小学	解说牌与展示牌		
		公立初中	博物馆		
		图书馆			
	公共事业	紧急避险设施	洪水防护设施		
	旅游与游憩	住宿	服务设施	游憩设施	辅助旅游设施
		游客住宿（服务性住所，如旅馆、民宿）	游客中心	观景点	零售商店
		游客住宿（自助性住所，如露营地、房车场地）	旅游信息中心/信息点	休憩点	咖啡厅、酒吧
		员工住宿	公厕	野餐区	餐馆
				素拓场地	
社区发展	聚居地和建筑	建筑	绿色活动设施	居住要素	
		建筑物	开放空间	马厩	
		纪念物	游乐场地	仓库	
			花园（分配/公共）	索道	
			公园	狩猎点/狩猎小屋	
	交通	道路	游径	公共交通	交通设施
		普通道路	徒步路线	公共汽车站	停车场
		公路	自行车骑行路线	火车站及铁路线	电动汽车充电处
			马术骑行路线	机场	港口及船坞
	能源供应与管理，包括供暖	电力设施	燃气供应设施	供暖设施	可再生能源设施
		电力管线（埋设/架设）	燃气管线		机械风能设施
					地热能设施
	水资源管理	结构技术设施	饮用水提取设施	供水设施	排水设施
		水坝	饮用水生产工厂	供水管线	排水管线
		堰体	水源沉淀池	储水设施	
		沟渠	高架水箱		
			导管		
	通信管理	电缆设施	光缆设施		
		电缆（埋设/架设）	光缆（埋设/架设）		

续表

设施类型		设施类型细分		
	通信管理		海底光缆		
社区 发展	环境资源利用管理	农业设施	林业设施	牧业设施	渔业设施
	商业活动	广告架构	巡回商业活动场地		
	其他	不可再生资源开采	军事设施		
		采石场			
		矿业开采			

（表格来源：寇梦茜整理）

表6-9　各国设施体系与欧洲设施体系重合率

	德国	英国	法国	意大利
生态保育	66.67%	44.44%	44.44%	33.33%
社会福利	38.24%	94.12%	11.76%	23.53%
社区发展	66.15%	43.08%	46.15%	21.54%
总体	57.41%	59.26%	35.19%	23.15%

分。因此，通过统计各设施要素被提及的次数，可以看出目前欧洲国家公园建
设中的聚焦点（表6-10）。从表中可见，四个国家均有提及的有以下七类设施
要素：污水处理设施、体育设施、环境教育设施、露营地、建筑、道路、电力
设施。

表6-10　欧洲国家公园设施体系数据统计

设施类型		设施类型细分			
生态 保育	卫生管理	污水处理设施	废物处理设施		
			垃圾处理设施		
			家庭废物循环利用设施		
	野生动物管理	野生动物保育	野生动物监测设施		
		生态多样性/野生动物廊道	野生动物观测点		
	研究与监测	科学研究设施			
社会 福利	健康与社会关怀	医疗设施	体育设施	无障碍设施	
		医院	水上运动设施	无障碍道路	
		全科医生诊所	陆上运动设施		
	教育	基础教育设施	环境教育设施		
		公立小学	解说牌与展示牌		
		公立初中	博物馆		
		图书馆			
	公共事业	紧急避险设施	洪水防护设施		
	旅游与游憩	住宿	服务	游憩设施	辅助旅游设施
		游客住宿（服务性住所，如旅馆、民宿）	游客中心	观景点	零售商店
		游客住宿（自助性住所，如露营地、房车场地）	旅游信息中心/信息点	休憩点	咖啡厅、酒吧

续表

	设施类型	设施类型细分			
社会福利	旅游与游憩	员工住宿	公厕	野餐区	餐馆
				素拓场地	
社区发展	聚居地和建筑	建筑	绿色活动设施	居住要素	
		建筑物	开放空间	马厩	
		纪念物	游乐场地	仓库	
			花园（分配/公共）	索道	
			公园	狩猎点/狩猎小屋	
社区发展	交通	道路	游径	公共交通	交通设施
		普通道路	徒步路线	公共汽车站	停车场
		公路	自行车骑行路线	火车站及铁路线	电动汽车充电处
			马术骑行路线	机场	港口及船坞
	能源供应与管理（包括供热）	电力设施	燃气供应设施	供暖设施	可再生能源设施
		电力管线（埋设/架设）	燃气管线		机械风能设施
					地热能设施
	水资源管理	结构技术设施	饮用水提取设施	供水设施	排水设施
		水坝	饮用水生产工厂	供水管线	排水管线
		堰体	水源沉淀池	储水设施	
		沟渠	高架水箱		
			导管		
	通信管理	电缆设施	光缆设施		
		电缆（埋设/架设）	光缆（埋设/架设）		
			海底光缆		
	环境资源利用管理	农业设施	林业设施	牧业设施	渔业设施
	商业活动	广告架构	巡回商业活动场地		
	其他	不可再生资源开采	军事设施		
		采石场			
		矿业开采			

（表格来源：寇梦茜整理）

6.3.3 公园游憩体育设施空间布局 [①]

1. 体育活动与体育设施

在国家公园三个设立目标中，社会福利作为与公众生活息息相关的部分吸引了越来越多的关注。欧洲人普遍崇尚亲近自然的体育活动，国家公园则为这类活动提供了一片沃土。在意大利保护区框架法案中，第七条明确规定在国家公园内需要为兼容的体育活动提供相应设施，并将其纳入规划；第十一条规定

---

① 资料整理由研究生寇梦茜负责。

国家公园需编制规范限定公园内允许的体育、游憩和教育活动的发展，并由国家公园管理局进行管理，同时强调延续国家公园自身特点。

由于意大利国家公园数量众多，笔者依据国家公园总面积与地域分布选择了五个国家公园，并对其中的体育活动进行了分区统计（表6-11）。通过统计可以看出，国家公园内的体育活动与自然资源分布和区域划分两类要素息息相关。在研究案例中，多洛米蒂国家公园、锡比利尼国家公园、波利诺国家公园均拥有丰富的森林与水域资源，开展的体育活动以陆上活动为主。而拉马达莱纳国家公园和加尔加诺国家公园拥有大量的海洋资源，开展的体育活动以水上活动为主。

各国家公园管委会制定的规范中遵循意大利保护区框架法案的规定，所有体育活动的开展均以环境保护为主要原则，严禁进行对生态环境造成极大影响的体育活动。从统计的体育活动类型来看，绝大多数国家公园内可进行的体育

表6-11 意大利国家公园体育活动统计

营地名称	面积(km²)	分区	徒步	马术骑行	山地车骑行	越野滑雪	攀岩	溪降	游泳	潜水	漂流	划船	帆船	运动垂钓	赛车	滑翔伞
多洛米蒂 (Dolomiti Bellunesi)	32	A	■	■	■	■	■	■	—	■	■	—	—	■	—	—
		B	▨	▨	▨	▨	▨	▨	—	▨	▨	—	—	■	—	—
		C	▨	▨	▨	▨	▨	▨	—	▨	▨	—	—	■	—	—
		D	■	■	■	■	■	■	—	■	■	—	—	■	—	—
拉马达莱纳 (La Maddalena)	202	A	—	—	—	—	—	—	■	■	—	■	■	—	—	—
		B	—	—	—	—	—	—	▨	▨	—	▨	▨	—	—	—
		C	—	—	—	—	—	—	▨	▨	—	▨	▨	—	—	—
锡比利尼 (Monti Sibillini)	697	A	▨	▨	▨	▨	■	—	—	—	▨	—	—	■	■	■
		B	▨	▨	▨	▨	■	—	—	—	▨	—	—	■	■	■
		C	■	■	■	■	■	—	—	—	■	—	—	■	▨	■
		D	■	■	■	■	■	—	—	—	■	—	—	■	▨	■
加尔加诺 (Gargano)	1211	A	—	—	—	—	—	—	■	■	—	■	■	—	—	—
		B	—	—	—	—	—	—	▨	▨	—	▨	▨	—	—	—
		C	—	—	—	—	—	—	■	■	—	■	■	—	—	—
波利诺 (Pollino)	1926	A	■	■	■	■	■	■	—	—	■	—	—	■	—	■
		B	▨	▨	▨	▨	▨	▨	—	—	■	—	—	■	—	■
		C	▨	▨	▨	▨	▨	▨	—	—	■	—	—	■	—	■
		D	▨	▨	▨	▨	▨	▨	—	—	■	—	—	■	—	■

注：■代表禁止，▨代表授权，■代表允许。

活动均是对自然生态影响较小的环境友好型活动，在国家公园范围内不需要进行大规模的设施建设，例如徒步、骑行、攀岩、漂流等。从分区来看，绝大多数意大利国家公园 A 区（严格保护区）内严禁进行体育活动，少部分则需要国家公园管委会的严格授权方可进行活动。由于接下来 B 区（生态保育区）、C 区（保护区域）、D 区（发展区）的保护等级依次降低，因此大部分体育活动集中在 C 区与 D 区。

从中不难看出，意大利国家公园中体育活动所需要的设施非常简单，主要有相关器材的租赁店铺、标识牌等，这些设施的具体设计方法及案例请参考前文。相比之下，国家公园内体育活动场地的选址与布局则更为重要。

2. 体育活动场地选址与布局——以意大利波利诺国家公园为例

意大利国家公园体育活动场地的选址与布局以生态保育作为首要原则。本文中以意大利面积最大的自然保护地——波利诺国家公园为例进行阐述。

波利诺国家公园成立于 1993 年，位于意大利南部，范围边界横跨卡拉布里亚地区和巴西利卡塔地区，3 个省（科森扎、波坦察、马泰拉），56 个城市（24个位于巴西利卡塔和 32 个位于卡拉布里亚），9 个山地社区。国家公园内拥有丰富的地质资源，波利诺山脉孕育了高耸的山峰、险峻的岩壁、奇妙的洞穴、丰富的水系，这些丰富的自然资源为多种多样的体育活动提供了场地，例如：徒步、攀岩、漂流、溪降、洞穴探险，等等（图 6-7）。各类体育活动需要不同的自然环境作为基础，这也是体育活动场地选址与布局中的基本原则。事实上，大自然本身就是最为主要的体育设施。

通过分区与布局的比较（图 6-8），不难看出徒步、登山、攀岩、骑行一类对生态环境影响极小的活动场地较多，且均分布在 B 区与 C 区。而与之类似的雪季徒步、越野滑雪等季节性体育活动场地也分布在 B 区与 C 区，但场地数量则较少。水上运动则沿水系分布，由于生态影响较前两者稍大，因此均分布在 C 区与 D 区。另外，具有特定要求的体育活动则应依照其规范设置在相应的位置，例如：滑翔伞需要较为宽阔的起飞与着陆场地，洞穴探险需要特定的地质地貌，等等。

图 6-7　波利诺国家公园内的体育活动
（图片来源：(a) http://www.isentieride lpollino.it/fotografie-arrampicata-parco-nazio nale-pollino.html; (b) http://www.strettoweb.com/2015/04/parco-nazionale-pollino-via-stagione-degli-sport-fluviali-acquatrekking-rafting-foto/272929/; (c) http://www.italia.it/fr/idees-de-voyage/sport-et-bien-etre/sports-extremes-en-italie.html)

(a)　　　　　　　　(b)　　　　　　　　(c)

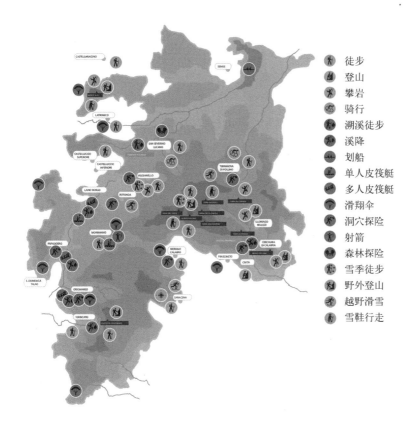

图 6-8　波利诺国家公园
内体育活动场地分布图
（图片来源：https：//
parcopollino.gov.it/images/
file_pdf/mappa_sport.pdf）

徒步
登山
攀岩
骑行
溯溪徒步
溪降
划船
单人皮筏艇
多人皮筏艇
滑翔伞
洞穴探险
射箭
森林探险
雪季徒步
野外登山
越野滑雪
雪鞋行走

6.4　游憩环境与设施设计

　　游憩环境与设施设计主要是针对特定游憩功能需求而做的场地设计，既遵守景观总体规划与详细规划硬性规定要求，也强调自主创新创意设计，强化基地景观特征，提升基地游憩功能。按照游憩功能属性特征可以分类设计，一般分为游憩场地规划设计、疗愈景观设计、游憩基地设计等。把使用者与使用需求、场地与设施设计、管理维护等三个方面统筹考虑综合设计，强调资源持续利用的规划设计方法。

6.4.1　游憩场地规划的基本程序及其关键点

　　场地的无障碍性、可持续性以及场地环境宜人性是游憩场地规划的三个要求，社会需求分析、区域比较分析、资源承载能力分析是游憩场地规划的基本方法。游憩使用方式不应该超出土地资源的承受能力，应该充分利用现有条件，开展深入的场地及周边区域的研究。这类研究必须包括：区域分析、土壤分析、地质分析、水文分析、植被分析、气候分析、生态分析、文化资源分析、历史分析、考古分析、公共设施分析以及场地可达性分析。

　　游憩场地规划必须开展多方案比较，规划师和管理者应当考虑一些可选方案以实现资源利用目标，同时也应当考虑项目方案可能导致的最终结果与消极影响，以及设施操作与维护要求。一些可能解决问题的新方法和概念不一定适用于当前技术，这些方法不仅应该在开发阶段进行调查，更应该在减少目前操作与维护成本包括故意破坏的成本上进行调查与研究。场地管理是游憩规划不可缺少的环节，是规划的重要内容，从根本上说，使用者数量越多，管理工作也就越多，管理工作需要人员和经费的支持以保证场所品质。

游憩场地规划方法归纳起来可以分为十二个步骤，其中场地与功能结合所衍生的土地利用格局、场地布局与总体设计是场地规划的核心环节：

第一步：研究；

第二步：区域分析；

第三步：场地分析；

第四步：项目与各要素关系；

第五步：功能分析；

第六步：场地与功能结合；

第七步：土地利用概念规划；

第八步：场地规划与总体设计；

第九步：施工文件和投标程序；

第十步：建设；

第十一步：回顾与反馈（建设项目评价）；

第十二步：管理规划的制定。

6.4.2　与时俱进的游憩场地规划

1. 新活动不断出现

户外游憩活动类型、级别与数量随着社会发展而发展，新的活动不断出现，而与之相适应的规划设计规范通常相对滞后，理论、标准规范滞后于社会实践。乔治·E. 福格（George E. Fogg）系统总结了 20 世纪 90 年代出现的各类户外活动的基本特征、发展规律及其用地、设施配置、管理要求 [1]，这对我国近几年出现的各类户外游憩活动场地规划设计具有重要的参考价值。这些活动包括各类越野车、全地形车游径、公路自行车、悬挂式滑翔运动、滑翔伞运动、滑板、直排轮滑、自行车表演、飞盘高尔夫、登山、深潜、浮潜、狗狗公园、马术营地、全地形车营地、无障碍设计、戏水区、滑冰、"奥杜邦"型高尔夫球场、滑雪、各种机动飞行器模型（噪声控制）等，以及与之密切相关的旅游服务区、大型旅游地、小型旅游地、保留区、通过设计减少化学品的使用，以及场地管理规划。图片共有 300 多张，各类活动场地的设施配置、功能配置提供了相应的规划图、设计图指引，是一幅全景式地呈现公园游憩活动、设施与场地的规划图谱。

---

[1]　[美] 乔治·E. 福格. 公园游憩设施与场地规划导则 [M]. 北京：中国建筑工业出版社，2016.11.

2. 不同活动具有不同的行为规律和用地要求

通过对不同年龄段居民经常性户外活动的深入总结，发现 10~12 种活动占据了大部分游憩时间：露营、徒步、野餐、自驾、观看历史和考古遗迹、游泳、日光浴、观看野生生物（鸟类、动物、植物）。与野生生物有关的观赏和认知是一块正在兴起的领域，分别是最重要和第二重要的活动。在一些区域，它可能会超过一些传统的游憩活动。青少年群体游憩活动排序：日光浴、游泳、戏水、骑行、野餐、自驾游、旅游、露营、休闲、钓鱼和学习自然。

20~29 岁群体游憩活动排序：日光浴、自然徒步 / 学习自然、露营、自驾游、旅游、骑行、游泳 / 与水有关的活动、野餐、休闲、徒步、钓鱼。

30~44 岁群体游憩活动排序：露营、钓鱼、休闲、徒步、游泳 / 与水有关的活动、野餐、自驾游、旅游、自然徒步 / 学习自然、骑行、日光浴。

45~64 岁群体游憩活动排序：钓鱼、骑行、徒步、野餐、学习自然、自驾游、旅游、游泳 / 与水有关的活动、日光浴、露营。

65 岁以上的群体游憩活动排序：学习自然、旅游、钓鱼、徒步、休闲、野餐、露营、骑行、日光浴、游泳 / 与水有关的活动。

在美国选择野餐的群体最大，钓鱼和非出租划船的群体最小。参与群体人数与停留时间长短密切相关。在大型群体游憩活动提供设施的游憩地，一般游客停留时间较长，游客流动率相对较低，不同游憩活动出现高峰时段的时间不同。游泳、野餐自行车高峰段出现在中午 12 点—下午 4 点之间，垂钓、观鸟等活动高峰时段出现在上午 8 点左右。

很多游憩活动均具有连锁性，主导活动与次生活动相伴而生，如露营者通常参与垂钓、骑马、划船、自然认知、远足、游泳、游戏愉悦活动等。没有孩子的年轻露营者是最有可能寻求远程露营的(徒步旅行)，随着家庭内有了孩子，他们开始调整露营方式，转为有一些徒步的传统家庭露营方式。在孩子 5~14 岁的这段时间，家庭通常只进行路边露营。但是，当孩子成熟离开家时，一些父母会再次寻求远程露营，但大多数会放弃露营活动而选择其他。

6.4.3 游憩场地规划的技术参数与指标体系

1. 各类游憩场地规划有共同的也有个性化的技术指标要求

前者如游憩需求类型与规模分析预测方法，场地容量计算方法，解说设施配置，不同类型车的车载人数与周转率，公园视景、声景、嗅景的设计要求，环境影响评价与环境敏感性分析，公园建筑的节能减排绿色低碳要求等。后者因活动不同而不同，如场地无障碍设计中停车场、路线、斜坡、门口、卫生间、饮水机、信息标识符号、沙滩等无障碍设计均有明确的参数要求，无障碍饮水机处必须提供有 120cm 宽、76cm 深的明确的铺砌空间，并且不能超过 91.5cm 高，同时在饮水机下配有至少 68.5cm 宽和最少 43cm 深的清洁间隙。

2. 各类越野车的环境要求与设计方法

汽艇、雪地摩托、越野、沙滩车、摩托车、运动型多功能车、沙滩车、沼泽地车、驾车观光、飙车、公路赛车，以及遥控机动模型（包括直接遥控与远程遥控）。沼泽越野车是可以自供电的四轮机动车，该类车主要是用于潮湿、遭受水灾、地形泥泞的路面；私人拥有的沼泽越野车可用于旅游、狩猎、钓鱼、露营和观赏野生动物；特制的沼泽越野车则是为了在专门设计的泥浆轨道上竞赛而建造的。旅游经营者利用沼泽越野车运送游客进入沼泽地区，该地区禁止传统车辆驶入。

3. 公用设施与污水处理系统

一个休闲设施场地就像一个小社区，但与社区不同的是，休闲场地的人口具有流动性，污水流量具有一定的季节性。污水处理系统一般可以分为工程处理系统、自然处理系统和土地处理系统。

工程处理系统主要是基于污水处理和管理技术，通过建设污水处理厂（站）处理污水的系统，需要专业工程师设计。

自然处理系统是指在特定资源设备环境下，可以利用水产养殖、水生生物（植物或动物）来进行污水处理。植物可以移除废水中的养分和污染物，定期收集植物作为肥料或土壤调节剂，动物食物和厌氧消化时可以作为一种沼气资源。因为夏季游憩设施的特性，这种系统较适合游憩设施场地。水葫芦就是一种非常合适的植物，但是要注意确保不要让植物进入自然水道。这种植物在10℃的水中就可以生长，当温度达到21℃它生长旺盛。从环境角度来说，希望能找到替代性植物。植物生长的地方要能让根充分吸收水分，水需要的滞留时间是4~15天，需要的空间是1~6hm^2。

土地处理系统技术已经被成功使用了115年，污水排入土地来滋养植被，同时污水被植物净化，有三种普遍使用的方法——灌溉、坡面流和快速渗滤。其他可选择的污水处理替代性系统，包括净化池系统、净化池由配水箱和不同种类的污水处理（疏散）。

场地组成——净化池和土壤吸收沟、土壤吸收床、交替吸收场地、配量投加系统、坡地净化池、渗水坑净化池等，有氧系统和土壤吸收场地，净化池/沙地过滤/消毒和排出，改良的沙堆系统，土壤聚合床，高压下水道（研磨机泵），双管系统，移动/抽水厕所，男性平均使用便池时间为1.1min，使用马桶平均时间为1.8min。男性使用便池的频率是使用马桶的3~4倍。女性使用马桶的时间一般在2~2.5min。

4. 夜宿场地的多样性与设施配置

从原始的、可直接进入的露营场地到高级的、设施完善的旅馆。

（1）原始的可直接进入的露营场地，很少或者没有设施——一种可持续的发展方式。

（2）可直接进入的场地，提供水和卫生设施—— 一些场地可能提供抽水马桶和自来水。

（3）道路一侧的遮蔽处，有限的水与卫生设施。从名字可以看出，它们沿着道路分布。

（4）典型的家庭露营地，有限的水和卫生设施。

（5）典型的家庭露营地，带有抽水马桶、淋浴和洗衣池。

（6）典型的家庭营地，每个场地都包含有完整的公共设施（包括停车场地、家政服务小屋）。

（7）有完整服务的旅馆，可能包括游泳池、餐厅和咖啡馆，以及其他设施。

（8）帐篷宿营——只有水和卫生设施，可使用的资源很少。

（9）大篷车宿营区——相对于全方位服务的营地来说其卫生设施是有限的。

（10）露营团体——大型集体组织，如童子军、女童军、美国国家游憩徒步者协会。

（11）短暂的露营——经常沿主要的公路设置，通常是私营的。

（12）青年旅社。

露营地需要更多的现代露营设施，比如洗浴室或者是洗浴室和公共厕所的结合。洗浴室包括热水浴、抽水马桶、温水或冷水的洗手台、电插座和夜间照明。如果在北方，房屋应该供暖以应对冬季的使用。在美国、墨西哥和加勒比海的南部，则不需要供暖。一般来说，露营者偏好有私密空间的场地。每公顷的露营单元：18m 长的露营单元每公顷 15~25 个是最佳布局；越野车露营地单元的基本类型包括无障碍平坦的区域、桌子、露营炉、帐篷、拖车、停车场和行驶区域。

房车区——专用房车设施要求：

（1）每公顷 25 个单元，每个单元面积为宽 12m× 长（21m + 8m 通道），约 360m^2。

（2）设计因素：坡度不超过 8%，出入便捷，完善的服务设施，野炊餐桌、火坑（篝火区）不一定都有，但是这些很受欢迎。露营区在一定程度上不需要卫生间。

（3）每个场地都要有完整的管道设施。

（4）洗浴中心、洗衣房和拖车区域最远距离不超过 180m。

（5）私人资产通常用于建设和经营。

（6）通常会有配置一个综合的娱乐室、办公室和商店。

5. 速降滑雪和滑板滑雪的技术指标

传统类型的滑雪每年滑雪日在 20 天以上，滑板滑雪已经变成了速降滑雪的主要部分，特别是在年轻人当中，现在 30% 的滑雪场所使用的是滑板滑雪。不经常滑雪者占了总滑雪人数的 12%，经常滑雪者占了总数的 45%，剩下的一般滑雪者是 35%，滑雪天数在 5~20 天之间。餐饮服务、酒吧、娱乐场所、住宿、设备租赁、教学等，20% 或者更多的资金花费在这些活动上。主要技术指标要求如下：

（1）3m 厚的降雪（无人工造雪设备）将会带来 80~85 天的滑雪时间。

（2）距市中心 1 小时车程内的滑雪场地，需要考虑夜晚的滑雪设施。

（3）能容纳 3000 人的 600hm^2 山坡，游径处于相对拥挤的情况。

（4）滑雪山道的宽度——至少 12m，较大的区域应该在陡峭山坡的顶部。单向道的开发应该在自然积雪的地方。

（5）应该经常为初学者和无经验的滑雪者提供一个简单的办法来从坡顶滑向坡底。

（6）绳拖——最多 400m、25% 的斜坡。

（7）所有区域都应该在垂直高度 60m 或以上的山坡设置升降椅。

（8）贡多拉游船在主要的滑雪区域也是可用的并且还能在夏天被观光者使用。

（9）在滑雪电梯的基础上必须为了那些想要爬到山坡顶部的人提供等待的空间。

（10）垂直降落高度至少 55m，合适高度的最小值为 110m。

（11）山坡坡度：初学者——5%~20%，中级——20%~35%，专业——35% 及以上。

（12）避免山顶有大面积开放区域，解决方法：设置植物屏障。

（13）避免大面积开放区域暴露在盛行风的方向，解决方法：设置植物屏障。

（14）人工造雪设备必须有利润保障，而且在冬季需要水源的持续供应。

（15）售票亭应该位于停车场和山坡之间，最好是在主要滑雪场地的外面。

（16）为了提高滑雪运作效率，辅助设施是必须设置的。

6. 鸟类及野生动物观赏的设计要求

一个理想的观鸟场地应该具备几个条件：有可能被观测到的鸟类的地图及名录，在停车场提供关于场地内将可以看到什么及最佳观鸟点的位置信息，观鸟屋，解说陈列——可能会依据季节不同而变，沿游径的解说标识等。

观看野生动植物（除了鸟类以外），必须有被观看物种（鸟类、植物、动物）的详细信息，设置人造或者自然屏障以防止被观看物种受到惊吓，在特殊兴趣点设置有遮阳物，在主要停车区设置有饮用水。

（1）与观察研究野鸟的需求相同，除了一些特殊栖息地需要一些更改，如水下观看或者采取其他保护措施免受动物例如短吻鳄的伤害。

（2）在陆地上，最好从机动车上观察，或是在一个自动引导的轨道上进行观察，如弗吉尼亚州的亚萨提格岛国家自然保护区或是佛罗里达州的丁达林保护区。也可以在带有导游的小型客车上进行观察，如非洲野生动植物探寻旅游或阿拉斯加州的德纳里峰国家公园。鸟类或者其他野生动物似乎并不把低速行驶的机动车当成威胁，且常常会忽视它们。这些广阔的机动车游览区域在特殊观赏位置要增补停车场。水下观赏非常壮观，特别是在珊瑚礁和人造栖息地处。

6.4.4 游憩管理规划与场地适应性

1. 管理规划内容与实施

综合场地管理规划并不是一个新的概念，但它对于很多资源管理者来讲仍然是一个新的课题。一个综合管理规划包含几个具有不同功能的部分：规划、运营、维护，以及活动策划。近几年来，美国一些机构，特别是大多数联邦和州的土地管理机构，已经着手编制不同等级的场地管理规划。管理规划导则最好通俗易懂，这样有利于规划者、管理者，特别是场地管理者和其员工更好地理解和使用管理导则。项目发展最根本的动力是使用者，场地对于游客需求期望的满足度将会决定其未来发展。

一个项目未来潜在的使用人群是哪些，他们来自哪里，他们所感兴趣的和期望看到的有哪些，这些信息对于一个项目来讲是至关重要的。它将会告诉你如何维护设施场地，以及在何种程度下场地设施需要进行维护。

一项管理规划只有在被实施后才有其真正价值。规划必须由所有不同等级的场地管理者一同实施，包括最高决策者、中层管理者、技术监管人员以及最重要的底层员工。一些有效实施的方法包括由工作人员编写的年度工作计划表。

2. 游憩地名称与管理目标

在大型项目和资源系统中，确定公园、游憩地或旅游区的类型对于市场和管理者目标的制定是必要的。虽然标记资源的类型对于工作目的来讲不是必要的，但是它对制定每一块场地管理方案来讲是有帮助的。在很多情况下，了解资源类型可以使公众对这里产生一定期望。例如，位于宾夕法尼亚州的霍普威尔高炉国家历史遗址就会引导大众去了解这是一个历史遗址地，而不是一个游泳、野餐或露营的场地。当游客发现了旅游地的历史遗产价值而并不认为它是普通的公园时，他们的期望将会得到满足。同样，公园的行政等级和名称对公众的认同与使用期望来讲是至关重要的。

在命名公园、游憩地以及休闲设施场地时应当包括以下几点：

(1) 自然资源型地区可以称作是"公园"或"自然地"。

(2) 历史或文化资源型地区可以称作"历史公园"或"历史区"。

(3) 以游憩行为为导向的区域可以称作"游憩地"。

(4) 保护区（通常以资源为本底）通常情况下是为某种特定的保护类型而建立的，例如植物的保护或是考古文物的保护。

(5) 专类园，例如动物园、综合运动场、高尔夫中心、自然教育场地等。

一个公园可能会有多重目标，应当将所有的目标以同样的方式详细列出并加以阐述。次要目标或其他功能在适当情况下必须包含提升游憩场地的首要功能，这些次要目标包括洪水防控、水资源供应、港口保护等。

3. 管理分区与制图

分区是游憩管理的有效方法，自然游憩地一般分五个区：集中使用区、后勤中心/管理中心、历史文化区、限制区（禁止进入的区域）、自然区（陆地和水体，延续状态的区域），每个分区根据需要可以分若干子区，陆地分区可以分为观鸟区、草原、沙漠、岩石区，原始森林区（低密度游憩活动，如徒步、狩猎或其他等），环境教育/解说中心（自然游径，教学站点），自然景观区（风景优美的区域或地质景观区），为保护和解说留下的独特区域，自然控制区（必须清楚地制定出限制条件），栖息地（禁止游客进入，如秃鹰筑巢区、红冠啄木鸟栖息区、鲑鱼栖息区等），或许经历过炼山造林的地区（炼山：人为控制的火烧，是人们为了植树造林在采伐迹地或宜林地上用火烧来清理林地的一种营林措施）。

水体分区可分为自然湖泊和岸线区、自然溪流区、湿地沼泽区、垂钓区、雨水调蓄区（该区存在植物限制）、观鸟区和自然教育区等。每一个管理分区及其子分区都必须在图中绘制出来并加以简洁但全面的介绍，包括现状资源特征、人工设施，以及确定存在的问题，图中需要绘制出各分区的范围与特征。规划人员或管理者需要认真分析之前所搜集的可以利用的材料，其目的在于确定项目场地的范围和管理边界，确定场地缺陷和问题，针对提出的问题制定解决方案，提出充分的项目管理规划及运营指导，以开展日常工作。

6.4.5 环境教育设施设计 [①]

1. 环境教育设施体系定义及发展趋势

在过去 30 年间，环境教育的定义及其目标发生了巨大变化。"环境教育强调人与环境之间的关系，重要的是使人们了解并培养其从个人、社会、经济和生态利益等角度合理对待自然资源的能力。通过环境教育使人们在面对资源冲突时可以依靠自身的经验和感知进行处理。环境教育的核心组成部分是基于自然的整体化、标准化以及真实化的体验式学习"。[②]

自然教育，环境教育和可持续发展教育三者之间的关系层层递进，如图 6-9 所示：自然教育是环境教育的一部分，它们均为可持续发展教育的一部分。这三个领域的区别在于其主题范围逐级扩大，复杂性逐级增加，以及与社会问题的联系逐级紧密。[③]

---

① 资料整理由研究生寇梦茜负责完成。
② Umweltbildung F. Positionspapier[J]. Bern：Fachkonferenz Umweltbildung, 2010.
③ Scheidegger B，Christ Y. T，Hoesli T. Rahmenkonzept Bildung für Pärke und Naturzentren：Grundlagen für Bildungsverantwortliche[J]. 2012.

自然教育作为现代环境教育发展的历史起点，目前仍然是一个核心教育问题。自然教育所教授的知识与经验有助于人们了解全球生态系统，并为接受自然环境与景观保护奠定了重要基础。自然教育为极为抽象的可持续性教育主题（如生

图 6-9　环境教育与自然教育、可持续教育关系示意图

态周期性、网络性或复杂性等等）创建了整体化、经验化的科学教育方法。而环境教育与可持续发展教育的目标大致相同。不同之处在于环境教育更为侧重可持续发展教育的环境方面。但同时环境教育依旧遵循可持续发展的指导原则。

德国国家公园作为最为注重生态保育的自然保护地之一，同时也承担着为普罗大众提供社会福利的功能。环境教育作为社会福利中极为重要的一部分，与下一代的成长息息相关。依据 IUCN 对环境教育的定义：环境教育是建立价值观与概念认知的过程，这是为了培养人们理解并欣赏人与人、人与文化、人与环境之间的内在联系的能力和态度。[①] 这种认识和理解自然的能力是在童年的早期阶段形成的，[②] 同时这种基础能力对儿童今后的学习与发展有着举足轻重的作用。而环境教育设施就是用于进行环境教育的相关基础设施。

此类设施大多是针对儿童青少年所设计的，但随着德国社会老龄化阶段的到来，国家公园环境教育设施也出现了新的发展趋势。以贝希特斯加登国家公园为例，最初以年轻人和中年人为主，特别是处于成长阶段的青少年。但随着时间的推移，该国家公园的游客平均年龄已达到 45 岁，其中 51~60 岁游客已占到游客总量的 20%，而 16~20 岁的年轻人仅有 2%。由此，国家公园环境教育设施在今后的发展中也应更多地考虑到中老年人的使用。

2. 环境教育设施体系

德国国家公园环境教育体系通过近几十年的发展，已经形成了成熟完善的环境教育设施体系。尽管设施体系的建设与资金、人力等方面的投入息息相关，是一个需要持续关注的过程，并非一朝一夕就可以完成的，但其中仍有很多方式与方法值得我国国家公园在未来发展中予以借鉴。通过对自然演进区占比最高的五个国家公园进行分析（表 6-12），德国国家公园环境教育设施体系可大致分为两部分：硬件设施与软件设施。其中，硬件设施包括科教展厅、环境教育中心、自然游乐场地、野生动物园等大型设施和野生动物观察点，信息展亭、

---

① Abbas G. NASSD Background Paper：Environmental Education[J]. Gilgit：IUCN Northern Areas Programme，2003.

② Megerle H. Sensitizing People to Natural Forest Dynamics：A Report on a Project in the Northern Black Forest，Germany[J]. Mountain Research and Development，2007，27（3）：284-285.

表6-12　德国国家公园环境教育设施体系

项目	海尼希国家公园	汉堡湿地国家公园	凯勒森林—埃德湖国家公园	亚斯蒙德国家公园	米利茨国家公园
科教展厅	国家公园中心	国家公园之家	国家公园中心	国家公园中心	国家公园展览馆
环境教育中心	环境教育站	—	图书之家	古兹曼博物馆	青年森林之家
自然游乐	野猫儿童乐园	—	—	森林游乐场	室外场地
动物园	野猫展示园	—	野生动物园	—	—
观察点	✓	✓	✓	✓	✓
信息展亭	✓	✓	✓	✓	✓
解说牌	✓	✓	✓	✓	✓
指示牌	✓	✓	✓	✓	✓
官方网站	✓	✓	✓	✓	✓
科教活动	小小护林员	小小护林员	小小护林员	与护林员散步	小小护林员

（图片来源：本表格整理自各国家公园官方网站）

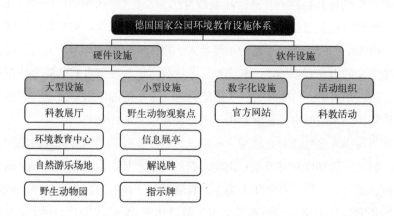

图6-10　德国国家公园
环境教育设施体系
（图片来源：寇梦茜绘）

解说牌、指示牌等小型设施；软件设施包括官方网站等数字化设施和科教活动
等活动组织（图6-10）。

（1）硬件设施

1）科普展厅

科普展厅通常位于游客服务区内且不止一个，面积通常在300~500m²，并
配备有完善的国家公园自然资源介绍，包括最具生态价值的珍稀物种，国家公
园的自然地貌等等。在展厅中，孩子们可以通过多种方式进行学习，如观看纪
录片，触摸体验，以及游戏等寓教于乐的方式（图6-11）。交互式工具，视频
与声音等元素的使用让教育内容对青少年更具有吸引力，但另一方面也会提高
设施建设的成本。

2）环境教育中心与自然游乐场地

环境教育中心通常是建筑面积为300m²左右且由本土建筑材料搭建的乡土
建筑，大多位于荒野边缘，并常与自然游乐场地配套建设。其中配备有工作室、
图书馆等场所，为访客提供近距离体验大自然，观察生物多样性的机会。而自

然游乐场地则是儿童和青少年进行室外游乐活动的场地,通常场地内有原始材料(如树木、石头、绳子等)搭建的游乐设施。参与这种自然中的玩耍游憩可以使儿童和青少年学会欣赏自然,并在将来肩负起保护自然的责任(图 6-12)。

3)野生动物园

通常人们会认为国家公园内不应该设置野生动物园这类设施,但事实上野生动物园的存在分担了一部分访客所带来的生态压力。绝大多数访客都希望在国家公园中见到当地的野生动物,但并不是人人都可以到自然栖息地一睹其风采,因此野生动物园的设立即满足了访客的需求,也降低了对自然栖息地的人为干扰。这类野生动物园通常规模并不大,其中豢养的动物多为当地原有的野生动物,另外还承担了野生动物救助站的重要功能。

4)野生动物观察点

为了便于访客进行科学观测与研究学习,国家公园内会建设一些野生动物观察点(图 6-13)。这类观察设施通常面积为 20m² 左右且由本土建筑材料搭建的

图 6-11 亚斯蒙德国家公园中心(Nationalpark Zentrum Königsstuhl)
(图片来源:http://www.die-ruegen.de/schutz/schutz-np-jasmund.cfm)

图 6-12 米利茨国家公园青年森林之家(Jugendwaldheim Steinmühle)及其室外游乐场地
(图片来源:http://www.mueritz-nationalpark.de/)

图 6-13　米利茨国家公园鸟类观察点
（图片来源：同图 6-12）

图 6-14　凯勒森林—埃德湖国家公园信息展亭
（图片来源：https://www.nationalpark-kellerwald-edersee.de/）

(a)

(b)

图 6-15　德国国家公园
解说牌与指示牌示例
(a) 米利茨国家公园解
说牌；
(b) 海尼希国家公园指示牌
（图片来源：(a) http://
www.mueritz-nationalpark.
de/；(b) 作者自摄）

简易建筑，有时配备有望远镜等观察设备，但各国家公园也会依据自身情况来设计相应的观察点。观察点可以为人们提供近距离观察野生状态下动物活动的机会，同时尽可能减少对野生动物的干扰，这也是环境教育中不可或缺的一部分。

5）信息展亭

信息展亭大多位于交通节点处，通常由本土建筑材料搭建，是环境教育设施中不可或缺的一部分。另外，信息展厅兼具了标志物、休憩点与解说牌的功能（图 6-14）。

6）解说牌与指示牌

解说牌是最基础的一类环境教育设施，通常用来对设立之处附近的地理位置、动植物种类、生态过程等信息进行阐释。另一类则是指示牌，主要用于对目的地或徒步线路进行标示。这两类设施大多采用本土材料，需要尽可能地清楚明了（图 6-15）。

（2）软件设施

1）官方网站

德国国家公园均拥有成熟完善的官方网站，承担着国家公园介绍、教育宣传、游憩指导等功能。通过游览网站，游客可以了解到整个国家公园全貌、所拥有的自然资源，以及可参与的环境教育活动等等，并更为有效地规划自己的行程。研究者可以在国家公园相关资料库内查找到所需要的研究数据。

2）科教活动

据前所述，环境教育的核心组成部分是体验式学习，具体体现在丰富多样的科教活动上。德国国家公园的工作人员会综合考虑国家公园所拥有的自然资源，定期举办针对不同人群的环境教育活动，这些活动使得访客有了更为丰富的学习体验。

通过实地调研与数据收集，德国各国家公园均具有完善的宣传媒体（例如：动植物认知手册、徒步指导手册等等）与丰富多样的科教活动。相关科教活动可以分为四大类：动物认知，植物认知，环境认知，生存体验。

①动物认知：动物认知是最为人所熟知的环境教育方式，无论是在展馆内观摩动物标本与模型，还是在森林中徒步寻找野生动物踪迹，都可以让人们感受到自然的独特魅力。这些活动使学习者在了解动物习性的同时也培养了他们对自然的浓厚兴趣。

②植物认知：植物认知是较为宽泛的概念，除了在专业人士的带领下在森林中徒步寻找珍稀植物的活动，也包括多种多样的应季采摘体验。通过这些活动，让城市中长大的孩子们重新感受到了久违的自然气息。

③环境认知：每年都有数千名学生利用国家公园提供的多种多样的环境教育来学习、理解并解释自然。在国家公园中，学生可以更为直观地了解全球水循环或气候变化等当前迫在眉睫的环境问题，并提出自己的观点与大家交流。

④生存体验：生存体验是各类活动中最有意义的一类体验，通过这种方式可以教会孩子们如何在森林中自给自足，获得野外生存的技能，同时也让孩子们学会如何利用自然、保护自然并敬畏自然。

3. 环境教育设施设计方法——以德国海尼希国家公园为例

德国海尼希国家公园成立于1997年12月31日，是德国第十三个国家公园，也是图灵根州唯一一个国家公园。在75km^{2}的范围内分布着大片的原生山毛榉森林，自2011年6月25日起被列为世界自然遗产。另外，海尼希国家公园内自然演进区面积达到了94%，是德国自然演进区面积占比最高的国家公园，同时其环境教育设施体系也是较为完善的。因此，笔者以该国家公园为例进行案例分析。

（1）科普展厅——国家公园中心"树根洞穴"展厅

在海尼希国家公园中，"树根洞穴"科普展厅与纪念品商店、"海尼希国家公园的秘密"科普展厅共同构成了国家公园中心（图6-16）。该展厅总面积为350m^2，其中所展示的是土壤与树木根系的相关知识，因此展馆内尽量模拟暗环境，使参观者更容易产生身临其境之感。参观游线依次穿过"前言""观察心爱的石灰岩土壤""成千上万的根系分枝""黑暗中的生物""回收设施""世

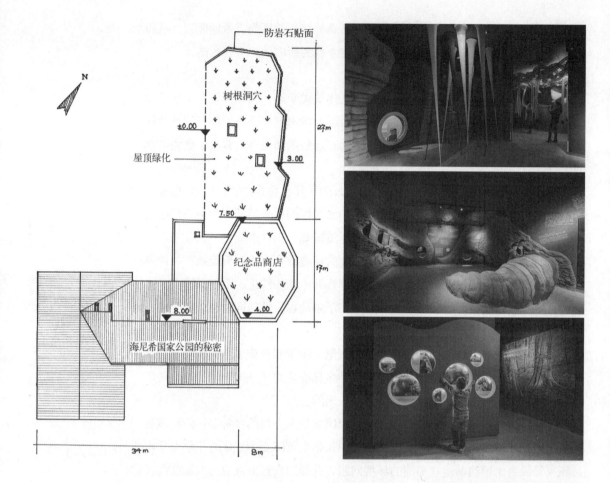

图 6-16　海尼希国家公园中心屋顶平面图（左图）
图 6-17　"树根洞穴"科普展厅内景（右图）
（图片来源：https://www.baumkronen-pfad.de/entdecken/wurzelhoehle/）

界上的流浪者""大地万岁！"等展区（图 6-17），展馆内精心设计的各种互动元素、手动模型及科普展示使得地球下广泛分布的根系变得切实可见，完美地迎合了所有年龄段的访客。用于攀爬的大型蚯蚓和带滑梯的游戏洞穴对于参观展厅的小朋友来说尤为有趣（图 6-18）。

该展厅入口与纪念品商店紧紧相连，建筑样式活泼而富有自然气息（图 6-19），外立面由原木装饰并设置有科普展板。为了切合展厅内容，整个展厅均为半地下建筑，外立面由岩石装饰（图 6-20），富有自然意趣。屋顶均采用了绿色屋顶技术，可以更为有效的调节室内温度。

（2）环境教育中心——环境教育站（Umweltbildungsstation，UBiS）

在海尼希国家公园中，环境教育站（UBiS）位于自然演进区的边缘，并配套设立有 Wikakiwa 野猫儿童乐园。事实上，该建筑的前身是废弃的军用车库，经过精心设计改造后成为孩子们了解自然的基地。除原有建筑材料外，整个改造过程中仅使用了本土木材（图 6-21）。从建筑外观来看，所有外立面均为木制结构，具有浓厚的原始自然气息。环境教育中心总面积约为 300m²，其中兼备有标本室、工作室、图书室等功能，内部装饰也遵循自然化的设计风格（图 6-22）。在这里，青少年、儿童和年轻研究人员等各个年龄层次的访客都

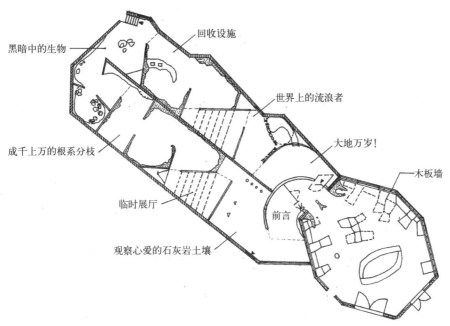

黑暗中的生物

回收设施

世界上的流浪者

大地万岁!

木板墙

成千上万的根系分枝

临时展厅

前言

观察心爱的石灰岩土壤

图 6-18 "树根洞穴"科普展厅平面图
(图片来源：作者根据资料改绘原图见 https：//
www.baumkronen-pfad.de/
entdecken/wurzelhoehle/)

图 6-19 "树根洞穴"科普展厅入口（上左图）
图 6-20 "树根洞穴"科普展厅外立面（上右图）

图 6-21 环境教育中心外观
(图片来源：https：//
www.nationalpark-hainich.
de/de/lernort-wald/
umweltbildungsstation.html)

图 6-22 环境教育中心
内进行的讲解活动
（图片来源：https：//
www.nationalpark-hainich.
de/de/lernort-wald/
umweltbildungsstation.html）

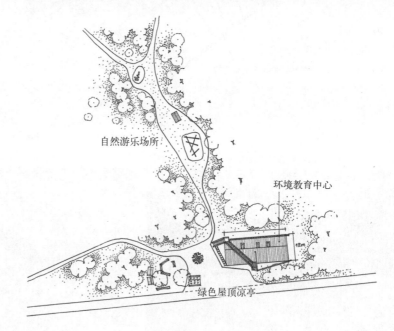

自然游乐场所

环境教育中心

绿色屋顶凉亭

图 6-23 环境教育中心
与自然游乐场地平面图
（图片来源：同图 6-22）

可以直接学习和发现自然（图 6-23）。

（3）自然游乐场地——Wikakiwa 野猫儿童乐园

Wikakiwa 野猫儿童乐园是环境教育中心旁边一片供小朋友玩耍嬉戏的场地（图 6-24）。场地穿插在树林之间，并配备有造型质朴的游乐器械，例如：蜘蛛、蟋蟀等昆虫（图 6-25）。在玩耍中，小朋友可以认识不同的生物，同时也可以体验动物如何在树林中穿梭。

（4）野生动物园——野猫展示园

海尼希国家公园最知名的物种就是野猫。但此处所说的野猫不是野生家猫，而是中欧落叶林的原始居民。尽管在体型和外观方面，野猫与虎斑家猫几乎没有区别，野猫比家猫更具野性，更为强壮。由于野猫更喜欢层次丰富的大面积落叶林与灌木丛生的过渡地带，在那里他们可以找到足够的猎物和藏身之处。因此，野猫仅栖息在这几片原始森林中，目前约有 50 只[1]。在自然状态下，野

---

[1] https：//www.nationalpark-hainich.de/fileadmin/Medien/Downloads/Wildkatzenpfad-Faltblatt.pdf，2019-02-07.

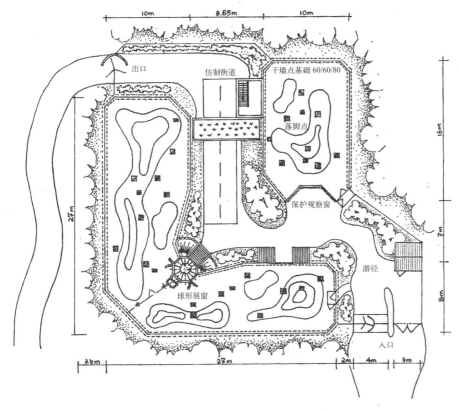

图 6-24 环境教育中心
与自然游乐场地平面图
（图片来源：https：//
www.nationalpark-hainich.
de/de/ausflugsziele/
wildkatzenkinderwald）

图 6-25 野猫展示园手
绘设计平面图（改绘）
（图片来源：根据资料
改绘，原图见 https：//
www.tiergartengestaltung.
de/referenzen）

猫具有完美的伪装并经常蛰伏不动，所以徒步过程中几乎看不到它们，这也是需要设立野生动物园的原因之一。

在 Hütscheroda 野猫村内设立一个总面积约为 1000m² 的野猫展示园，豢养有 5~6 只野猫，使访客有机会了解并亲近这种可爱的小生灵。整个园区由维森塔尔动物园艺设计事务所负责设计，在园区内尽量模拟野外环境，采用大量木材、石材等建筑材料为野猫提供舒适的生活空间（图 6-26）。设计者在尽可能降低访客对圈养野猫的打扰的前提下，同时也为访客提供了从多个角度观察它们的机会：从高处的栈桥上，从近处的网栅中，从玻璃展窗中等等。

(a)　　　　　　　　　　　　　　　(b)

图 6-26　野猫展示园内部实景

(a) 野猫在落脚点上与饲养员互动；

(b) 不同观察角度（栈桥、玻璃展窗等）

（图片来源：https://www.wildkatzendorf.com/de/das-wildkatzendorf/wildkatzenlichtung）

（5）野生动物观察点——野猫瞭望塔（Aussichtsturm Hainichblick）

野猫瞭望塔是野猫步道的一部分（图 6-27、图 6-28），在 20m 高的瞭望塔上可以看到海尼希国家公园特有的山毛榉森林，体验在树冠上能够看得到的绝妙风景。在 2011 年，在瞭望塔底部加建了一个景观小屋。在观景台和小屋内，可以找到许多不同动植物的科普信息。

瞭望塔的建造材料就地取材，减少了长距离的运输成本。同时，原木生态影响较小的可降解材料（图 6-29～图 6-32）。

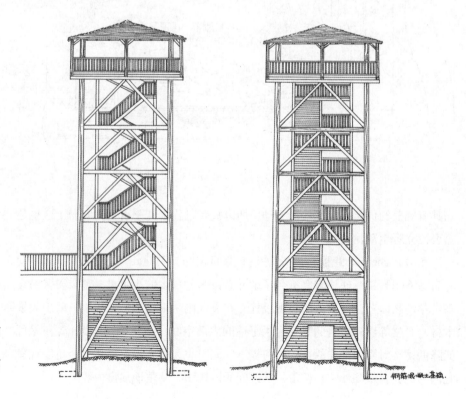

图 6-27　瞭望塔正立面（左图）

图 6-28　瞭望塔侧立面（右图）

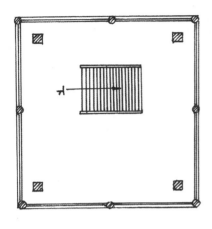

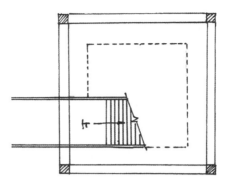

图 6-29 瞭望塔顶层
平面（左）

图 6-30 瞭望塔地层
平面（右）

图 6-31 瞭望塔鸟瞰图

图 6-32 瞭望塔实景图

（图片来源：https：//www.nationalpark-hainich.de/de/ausflugsziele/wildkatzendorf-huetscheroda/aussichtsturm-hainichblick.html）

（6）信息展亭

在海尼希国家公园中有若干个信息展亭，此处以位于 Thiemsburg 停车场的信息展亭为例。展亭的面积约为 $10m^2$，由木制结构搭建而成，造型自然古朴（图 6-33、图 6-34），屋顶依旧使用了绿色屋顶技术，围绕屋顶设置有一圈落水管（图 6-35）。展亭内的解说牌介绍了海尼希国家公园的基本信息，为初到这里的访客提供了必要的信息（图 6-36）。另外，还有设计有关于昆虫的互动科普展示，通过拼图的方式使人们更进一步的了解各类昆虫的不同之处。

（7）解说牌与指示牌

海尼希国家公园中的解说牌多为树叶造型，正契合了

图 6-33 信息展亭外观

图 6-34 信息展亭公园简介

图 6-35 信息展亭昆虫拼图

图 6-36 海尼希国家公园环境教育游径示意图（图片来源：https://www.nationalpark-hainich.de/fileadmin/Medien/Downloads/NPH_Entdecken_engl.pdf）

原始森林的意向，并大多设立在交通节点处，介绍了关于这片森林的方方面面。指示牌种类众多，大致分为：入口标示牌，游径指示牌，游径标示牌，警示牌等。

1）入口标示牌均为木制结构，设立于各道路入口，由 2 根支柱支撑，另有横木加固，造型质朴，体量感较强。

2）游径指示牌均为木制结构，设立于各道路交叉口。由于在海尼希国家公园中设置有数十条环境教育游径（图 6-36），为了访客可以自由使用，游径

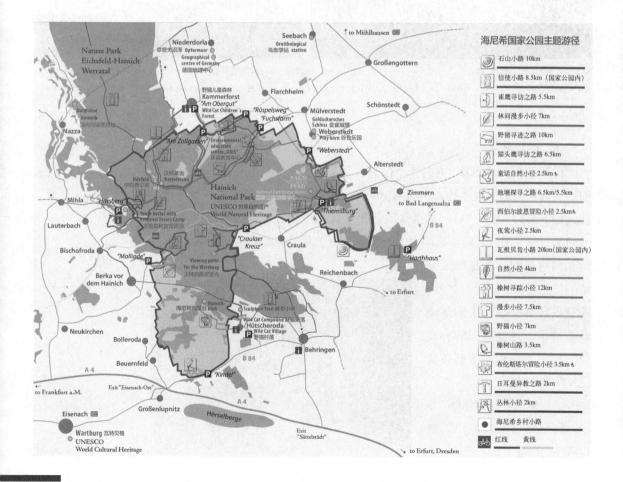

指示牌的存在必不可少。

3）游径标示牌均为木制结构，设立在各条环境教育游径上，以确保徒步者在行进时不会迷路。

4）警示牌大多由金属制成，颜色鲜明，通常用来提醒访客相关注意事项，例如处于监控区内或森林道路禁止机动车通行等等。

6.4.6 露营地设计

1. 露营与露营地

露营是欧洲人较为推崇的亲近自然的活动，因此露营地是国家公园内不可替代的一类重要设施。首先需要明确两个不同的概念，露营与野外露营是不同的。露营的主要人群是徒步旅行者、登山者、山地自行车运动员等，他们的主要目的仅仅是在冒险前休息一晚，所用的装备一般是轻便的帐篷。而野外露营的主要人群是以露营为主要目的，通常会乘坐机动车（房车、组合车等）在靠近城镇的地方（停车场、路边、田地等）停留若干天。对比两者之间的差异，不难看出野外露营的生态影响远远大于露营。因此，在大多数情况下，野外露营是禁止的，但露营是允许的。[①]

法国国家公园拥有 10 个国家公园，各国家公园基于自身的生态敏感性对露营地与露营活动制定了具体的规定（表 6-13）。

依据表 6-13，法国共有 3 个国家公园禁止任何形式的露营活动，即法国本土的克罗斯港国家公园、蔚蓝海岸国家公园，以及海外属地的圭亚那亚马逊公园。这三个国家公园都是生态敏感性较高的地区，前两者位于南法海岸，后者则是极为脆弱的雨林生态系统。其他允许露营的国家公园也对这类活动与露营地进行了具体的规定。

2. 露营地设计方法——以法国埃克兰国家公园为例

通过对各国家公园露营地相关规定的整理，埃克兰国家公园的规定最为完善与详尽，因此本文中以该国家公园为例进行阐述。在埃克兰国家公园内外零散分布着非常多的露营地，但边界范围内仅有 9 个露营地（图 6-37）。这些露营地均分布在国家公园合作区内，并靠近国家公园边界，这是为了确保不影响核心区内的生态环境。笔者对这 9 个露营地进行了细致的研究（表 6-14），并对其中的设施进行了完整的梳理（表 6-15）。

从表中数据来看，9 个露营地的规模从 1.5hm² 至 8.5hm² 不等，通常都拥有 50 个以上露营位，单个露营位通常为 100m²。每个露营地均由露营空地与小木屋组成，露营空地仅在夏季开放，小木屋则可以全年开放。从露营地中所配备的设施来看，主要分为四大部分：服务设施、住宿设施、游憩设施、社

---

① https：//www.detoursenfrance.fr/patrimoine/destinations/escapades/ou-faire-du-camping-sauvage-en-france-7805，2019-02-11.

表 6-13　法国国家公园露营地规定

位置	国家公园	露营地规定
法国本土	瓦娜色国家公园	·在避难所附近允许设立露营地 ·禁止野外野营和射击
	克罗斯港国家公园	禁止野外露营和露营
	比利牛斯国家公园	·露营地受到严格监管，距离国家公园边界或入口有一个多小时的步行路程，晚 7 点至早 9 点之间可以通行 ·禁止野外露营，房车露营和篝火
	策文涅斯国家公园	·房车、大篷车和露营地受到严格监管 ·合法露营只针对某些特定行业和特定时间 ·禁止篝火
	埃克兰国家公园	第一条： ·帐篷必须小，尺寸不高于人站立的高度 ·帐篷必须在晚 7 点后组装，并在早 9 点前拆下 ·露营地中允许在帐篷内居住一晚，另外当恶劣天气可能会损害徒步旅行者的安全时亦可。 露营地的位置必须位于： ·从道路入口点或核心区的极限步行时间为一个多小时 ·距离道路入口点或核心区不到一个小时的步行路程，但靠近特别受欢迎的隐蔽远足地点： Prédela Chaumette，Venosc Muzelle 湖边以及 Bourg d'Oisans Lauvitel 湖附近的 PrédesSelles。 第二条：允许使用便携式炉灶，禁止在地面上生火
	梅康图尔国家公园	·露营地受到严格监管，距离国家公园边界或入口有一个多小时的步行路程，晚 7 点至早 9 点之间可以通行 ·禁止在帐篷、房车、大篷车、屋顶帐篷或其他庇护所内露营 ·禁止篝火
	蔚蓝海岸国家公园	禁止野外露营和露营
海外属地	圭亚那亚马逊公园	禁止野外露营和露营
	留尼旺国家公园	在留尼旺公园内，除了某些特别敏感或难以到达的地区外，从晚 6 点至早 7 点间在道路或居住点附近允许使用轻型帐篷进行露营
	瓜德罗普国家公园	露营地距离核心地带或道路有一个多小时的步行路程

（表格来源：Législation / Conseils sur la pratique du camping sauvage en France，https：//www.lecampingsauvage.fr/legislation-et-reglementation/camping-sauvage-bivouac）

表 6-14　埃克兰国家公园露营地规模统计

序号	营地名称	总面积公顷	帐篷位置面积（m²）	个数	露营地开放时间
1	RCN Belledonne	6.2	100~120	80	4.1—11.11
2	Camping A la Rencontre du Soleil	1.6	70~100	50	4.28—9.30
3	Huttopia Vallouise	6.0	80~100	160	5.25—9.29
4	Camping les Auches	2.4	100~130	75	4.1—10.20
5	Camping New Rabioux	2.5	100~120	114	—
6	Hôtel De Plein Air Les Cariamas	8.5	100	55	4.1—10.31
7	naturalpes	—	—	—	—
8	Camping la Tour	1.5	45~70	85	6.10—9.10
9	Club Nautique Alpin Serre Poncon	3.4	100	86	6.8—9.15

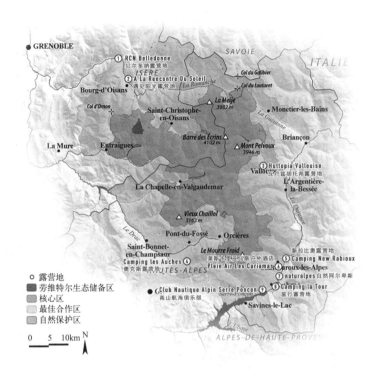

图 6-37 埃克兰国家公
园露营地分布示意图
（图片来源：寇梦茜绘）

表 6-15 埃克兰国家公园露营地设施统计

营地编号	接待处	小木屋	房车场地	停车场	餐饮设施	饮水点	盥洗室	洗衣房	商店	烧烤场地	野餐场地	泳池	运动场地	游乐场地	无障碍设施	垃圾收集
1	√	√	√	√	√	—	√	√	√	√	—	√	√	√	√	√
2	√	√	√	√	—	√	√	√	√	√	√	—	√	√	√	√
3	√	√	√	√	√	√	√	√	—	√	√	√	√	√	√	√
4	√	√	√	√	√	√	√	√	√	√	√	√	√	√	√	√
5	√	√	√	—	√	√	√	√	√	√	√	√	√	√	√	√
6	√	√	√	√	√	√	√	√	√	—	√	√	√	√	√	√
7	√	√	—	√	√	√	√	√	√	√	—	√	√	√	√	√
8	√	√	√	√	√	√	√	√	√	√	√	√	√	√	√	√
9	√	√	√	√	√	√	√	√	√	√	√	√	√	√	√	√

会关怀设施。而每一部分均可以细分为更多门类（图 6-38）。其中，最需要关注的部分是居住设施，这是由于其他部分均有一定的设计规范（图 6-39、图 6-40）。另外，在露营地中需要通过合适的布局将各部分紧密地连接在一起。

此处以露营位数量最多的 Huttopia Vallouise 露营地为例，来说明营地布局与住宿设施的设计方法。在案例中，住宿设施分为经典帐篷、舒适帐篷、蒙大拿木屋、豪华蒙大拿木屋以及露营位。

（1）经典帐篷

面积为 25m²，最多可供 5 人居住。主客房设有厨房区（冰箱、2 个炉灶、储物空间，餐具等）。睡眠区设有 2 间卧室，室外配备木制露台、遮阳伞和 2

图 6-38　法国国家公园
露营地设施体系

图 6-39　经典帐篷外观（一）　　　　　　　图 6-40　经典帐篷外观（二）

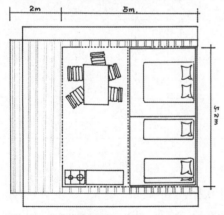

图 6-41　经典帐篷平面图

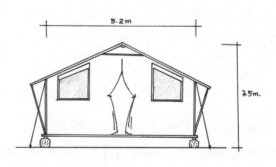

图 6-42　经典帐篷立面图

把露营椅（图 6-41、图 6-42）。

（2）蒙大拿木屋

这类木屋全部由木材建造（图 6-43~ 图 6-45），面积为 35m²，最多可供 6 人居住。主客房设有设备齐全的厨房（水槽、燃气灶、微波炉、冰箱和咖啡壶），带火炉的起居区和用餐区（可供 6 人使用的桌椅）。小木屋配备了火炉所

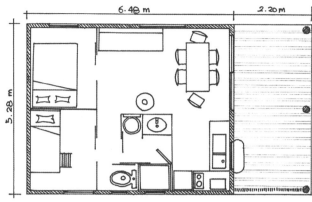

图 6-43 蒙大拿木屋平面图　　　　　　　　图 6-44 蒙大拿木屋立面图

图 6-45 蒙大拿木屋外观与内景

(图片来源: https://europe.huttopia.com/en/hebergement/chalet-montana/)

需的一切, 并提供原木供访客使用。睡眠区设有 2 间独立卧室, 浴室配有淋浴和卫生间, 屋外配备有木制野餐桌和带有大型顶棚的木制露台。

(3) 豪华蒙大拿木屋

这类木屋全部由木材建造, 面积为 35m², 最多可供 5 人居住。主客房设有设备齐全的厨房 (水槽、燃气灶、微波炉、冰箱和电动咖啡机), 休息室和用餐区 (4 人桌椅)。睡眠区设有两间独立卧室, 其中一间卧室提供必要的轮椅空间。浴室配有淋浴和卫生间, 淋浴间配有折叠式座椅, 浴室配有支撑把手。屋外配备有木制野餐桌和带有大型顶棚的木制露台。同时还设施有供轮椅通行的坡道。

从平面图的布局 (图 6-46) 来看, 露营地内配备有泳池和排球场、网球场、乒乓球场、游乐场地等游憩设施, 所有木屋都围绕着核心游憩区域。盥洗室与洗衣房设置在场地两侧 (图 6-47), 便于场地中所有访客的使用。场地右侧分布着大片的露营位, 每个露营位的面积为 80~100m², 之间用植物作为分隔, 并栽种大型乔木用以遮阴 (图 6-48)。场地内以环路连接各区域, 搭建的帐篷均沿着道路分布, 饮水点也是如此。在场地两侧各设有一个垃圾收集点, 便于对场地内产生的垃圾进行统一处理。

图 6-46　豪华蒙大拿木
屋平面图

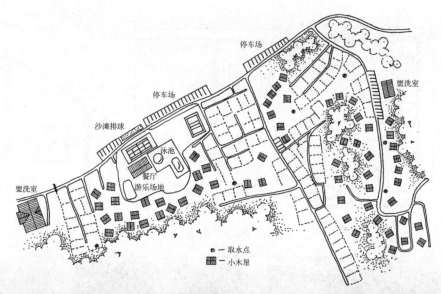

图 6-47　露营位实景
（下左图）

图 6-48　盥洗室内景
（下右图）

（图片来源：https：//
europe.huttopia.com/en/
hebergement）

6.4.7　游憩服务区设计

1. 游憩服务区选址与布局

游客服务区是每一个国家公园留给公众的第一印象，是国家公园设施建设中不可缺少的部分。由于国家公园通常面积较大，有时会需要多个游憩服务区来满足功能需求。本文中以前文分析的 4 个国家公园为例，对国家公园游憩服务区的选址与布局进行说明。

通过国家公园所配置的游憩服务区数量计算而得，平均每 300km² 需要配置 1 个游憩服务区，过多或过少的游憩服务区均会给自然环境带来较大的生态压力。除了主要的游憩服务区，国家公园中还应该设置若干个信息点，两者应均匀分布，以满足国家公园内游憩需求。游憩服务区大多设置在国家公园边界范围内的聚居点中，通常远离核心保护区，这样既可以尽可能地降低对自然环境的影响，也可以更有效地带动社区发展。另外，由于主要的游憩活动均是围绕着游憩服务区而展开的，游憩服务区的设置应靠近适宜进行游憩活动的场地（表 6-16、表 6-17，图 6-49）。

表6-16 国家公园游憩服务区数量及服务面积统计

序号	国家公园名称	总面积 (km²)	游憩服务区 数量	服务面积 (km²)	国家公园内游憩 服务区数量	信息点数量
1	Hainich NP——德国	75	1	75	1	4
2	Dartmoor NP——英国	956	3	319	3	7
3	Pollino NP——意大利	1926	3	642	2	4
4	Écrins NP——法国	2713	8	340	6	9

（表格来源：本表格整理自各国家公园官网，见附录A）

表6-17 国家公园内游憩服务区规模与特色

国家公园名称	游憩服务区名称	面积（km²）	建筑特色	规划特色
Hainich NP – 德国	蒂姆斯堡	0.05	绿色建筑 传统建筑	独立建设相关配套设施齐全
Dartmoor NP – 英国	普林斯顿	0.15	乡村风格	组团式设计占乡镇总面积的1/3
	邮桥镇	0.05		位于乡镇边缘相关配套设施齐全
	海托	0.05		位于乡镇边缘相关配套设施齐全
Pollino NP – 意大利	奥索马尔索	0.05	山地建筑	与乡镇结合与村民合作游憩服务
	莫尔曼诺	0.04		
Écrins NP – 法国	奥伊桑	0.08	传统样式	位于乡镇中央与周边民居充分融合
	恩特利古斯	0.04		位于乡镇中央与周边民居充分融合
	瓦卢瓦伊	0.3		独立建设相关配套设施齐全
	瓦尔戈德马尔教堂	0.02		位于乡镇边缘相关配套设施齐全
	福瑟桥	0.05		位于乡镇边缘相关配套设施齐全
	阿尔卑斯－莱什城堡	0.02		位于乡镇中央与周边民居充分融合

图6-49 国家公园游憩
服务区分布示意图
（图片来源：寇梦茜绘）

2. 游憩服务区配套设施及设计方法

在游憩服务区的设计中，不仅要在遵循可持续发展的前提下满足公众的游憩需求，还要尽可能体现当地的地域文化。游憩服务区作为国家公园的门面，同时也是访客的第一站，主要需要满足以下功能：接待、展示、住宿、餐饮、停车、商品售卖，装备租赁等。而这些功能的相关设施基本以建筑为主（表6-18），例如：游客中心、科教展厅、放映厅、会议室、图书室、旅馆、民宿、餐厅、咖啡吧、商店、超市、装备租赁店铺等等。由于建筑与露营地的设计方法已在前文进行了详细的阐述，此处不加以赘述。因此，本节主要对游憩服务区内其余设施进行设施方法的介绍，即主入口与停车场。

表6-18 国家公园游憩服务区配套设施统计

功能	相关设施	Hainich	Dartmoor	Pollino	Écrins
接待	主入口	✓	○	—	—
	游客中心	✓	✓	✓	✓
展示	科教展厅	✓	✓	✓	✓
	放映厅	✓	✓	✓	✓
	会议室	✓	✓	✓	✓
	图书室	—	✓	✓	✓
住宿	旅馆	✓	✓	✓	✓
	民宿	—	✓	✓	✓
	露营地	—	✓	✓	✓
餐饮	餐厅	✓	✓	✓	✓
	咖啡吧	✓	✓	✓	✓
停车	停车场	✓	✓	✓	✓
商品售卖	商店	✓	✓	✓	✓
	超市	—	○	✓	✓
装备租赁	装备租赁店铺	—	○	✓	✓
— 代表未建设		○ 代表部分建设		✓ 代表均建设	

（表格来源：本表格整理自各国家公园官方网站，见附录A）

（1）主入口

主入口一般仅设置在独立的游憩服务区，是为了标示出该区域的公共性，便于国家公园访客的使用。而位于城镇的游憩服务区则不需要这类标识，这是由于与城镇紧密结合的游憩服务区本身就具有极强的标识性。

欧洲国家公园游憩服务区主入口所遵循的特点是自然、乡土，以及可持续。主入口所使用的材料多为取材于当地的原始材料，如：木材、石材等等。同时，在材料选择时应凸显出地域特色，例如德国海尼希国家公园森林资源丰富，主入口选择用木材搭建（图6-50）；英国达特穆尔国家公园拥有特殊的石灰岩地质景观，主入口则选择用简单雕凿的石灰岩做以框定（图6-51）。除了材料所

体现出的特点，在设计上也应使用最简洁的设计与建造手法，使设计尽可能与周边环境相协调并归于自然与乡土，例如海尼希国家公园的木质大门除了连接处的金属固定外，并没有其他多余的设计或构件，与周边的建筑与树林自然呼应；达特穆尔国家公园的大门则更为简洁，石灰岩柱上仅标示出必要的信息，与周边散布的碎石融为一体。

（2）停车场

停车场是国家公园游憩服务区内不可或缺的一部分。这是由于国家公园大多距离城市较远，通常需要驱车到达。停车场通常位于公路之侧，分别设置有车行出入口与人行出入口，以方便访客使用。从以下两个案例来看，停车场有集中式与分散式两种（图6-52~图6-55）。

海尼希国家公园游憩服务区停车场是集中式的，并独立于主要服务建筑，可以满足大量访客的停车要求，但步行距离较远。停车场内区分不同类型车辆的停车区域，用绿化带加以分割。而达特穆尔国家公园游憩服务区停车场则是

图6-50 德国海尼希国家公园游憩服务区主入口（左图）
（图片来源：寇梦茜摄）
图6-51 英国达特穆尔国家公园游憩服务区主入口（右图）

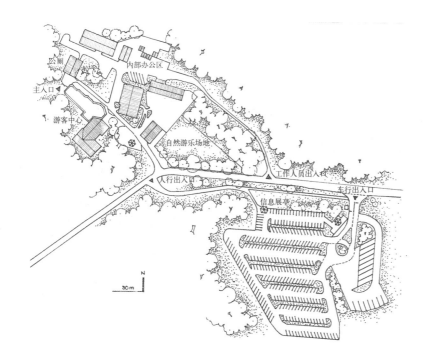

图6-52 德国海尼希国家公园游憩服务区平面图
（图片来源：寇梦茜绘）

图 6-53　德国海尼希
国家公园游憩服务区停
车场
（图片来源：寇梦茜摄）

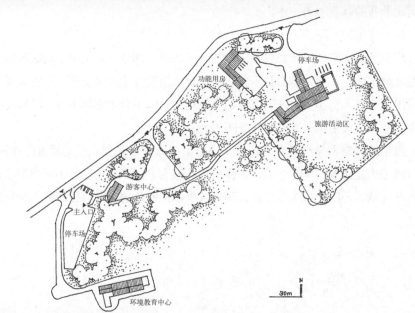

图 6-54　英国达特穆尔
国家公园 Haytor 游憩服
务区平面图
（图片来源：寇梦茜绘）

图 6-55　英国达特穆尔
国家公园 Haytor 游憩服
务区停车场
（图片来源：http：//
www.dartmoor.gov.uk/
enjoy-dartmoor/planning-
your-visit/virtual-
visitor-centre/haytor-
visitor-centre）

分散式的，与主要服务建筑配套设置，每个功能区均有各自独立的停车场。在两个案例中，均有独立设置的内部工作人员停车场。另外，在停车场设计中应遵循停车场设计基本规范。

6.4.8 游憩规划设计规范与指南

伴随着经济社会的发展，我国城市居民户外休闲游憩需求规模日益增长，公园如何满足居民休闲游憩需求引起广泛关注，我国官方认定的有关规划设计标准是《公园设计规范》GB 51192—2016，该规范形成于1992年，主要是对公园空间及基础设施的设计作了规定，有关居民休闲游憩的活动、设施及其管理内容很少。该规范内容包括总则，一般规定（与城市规划关系、内容与规模、用地比例），总体设计（容量、布局、竖向控制、现状处理），地形设计（一般规定、地表排水、水体外缘），园路及铺装场地设计，种植设计，建筑物及其他设施设计（建筑物、驳岸与山石、电气与防雷、给水排水、护栏、儿童游戏场）等七章。在自然保护地类的规划规范中有关游憩场地规划设计规范几乎空白，同国外有关同类规范相比差距比较大。休闲游憩作为居民生活质量的重要组成部分，如何在国家、区域、城市规划层面充分落实是时代的要求、社会的呼声也是居民的心愿，更是风景园林师、规划师、建筑师的职责。

思考题

1. 景观游憩策划与规划设计是什么关系？
2. 游憩规划特点是什么？同景观规划是什么关系？
3. 以你熟悉的城市为例，分析其游憩系统空间布局特点及其优化建议。
4. 以某项活动为例，图示说明游憩设施与环境的交互关系。

第 7 章

景观游憩体验增强规划

7.1 体验增强规划体系

游憩物理空间为游憩者提供了活动空间，游憩体验质量取决于游憩者对游憩地的感知与认知程度，以及游憩服务与环境管理水平，其中认知程度对体验质量的提升是关键，游憩者素质固然重要，但更重要的是地域价值阐释与解说的途径，把游憩地内在的自然生态与人文价值信息通过阐释与解说系统传达出来，让游憩者把接收到的信息转化为自我发展的知识与能量，达到教育、教化、科普、精神疗愈的目的和功效。

体验增强是相对于日常三维空间来说的，在没有任何提示、引导情形下，访客对景观的认知是通过自身感官和经历同景观环境产生互动的，对景观的内在价值与特质认识由于缺少指引而被忽视、遗漏甚至误解。如何提高访客的景观认知深度与体验质量？如何把三维物理空间背后的价值信息传达给访客需要一个中间媒介，建立人与景观环境之间的信息交互平台，满足不同访客的普遍需求和特定需求？从目前国内外发展情况来看，解说系统承担这一重任，解说系统规划在很多保护地、目的地规划中被广泛重视。

体验增强规划包括五部分：一是静态的解说设施体系，包括解说中心、解说牌等；二是动态的导游向导服务，以口述为主，包括专业导游、志愿者等；三是大型事件策划活动，包括各类大型演艺演出、重要会议、重要展示等，这样的活动成为景观的组成部分；四是基于现代信息技术的四维、五维虚拟体验场景，把真实的景观素材组织成信息化的体验环境，超越三维空间的真实感受；五是基于互联网的万维空间，把真实场景同网上访客联系起来，让潜在访客从网上获取目的地各类信息，深入了解目的地，有助于真实体验质量的提升。

7.2 体验增强的信息交互理论

7.2.1 信息学与信息场理论

景观价值信息场是景观游憩的第四空间，景观游憩是通过景观与主体之间的信息交流产生游憩效益，活动形态与主体行为方式决定了游憩效益的高低。

控制论奠基人维纳（Winner）认为"人通过感觉器官感知周围世界"，"我们支配环境的命令就是给环境的一种信息"。

信息论是研究信息的产生、获取、变换、传输、存贮、识别及利用的学科，它的主要意义在于确立了信息的普遍存在性。信息并非事物本身，而是表征事物之间联系的消息、情报、代码、数据或者符号。一切事物都在不断产生、收发和处理着各种信息。景观环境中同样存在各种信息资源，这些信息相互交织构成信息场，只有身临其境才能感知、接受这些信息，信息场超越三维物理空间，是在三维物理空间基础上的第四维空间，加上时间维度的历史变迁过程，构成五维空间信息场。

信息既不是物质，也不是能量，是独立存在于客观世界的第三要素，同时也是连接主观和客观世界的有效纽带。

信息从结构上有三要素：作为信息的形式的符号，作为信息内容的意义，作为信息载体的媒介，如景观环境的符号是空间形态，景观环境的价值是意义，物理环境的材料、标识、解说牌是媒介。表征事物存在方式和运动状态的信息，只有用符号序列表达出来的时候，才成为真正意义上的信息，同时也就开始了传播。因为传播行为一方面是将信息表达出来（即说或写），一方面则是对符号序列进行解读（即听或读）。不论是信息的表达还是信息的接受，都离不开符号系统，符号就是可以拿来有意义地代替另一种事物的事物。

7.2.2　传播学理论

1. 传播学的内涵

传播的本质是信息的交流，是信息的搬运工，是人类运用符号并借助媒介来交流信息的行为与过程。这个定义全面地揭示了传播者、受传者、信息、符号、媒介这五个任何传播活动都不可缺少的基本要素。传播的过程是人类自然、精神与社会文化行为的统一，是人类信息表达、分享和利用行为的统一，是人类技术、媒介材料和社会信息系统的统一。

2. 传播的媒介

人类传播或者说社会信息的流动必须借助一定的渠道或手段，即媒介。离开了传播媒介，信息交流活动是无法最终实现的。媒介指的是使事物之间发生关系的各种介质和工具。

根据媒介形态的产生、发展与变化，可以将人类的传播历史分为：口语传播时代、文字传播时代、印刷传播时代、电子传播时代、网络传播时代（表7-1）。需要注意的是，这五个过程并不相互替代，而是累加共存。

3. 传播的效果

在传播学研究中，个体传播效果主要是指带有说服动机的传播行为在受传者身上引起的心理、态度和行为的变化。对传播效果研究分两个层面：对效果产生的微观分析——研究传播主体、内容、媒介、技巧、对象与传播效果的关系，对效果产生的宏观分析——研究大众传播与社会认知、社会心理和行为的导向关系，大众传播与社会化、社会文化、社会发展和社会变迁的关系等。

传播效果依其发生的逻辑顺序或表现阶段划分为四个层面。

（1）认知层面上的效果：认知效果是受传者对信息的表层反应，它表现为对信息的接受与分享。

表 7-1　价值阐释与解说媒介的发展历程

传播媒介	优点	缺点
口语传播	最基础的传播方式 最直接，最容易获得	1. 依赖人体自身的发声功能 2. 受到时间和空间的限制 3. 具有主观随意性，容易变形
文字传播	第一套体外化的符号系统，摆脱了人体功能的局限 信息可被记录、储存和交流，打破了语言的时空局限	信息的传递量变得有限 需要学习的人为过程才能接受 信息被具有话语权的统治阶层所垄断
印刷传播	可以复制，不断被分享 拓展了传播范围和人群	一次性成本较高 信息内容难以修改
电子传播 （电报，电话，广播，电视）	信息传递的速度大大加快 传播覆盖面广、传播范围大、对象广泛、感染力强	初始建设难度大、费用昂贵 传送环节多、信号极易衰减
网络传播	各种方式浑然一体，相互转换，实现传播方式的共享 交互式传播的实现	比较昂贵，花费金钱 对网络信号的依赖较强 需要电子设备的技术支持

（2）情感层面上的效果：情感效果是受传者对信息的深层反应，是对信息内容进行有感情性色彩的分析、判断和取舍。

（3）态度层面上的效果：态度效果是受传者接收信息后在态度上发生的变化。

（4）行为层面上的效果：行为效果是受传者接收信息后在行为上发生的变化。

4. 拉斯韦尔的"五W模式"理论

1948年，拉斯韦尔提出了较为完整的传播过程理论，即著名的传播"五W模式"，他认为信息传播的过程是一个多要素互动的动态过程，它包括传播者、信息、传播媒介、受众（信息接收者）、传播效果等基本要素，它们之间的关系用图解模式表示，如图7-1所示。

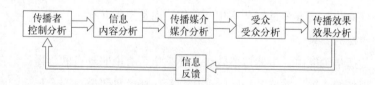

图7-1　拉斯韦尔的"五W模式"

由此也可以看出信息传播是一个循环的过程，传播者将信息通过媒介传播给受众，传播效果通过受众反馈给传播者，如此循环反复实现信息的动态流动，也使传播效果日益完善。

解说与传播密切相关，解说本身属于一种传播行为，解说系统就是一个传播系统。这与学界对解说界定的内涵不谋而合。笔者认为解说是一种沟通过程，来传达场所的自然和文化内涵，达到公众与自然交流的目的。

7.2.3 认知心理学理论

1.认知心理学的基本内涵

认知心理学是 20 世纪 50 年代中期在西方兴起的一种心理学思潮，是作为人类行为基础的心理机制,其核心是信息输入和输出之间发生的内部心理过程。认知心理的核心思想是将人看作是一个信息加工系统,研究人的高级心理过程,主要是认知过程,包括注意、知觉、表象、学习记忆、思维和言语,以及模式识别和知识的组织等。其核心是揭示认知过程的内部心理机制,即信息是如何获取、贮存、加工和使用的。

认知过程从广义上说既包含信息获取的过程和信息处理的过程（即思维过程），同时也包含作为前两个过程的结果的知识状态改变的过程或产生（也叫再生)主观信息的过程。狭义地理解,认知就是指上述知识状态改变的过程。主观信息产生（或信息再生）的过程，图 7-2 表示了这种关系及认知的一般模型。

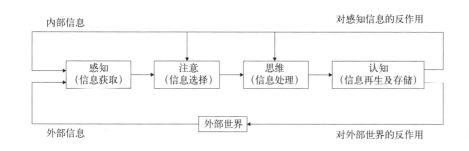

图 7-2 认知过程的一般模型

2.认知内在过程的特征分析

人们对信息的处理和认知过程包括感觉、知觉、注意、记忆、思维和想象的形式认知客观事物的特性、联系或关系的心理过程。而大脑皮层是人们进行认知活动的主要中枢，大脑皮层不同的区域有着不同的机能，对待不同的信息刺激的反馈过程，大脑皮质不同分区需要协调配合才能完成（表 7-2)。

7.2.4 风景场域理论

齐康先生早在 1991 年就基于场论提出了"风景场"的概念，并总结了风景场的四大美学特征，即风景的旷奥、风景要素的组合、风景场中的情景交融和美在生活、美在活动。风景场与风景最大的不同在于有了人的活动，其中人是作为社会的人的活动。人是有情感的、行为的、交往特点和心理上的种种不同，人们有共同参与活动的共性又有各个人的个性。由于社会心理和具体人的经历、文化知识程度、鉴赏能力、素质修养等不同带来了对场所感觉上的差异。

场论（Place Theory）主要指人类聚落形态中，人们活动场的感应，它具有地点性、人为活动、情感表现及形象特征。基于场所理论，在自然风景环境

表 7-2　认知过程的分类特性与描述特征

认知过程	分类	特征	描述
感觉	外部感觉 内部感觉	适应、对比、联觉、后像、发展与代偿	认识世界的起点,是人们对客观事物的个别属性(比如物体的颜色、形状、声音等)进行直接反映的过程,其中视听提供的外部信息占人们所获信息的 80%~90%
知觉	空间知觉 时间知觉 运动知觉	整体性 选择性 理解性 恒常性	人脑对直接作用于感官的客观事物整体的综合反映,是较为复杂的心理现象,是大脑对不同感觉信息进行综合加工的结果
注意	无意注意 有意注意 有意后注意	指向性 集中性	心理活动对一定对象的指向和集中,是伴随着感知觉、记忆、思维、想象等心理过程的一种共同的心理特征
记忆	长时记忆 短时记忆 感觉记忆 瞬时记忆	形象性 (直观性) 概括性	记忆是事物在头脑中的反映,记忆是在头脑中累积和保持个体经验的心理过程,是人脑对外界输入的信息进行编码、储存和提取的过程
思维	理性思维 感性思维	间接性 概括性	客观事物的一般属性和内在联系在人们头脑中概括的间接的反映过程。它所反映的是事物的本质特征和一般规律
意象	记忆意象 想象意象 幻想意象		意象(Image)也叫心象(或表象)(Mental Imagery),它是指当前不存在的物体或事件的一种知识表征;意象代表着一定的物体或事件,传递着它们的信息,具有鲜明的感性特征

中,风景场形成的是富有自然属性的场,具有地域特质,人与地点是风景场两大构成要素(图7-3)。

风景场域是相对于建筑学中的场所概念,强调风景环境的视觉完整性、连绵性和价值的整体性,空间范围比场所要大,内涵价值要丰富。风景是人对景观环境的理性认知和视觉感受,以信息的状态存在于物理空间中,是一种信息场,每个人深入场中都有一种独特的感受,对心理、精神都有极大的震撼与陶冶作用。这个作用机制是信息传播、刺激、接受、加工、吸收的转化过程。

基于传播学理论探究风景信息的传播过程和各种媒介形态,随着科技发展,媒介技术水平越来越高,使得传播发生了很大的改变,传播的深度、广度、角度、速度都取得了极大的拓展和延伸。

认知心理学从大脑对信息加工过程分析,来总结认知不同阶段的特征,并从人对风景的感知角度出发,发现大脑对不同信息的识别过程和模式选择,从而探讨不同风景信息的认知模式和认知层级,试图发现人们对信息筛选的偏好、接受强度,感受量的心理学机制(图7-4)。

从图7-4我们基本可以看出,信息场是一个虚拟空间,与风景存在的实体空间相对应,而人身处场所中形成的场所感是物化的心理空间,与场所空间叠加交织在一起。存在空间与虚拟空间形成的能量和物质交换共同构成了人们信息交流行为场所。由风景科学主导融合相关学科研究成果,汇集解说的核心要素,完善并发展有效的风景信息传播体系。

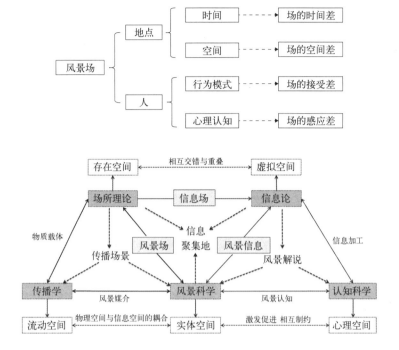

图 7-3 风景场的构成要素

图 7-4 理论基础与解说的相互关系

7.2.5 解说价值理论

从学科角度解说是一个专业，具有完整的课程体系和人才培养体系，有口头解说、设备解说、设施解说、品牌解说、智能解说等多种形式，伴随信息技术发展解说方式不断创新发展，目前五维电影实景体验解说非常具有震撼性、超常体验感，受到广泛关注。在国内伴随自然教育的广泛重视，解说专业也开始受到关注。

1953 年，美国国家公园管理局设立解说管理职位。1957 年，解说之父弗里曼·蒂尔登（Freeman Tilden）出版了《解说我们的遗产》一书，使解说得到了学术认可，并成为现代解说职业的第一个里程碑。1961 年成立的解说自然主义者协会与西部解说员协会使解说得到了专业认可。1964 年，在美国西弗吉尼亚州的 Harpers Ferry 成立了解说培训与研究中心。

美国国家公园管理局认为，解说是帮助公园的每个游客找到与公园亲自联系、交流机会的过程。美国国家解说协会认为，解说是在游客兴趣和资源内在意义之间，提供游客情感和智力连接的一种交流过程。欧洲解说协会认为，解说是一种向游客展现该地区或区域的自然和文化遗产的特性的系统方法。澳大利亚解说协会认为，解说是一种能够帮助人们更多地了解自身与环境的思想与感觉的交流方法。加拿大解说协会认为，解说是一种以实物、人工模型、景观和现场资料向公众介绍文化与自然遗产的意义及相互关系的交流过程（罗芬，2005，表 7-3）。

解说是通过多种媒介建立人与景观环境之间的深层信息交流与联系，具有

表 7-3　人类传播媒介发展史分析

	远古时代	农业时代	工业时代	信息时代					未来
	几十万年	上千年	上百年	20世纪80—90年代	20世纪90年代—21世纪00年代	21世纪00年代—现在	现在—5年后	5~10年后	……
定义	人类传播或者说社会信息的流动所借助的渠道或手段								
受众	人类、各种人群（按年龄、职业、专业划分）								
目标	生产技能继承　文化思想传承								
传播内容	狩猎 采摘 游牧 敬神	种植 敬神	工业生产 文化思想	工业生产 信息技术 文化思想	信息技术 文化思想	信息技术 文化思想	符合未来发展需要的新技术 符合未来发展需要的新文化思想		
传播媒介	口语实操	文字器媒	文字（纸媒）	文字、多媒体（声音、图片、视频）（纸媒、电视）	文字、多媒体（纸媒、电视、数媒）	文字、游戏互动多媒体（数媒）	文字、游戏互动多媒体（数媒）	文字、VR（互动媒体）	文字、VR（互动媒体）
	口述 耳听 眼观	陶、甲、竹、金、皮、纸	书（纸）	书（纸）	书、PC	PC	Mobile/Pad/Phone	Mobile、头戴设备、Glass、VR、AR	人体芯片、VR、AR
传播情境	生产实境	实境/野外	实境/室内	室内	室内/互联网	互联网	Off/Online	实境/虚境	实境/虚境

知识教育、艺术欣赏、认知体验、促进交流等多种功能，帮助人们深入了解认知景观价值，提升访客的游憩体验质量，满足访客的精神需求，实现景观价值的社会效益。

解说是由解说主题、目标与媒介三个要素组成，解说主题是对客体特征的提炼和解说内容的确定，解说目标是解说受众接受信息、学习体验后的效果的设定，包括三个方面：①帮助访客对其所到访的地方获得一种敏锐的认知、了解与欣赏，使其获得丰富而愉悦的游览体验；②帮助目的地经营管理目标的实现；③促进公众积极支持、参与生态保护行动中。解说媒介是在解说主题指导下实现解说目标的过程行为与载体，具有多种形式包括场景解说、虚拟解说等，场景解说一般分专业导游、志愿导游、解说牌展示、博物馆展示等，虚拟解说一般四维五维体验场馆、电影电视宣传片、网站等。

解说目标是进行解说活动所要获得的结果，为了达到解说目标所应采取的行动组合被称为解说活动。解说目标是为了解说评估带来参考标准和依据，解说评估的意义一方面考量解说效果是否达到解说的目标，另一方面如果解说效果与目标之间差距太大，需要检讨解说目标的合理性，是否需要修正目标。

一个成功的解说系统是把能够看得见摸得着的物理实体（有形资源）和看不见摸不着的东西（无形资源）联系起来，比如事物的变化过程、历史事件、思想、价值等等，它和人类普遍的情感相联系，包括勇气、牺牲、家庭、爱、责任感、愉悦感、正确和错误、忠诚与背叛、骄傲与谦虚等。解说可以打开人们的心灵，让他们用世界上最好的接收器——头脑来接受有趣的讯息，然后综合传述所接受的一切（Edwards）。

解说的本质是构建一条能够把游客与景观的重要性意义连接起来的桥梁，这种联系是理智和情感上的双重联系。所以解说的目的不是单纯的信息提供，而是在于激发和引导。游客通过解说之后会形成"引起兴趣－产生认知－凝聚态度－形成行动"的过程。帮助访客全面认识、了解景观价值与特征。

不同类型主题具有不同解说方式，具有不同的社会效果。

7.3 信息有效性评价

7.3.1 信息有效性内涵

信息有效性是指增强游憩体验质量的信息传播媒介的访客实际使用效果，一般用有效获取的价值信息量与景观实际总价值量的比例来量化说明有效性程度，分整体有效性和要素有效性两个方面。整体层面通过信息传播广度来反映，单项层面通过信息认知深度来反映。信息广度是指景观价值信息的全面性，信息深度是指景观某类价值信息的深入性丰富性。实际使用效果主要是指访客的信息接受量和满意度。

7.3.2 有效性评价目的与意义

解说是目前体验增强的广泛使用的一种方式，以导游为代表的口头解说和以访客中心和解说牌为代表的设施解说体系等两种形式比较普遍。解说有效性评价是对设施解说系统的实际解说效果开展的综合评价，评价成果可以让管理单位了解目前所使用的解说内容、解说方式是否适当、是否达到原来设定的解说目标。

7.3.3 有效性评价模型建构

美国学者瓦格纳（Wager）在 20 世纪 70 年代提出，游客对解说内容信息的获取、态度和行为的转变是可以测量的。有效性评价的最直接方法就是对游客进行测量，对游客进行测量有很多种不同办法，例如观察游客的行为行迹、问卷调查及访谈等等。国内外学者对于景观解说评估的研究较多，研究方法多样，常用技术方法如表 7-4 所示。

国外解说评价主要侧重于某个解说项目或者讲解员解说服务的成效（或者说对游客影响程度），缺乏对目的地解说系统规划建设整体情况及其成效的评估，难以从宏观上指导目的地解说系统的整体构建和完善，如麦德林（Medlin）等将愉悦性、知识性和游客行为影响性作为评价解说成效的三个目标；韦勒

表 7-4　国内外景观价值信息有效性评价方法

研究方法	研究目的	具体流程
数学模型法	景观解说达到目标的程度	综合各种景观解说类型，确定评估指标，构建景观解说评估指标体系，构建评价模型，判断景观解说有效性程度
管理工具法	分析景观解说系统薄弱环节	根据景观价值特征进行景观分区，分析不同景观特征区价值信息的游客接受程度和满意度
前后对比法	景观解说达到目标的程度	通过问卷调查获得游客满意度、学习效果、态度及行为表现的变化，分析景观解说系统对游客游览前后造成的影响及达到的效果

（Weiler）等选取 11 种游客响应指标，对解说在游客的认知、情感、行为方面的影响结果进行评价。解说评价作为反馈解说系统建设质量或建设成效高低的重要手段，不仅需要在具体的解说服务、沟通过程或解说媒介上开展，也需要从整体层面进行科学评价。

解说目标、解说内容、设施形态、设施位置、访客感受是评价主要内容，目标精准性、形态审美性、位置便捷性、内容可读性趣味性知识性、访客吸引力满意度是评价主要指标。

1. 整体有效性

传播广度是解说"数量级"的反映，相当于"知名度"，[①] 在解说规划模型中与解说场所的可识别性和活力有关，从定量分析上，有两个判断指标：①传播的人数，②传播的时间。我们用 Tp"信息有效维量"来表示信息传播广度。因为传播的广度反应是解说的数量级效果，计算表达式用指标的乘积：

$$Tp\text{ 信息有效维量} = TM\text{（信息吸引力）} \times TN\text{（信息持有度）}$$

2. 单项有效性

认知深度是解说"质量级"的反映，相当于"美誉度"，在解说规划模型中与解说场所的可达性，受众个体情况，信息源均有关，情况比较复杂，从定量上分析，也有两个判断指标：①信息输出量，②信息输入量。

用 Tq"信息获取维量"来表示信息认知深度。因为认知的深度反应是解说的质量级效果，计算表达式用指标的比值。

$$Tr\text{ 信息输出维量} = TO\text{（信息输出量）} / TE\text{（信息总量）}$$

$$Tq\text{ 信息获取维量} = TI\text{（信息输入量）} / TE\text{（信息总量）}$$

通过调查和研究发现：从信源的信息总量到解说前的信息输出量和媒介传播后的信息输入量，信息出现损失和递减规律，以最后受传者的信息输入量与信源信息总量的比值来判断信息的损失程度，从而反应信息的认知深度，用 Tp（信息获取维量）表示。

[①]　知名度和美誉度是多用于传媒广告和品牌领域的评价指标。

综上，有了两个维度的分析，掌握了解说广度和深度两个方面的情况，我们用"解说指数"这一评价综合概念来表示解说有效性的程度。

解说指数 LIC 由两部分共同组成：

$$LIC = f\{Tp, Tq\}$$

Tp 和 Tq 分别从广度和深度两个不同维度共同诠释了解说有效性。

7.3.4 信息有效性评价方法

1. 信息数据库构建

（1）信息分类与编号

在对景观价值分析评价基础上，构建景观价值信息数据库，数据库信息资源是解说信息的主要来源即信源，信源是认识景观价值的起点，也是解说开始的起点。信源一般分大、中、小三类：大类为按照景观价值分为五大类：历史、艺术、科学、生态、文化；中类为景观价值的属性单元，每类价值包含 3~5 种基本属性；小类为各属性下的基本信息，是提炼后的景观价值信息，为解说的信源（表 7-5）。

表 7-5　风景信息收集与编号

编号	历史价值	艺术价值	科学价值	自然价值	文化价值
1	风景信息 L1	风景信息 Y1	风景信息 K1	风景信息 Z1	风景信息 W1
2	风景信息 L2	风景信息 Y2	风景信息 K2	风景信息 Z2	风景信息 W2
3	风景信息 L3	风景信息 Y3	风景信息 K3	风景信息 Z3	风景信息 W3
4	风景信息 L4	风景信息 Y4	风景信息 K4	风景信息 Z4	风景信息 W4
5	……	……	……	……	……

（2）信息检索系统

信息检索系统由五类风景资源价值，19 类价值子项和具体信息共同构成。

1）基本信息：19 项

①年代，②有关人物，③有关事件，④历史背景，⑤风格形态，⑥结构，⑦设计水平，⑧规模及数量，⑨装修及材质，⑩工匠技艺，⑪造园手法，⑫园艺科学，⑬自然环境，⑭植物特征，⑮生态资源，⑯民间传说，⑰象征作用，⑱名人名家，⑲诗词歌赋。

2）价值类型：五大类

根据风景区遗产价值自身的特殊内容和表现形式，其包含的突出意义和普遍价值包括以下几个方面：历史价值、艺术价值、科学价值、自然价值、文化价值。各类不同价值的体现有着各自的相关的基本信息要素。

——①体现历史价值的基本信息要素

a. 年代：年代久远程度，遗产完好程度；

b. 有关人物：是否与历史上著名的人物、家族、社会结构相关；

c. 有关事件：是否和历史上著名的事件有关；

d. 历史背景：是否代表了当时社会发展的时代特征。

——②体现艺术价值的基本信息要素

a. 风格形态：是否是著名的、唯一的或一种特殊的类型；

b. 结构：是否罕见或孤例，或是一种特殊材料、特殊方式的结构物；

c. 设计水平：设计思路布局、构图、工艺和特色；

d. 规模及数量：现存的规模及完整程度；

e. 装修及材质：装饰装修、施工技艺、材质使用和色彩特点。

——③体现科学价值的基本信息要素

a. 工匠技艺：在结构、用材和施工等方面的科学成就；

b. 造园手法：形式放映出来的历史上的造园手法和特征；

c. 园艺科学：在植物、景观、园艺水平上的特殊技艺。

——④体现文化价值的基本信息要素

a. 民间传说：是否包含有特色的民间故事、传说、神话描述；

b. 象征作用：是否为某种精神、形态、美学或信仰的象征物；

c. 名人名家：是否有历史上著名的作家、诗人、书法家的艺术作品；

d. 诗词歌赋：是否包含历史上重要的诗词、绘画、音乐、书法等。

——⑤体现自然价值的基本信息要素

a. 自然环境：景点与周边自然，风景的和谐关系；

b. 植物特征：包含的植物类型，群落组织和特征；

c. 生态资源：是否有保护良好的水、植物、环境等生态资源。

（3）构建信息数据库（表7-6）

（4）风景信息的传播行为与信息量耗损

人与环境之间的交互关系有三种形式：物质、能量、信息，对信息的描述指标一般有信源、信宿、信道、信息量、信号、信息载体等，人类交换信息的形式丰富多彩，使用的信息载体非常广泛。概括起来，有语言、文字和电磁波。语言是信息的最早载体；文字和图像使信息保存得更持久、传播范围更大；电磁波则使载荷信息的容量和速度大为提高。

表7-6　价值分类信息检索系统

大类	L（历史）				Y（艺术）					K（科学）			Z（自然）			W（文化）			
中类	L01	L02	L03	L04	Y01	Y02	Y03	Y04	Y05	K01	K02	K03	Z01	Z02	Z03	W01	W02	W03	W04
小类	L11	L21	L31	L41	Y11	Y21	Y31	Y41	Y51	K11	K21	K31	Z11	Z21	Z31	W11	W21	W31	W41
	L12	L22	L32	L42	Y12	Y22	Y32	Y42	Y52	K12	K22	K32	Z12	Z22	Z32	W12	W22	W32	W42
	…	…	…	…	…	…	…	…	…	…	…	…	…	…	…	…	…	…	…

信道是信息传输的通道，包括空间传输和时间传输，空间传输的信道是物理传输，时间传输的信道是将信息可保存，存储的设备，可反复读取。信道有一定的容量，因为信道存在信息的输入点和输出点，所以即存在信息输入量和输出量。表示信息量的指标是自信息，在复杂的多元信息中，用信息熵来表示平均自信息。

根据信息论与传播学研究成果，风景信息特征的表述指标可以分为五类：

1）TE 信息熵（信源总量），信源总量即价值信息数据库中全部信息量；

2）TO 信息输出量（信息表达量）：表达方式包括（文字解说牌、图形解说牌、图文解说牌，移动解说）＝信源总量—信息缺失量－信息偏差量；

3）TI 信息输入量（信息接受量）：调查获取＝信息输入量 × 信息接受强度；

4）TM 信息吸引力（传播人数）：停下来关注解说信息的人数／进入或经过解说场地的总人数；

5）TN 信息持有度（传播时间）：关注解说信息的平均时间／实际上身处解说场地的总时间（图 7-5）。

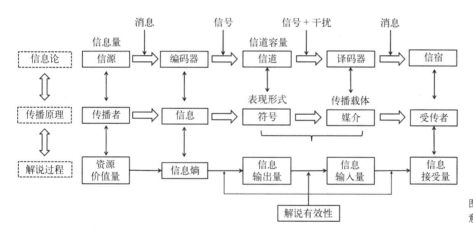

图 7-5 解说评估过程示意图

由传播原理可知，各个信息指标间的关系如下：

$$TE\ 信息熵 > TO\ 信息输出量 > TI\ 信息输入量$$

信息接受强度分别为四个等级：A 级：未接受，记 0%；B 级：偶然接受，记 50%；C 级：予以注意，记 80%；D 级：形成反馈，记 100%。

从传播学角度认为，一般信息受传者的对待信息的传播存在四种不同状态：未接受，偶然接受，予以注意和形成反馈，每种状态则反映了信息的接受程度不同，对每个状态予以赋值，来评价信息的输入量。

2. 信息有效性指标的获取方法

一般解说评估的方法有：直接法、间接法、数量法、质量法。直接法是对游客进行调查、通过访谈来获取数据；间接法是定点定时对游客行为观察；数量法是收集游客对展览和解说的反馈；质量法是收集游客意见、感觉等。

为了有效提高解说的评估质量，得到满意的结果，质量法较为主观，不被本次使用，我们将采用直接法、间接法和数量法和统计法结合的方式来进行解说效果的评估。

（1）直接法：通过设计问卷调查游客的社会背景资料及解说偏好、需求和满意度，了解游客对解说的态度。

（2）间接法：观察游客的行为和记录游客的停留时间，观察游客使用状态和反应。

（3）数量法：统计风景地主要解说设施的单位时间（1~2h）的人流量及使用人数。

（4）统计法：对每个景点游客使用解说前后的信息获取量对比，统计信息数目。

（5）访谈法：通过与导游、游客、公园管理部门的沟通和交流，了解各类解说设施及服务的基本情况，服务人数和规模等。

3. 信息重要性等级

通过专家打分法对不同类型风景价值进行打分，以价值高低来确定风景信息被解说的重要性。对每个风景点的价值统计后，通过内部价值和外部价值双向比较，绘制如下的解说重要性等级评价象限图，以此确定该景点某类价值的重要性等级，共分为四个等级（图7-6）。

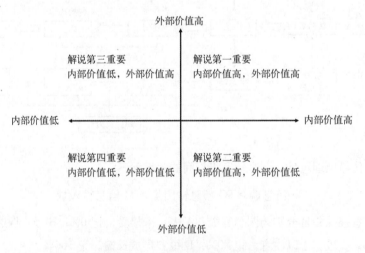

图7-6 解说重要性等级
象限图

第一象限：解说第一重要，内部价值高外部价值高。
第四象限：解说第二重要，内部价值高外部价值低。
第二象限：解说第三重要，内部价值低外部价值高。
第三象限：解说第四重要，内部价值低外部价值低。

4. 信息有效性等级

依据风景信息点的信息获取程度$Tp=\dfrac{Tq}{Tr}$计算结果，不同信息获取程度来判断信息有效性高低，按照四个等级对信息有效性进行划分，等级从高到低依次为：

(1) 一级：非常有效（Tp>75%）。

(2) 二级：比较有效（75%>Tp>50%）。

(3) 三级：一般有效（50%>Tp>25%）。

(4) 四级：无效（Tp<25%）。

5. 解说效果综合评估

信息重要性等级是专家评定的分级，信息有效性等级是访客评定和实际感受程度的分级，两者的差值可以说明解说的实际效果即解说有效性等级，两者的差值存在如下三种情况：

(1) 当信息有效性等级高于信息重要性等级，说明解说目标完全实现，信息损失程度较小，解说效果较佳。

(2) 当信息重要性等级和有效性等级位于同一个等级，说明解说目标基本实现，需要继续保持并完善。

(3) 当信息重要性等级高于信息有效性等级，说明解说目标尚未实现，解说效果较差，有待进一步提高。

总结：围绕景观价值解说的基本目标，对风景价值进行分类，依据价值重要性的不同确定风景价值（应该被）解说的重要性等级。在价值分类的基础上，对资源进行普查，收集风景信息，并构建了风景信息数据库。引入信息科学的相关指标作为解说有效性的重要参数，通过实地调查获取数据，以信息获取程度来衡量解说有效性，以此确定解说有效性等级。最后将解说重要性等级与解说有效性等级进行综合比较，来评估解说综合效果，从定性结合定量的方法完善了解说系统的有效性评价方法，为解说规划提供直接依据。

6. 瘦西湖景区解说效果综合评价

(1) 解说信息有效性评价

将瘦西湖景区内14处主要景点，按照每个景点包含的风景信息总量，分别统计，共计61类风景信息进行信息输出维量和信息获取维量的统计，计算所有风景信息点的解说有效性情况，如表7-7、表7-8，图7-7所示。

表7-7 瘦西湖景区各景点风景信息解说有效性评价一览表

	历史	艺术	科学	自然	文化	平均值
徐园	72	82	55	77.5	68	70.9
五亭桥	65	74	43	/	78	65
梅岭春深	74	91	50	55	70	68
钓鱼台	85	83	60	/	0	57
石壁流淙	48	70	56	/	40	53.5
长堤春柳	80	65	/	0	60	51.25
水云胜概	50	60	40	43	60	50.6

续表

	历史	艺术	科学	自然	文化	平均值
白塔	67	50	57	/	/	58
玲珑花界	50	67	/	67	40	56
熙春台	0	54	0	/	83	34.25
琼枝玉树	75	/	43	40	43	50.25
二十四桥	60	58	80	0	78	55.2
静香书屋	75	56	57	52	64	60.8
锦泉花屿	42	60	60	50	0	42.4
平均值	60.21	66.92	50.08	42.72	52.62	54.51

统计出所有风景信息点的平均值，得出瘦西湖景区总体解说有效性为54.51%。

表 7-8　瘦西湖景区各景点信息解说有效性评价综合表

数目	解说有效性等级	风景信息点				
		历史	艺术	科学	自然	文化
12 处	非常有效	钓鱼台 琼枝玉树 静香书屋	徐园 五亭桥 梅岭春深	二十四桥	徐园	五亭桥 熙春台 二十四桥
32 处	比较有效	长堤春柳 徐园 五亭桥 梅岭春深 水云胜概 白塔 玲珑花界 二十四桥	钓鱼台 石壁流淙 水云胜概 白塔 玲珑花界 熙春台 二十四桥 静香书屋 锦泉花屿	徐园 梅岭春深 石壁流淙 白塔 静香书屋 锦泉花屿	梅岭春深 玲珑花界 静香书屋 锦泉花屿	徐园 梅岭春深 长堤春柳 水云胜概 静香书屋
11 处	一般有效	石壁流淙 锦泉花屿	长堤春柳	钓鱼台 五亭桥 水云胜概 琼枝玉树	水云胜概 琼枝玉树	石壁流淙 玲珑花界 琼枝玉树
6 处	无效	熙春台		熙春台	长堤春柳 二十四桥	钓鱼台 锦泉花屿

（2）解说效果综合评估

依据解说效果的综合评估方法，将风景点信息的解说重要性和有效性等级同时汇总在一起进行比较，得出表 7-9，对每个景点信息的综合解说效果进行评估。

统计每个景点五类风景信息的解说等级，根据解说目标实现程度按照 A、B、C 三类进行描述解说效果，再对五类信息综合表现对景点的整体解说效果进行

图 7–7 瘦西湖景区解说有效性评价图

瘦西湖景区解说有效性评价图

评价，将景点的整体解说效果划分为四类：解说效果最佳、解说效果较佳、解说效果较差和解说效果最差。再对应每个景点的解说设施分布现状（数量和类型），以发现不同解说设施的解说效果高低差异情况（表 7-10）。

（3）综合评价结论：

1）景点整体解说效果高低与解说设施的种类和数量近似呈现正相关；即解说设施种类和数量越多，整体解说有效性越高。

2）仅有景点介绍牌和导游讲解两类解说设施的景点，解说效果并不尽如人意，其中以琼枝玉树、五亭桥和水云胜概的解说效果较差。

3）解说设施的多样化和组合效应给解说整体效果带来较大影响，设施组合杂乱无章会造成不同风景信息点解说效果之间的不平衡。

4）不同类型的解说设施对于不同风景信息的解说效果有差异化特征，在解说设施组合布局中应该合理安排解说内容，提供针对性解说信息。

表 7-9　解说重要性等级和有效性等级汇总表

徐园	历史	艺术	科学	自然	文化	五亭桥	历史	艺术	科学	自然	文化
一级		○●		●	○	一级	○	●○			●
二级	○●			●	●	二级	●		○		
三级						三级				●	
四级				○		四级					○
梅岭春深	历史	艺术	科学	自然	文化	钓鱼台	历史	艺术	科学	自然	文化
一级	○	●○				一级	●	○			
二级	●			●	●○	二级	○	●			
三级						三级			○●		
四级				○	○	四级					●○
石壁流淙	历史	艺术	科学	自然	文化	长堤春柳	历史	艺术	科学	自然	文化
一级	○		○			一级					
二级		●	●		●	二级	○●	○			○●
三级	●					三级					
四级		○			○	四级				●○	
水云胜概	历史	艺术	科学	自然	文化	白塔	历史	艺术	科学	自然	文化
一级	○	○				一级			○		
二级	●	●	○	○		二级	●	●	●		
三级			●	●		三级	○	○			
四级					○	四级					
玲珑花界	历史	艺术	科学	自然	文化	熙春台	历史	艺术	科学	自然	文化
一级					○	一级		○			●○
二级	●	●		●○		二级		●	○		
三级					●	三级					
四级	○	○				四级	●○			●	
琼枝玉树	历史	艺术	科学	自然	文化	二十四桥	历史	艺术	科学	自然	文化
一级	●		○	○	○	一级				●	●○
二级						二级	●○	○●			
三级	○		●	●		三级					
四级						四级			○	●○	
静香书屋	历史	艺术	科学	自然	文化	锦泉花屿	历史	艺术	科学	自然	文化
一级	●	○				一级			○	○	
二级		●	●○			二级		●	●	●	
三级					○	三级	●○	○			
四级	○			○		四级					●○

注：○解说重要性等级，●解说有效性等级

A 类：当解说有效性等级高于解说重要性等级，说明解说目标完全实现，解说效果较佳；

B 类：当解说重要性和有效性位于同一个等级，说明解说目标基本实现，需要继续保持并完善；

C 类：当解说重要性等级高于解说有效性等级，说明解说目标尚未实现，有待进一步提高。

表 7-10 景点整体解说效果综合评价表

	景点	徐园	梅玲春深	二十四桥	静香书屋
解说效果最佳	解说有效性	BBAAC	CBABA	BBABB	ACBAA
	设施数量	7处	6处	4处	5处
	设施类型	匾额、石碑、实物、木刻、全景、照片墙、导游	匾额、实物、照片、木刻、解说牌、导游	全景、石刻、景点牌、导游	景点牌、全景、实物、导游、咨询服务
解说效果较佳	景点	长堤春柳	玲珑花界	钓鱼台	白塔
	解说有效性	BC\BB	AA\BC	ACB\B	AAC
	设施数量	2处	3处	2处	2处
	设施类型	景点牌、导游	印刷物、景点牌、导游	石刻、导游	景点牌、导游
解说效果较差	景点	石壁流淙	锦泉花屿	熙春台	
	解说有效性	CAC\A	BACCB	BCC\B	
	设施数量	2处	2处	3处	
	设施类型	景点牌、导游	全景牌、导游	石碑、匾额、导游	
解说效果最差	景点	琼枝玉树	五亭桥	水云胜概	
	解说有效性	A\CCC	CBC\A	CCCCA	
	设施数量	2处	4处	2处	
	设施类型	景点牌、解说物	石碑、导游	景点牌、导游	

注：A、B、C 代表风景信息点的解说目标实现情况：A 完全实现，B 基本实现，C 未实现。

7.4 体验增强与解说规划方法

7.4.1 解说规划历史

解说规划是在景观价值评价与服务对象分析的基础上提出适当的解说方式以提高信息有效性的规划，梅钦托希（Machintosh）1986 年提出解说规划的三项原则：①定位游客；②激发游客兴趣；③促进游客对景区的理解与欣赏，提高游客旅行的意义和趣味。

伊斯托安（Istvan）1993 年提出"访客—解说者—解说对象"的解说概念性框架，把自导型解说系统和向导型解说系统作为自变量，游客在解说中获得的知识与提升的态度值作为因变量，也即解说的效果，发现解说过程中的影响因素以及解说需要采取的方式和步骤。托德（Todd，2007）认为最近 20 年来解说规划使博物馆旅游发生了很大的改变，过去解说只注重知识，而如今规划者要考虑到大量复杂信息的控制，不仅包括我们有什么（What do we have）、我们如何展示（How do we show），更重要的是我们如何为游客创造一段难忘的情感经历。解说的中心内容包括"What"（受众感兴趣的资源、主题和次主题）、"Why"（解说应该完成的特定目标）、"Who"（游客）、"How/When/Where"（解说项目与服务的表现方式）以及"So what"（解说评估）等（Cho，2005）。

美国国家公园管理局在长期的管理过程中，建立了完整的解说规划体系，被称为综合解说规划（Comprehensive Interpretive Planning，CIP）。综合解说规划是一种架构，更是一个过程，包含解说的主题以及达成主题的来龙去脉。综合解说规划强调，首先明确国家公园的重要基础资源，在此基础之上，应用这些基础信息来创建未来解说项目的框架和内容。他们把解说系统的发展构架称为"5W + H模式"，分别是解说目标（Why），解说资源与解说主题（What），解说据点（Where），解说对象（Who），解说媒体运用（How）及解说时机（When），在此基础之上，进行解说区域、解说路线、解说据点、解说目标、解说媒体发展等方面的规划（图7-8）。

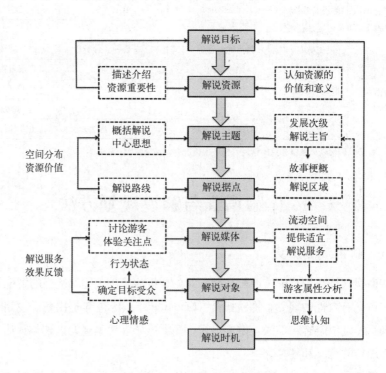

图 7-8 美国综合解说规划（CIP）流程图

结合欧美澳大利亚等国家公园的综合解说规划编制纲要，目前国外学界普遍受到认可的解说规划框架为"5W+H+E"，即包括简介、为什么解说（Why）、解说什么（What）、为谁解说（Who）、何时（When）何地（Where）如何解说、具体实施和操作（How）、后期评估（Evaluate）等内容。

对于解说规划的编制与实施，既包含游客对场地的需求和对文脉的理解，又应包含对具体工作的安排与建议。解说内容包含场地目标、主要话题、次要话题、关键信息、故事发展线（Story Line）和用以解说的媒介。而评估过程一般通过游客在场地上的体验来提供反馈信息以指导规划的修改和编制，包括游客需要、期望、协商、满意度等方面来评估解说教育的效果。评估贯穿整个规划过程，是非常重要的环节。

7.4.2 解说规划的一般流程

基于被广泛使用的"5W + H + E规划模式",在规划实践中总结出"受众—目标—内容—工具—情景—评估"六要素为核心的解说规划方法（图7-9）。

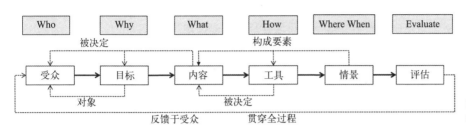

图7-9 解说规划方法流程图

1. 受众

解说面向的用户是人，服务对象是社会。解说规划已经从过去传统的供给侧转向对个体需求侧的研究，因此提高对受众主体性的认识和研究变得格外重要。人虽然是个相对常量，但是不同的个体之间认知差异却很大。

2. 目标

明确解说目标是实现解说规划的出发点也是解说评估的落脚点，树立以风景价值输出为导向的解说目标成为解说规划研究领域的重要方向，教育与激励是规划的两个基本目标。

3. 内容

价值与目标决定了解说主题，时代与社会需求决定了具体的解说内容，围绕解说目标和社会需求之间做好平衡是解说内容选择与解说形式的难点。

4. 工具

工具是信息表达与传播媒介，不同的解说主题、话题和故事对解说工具的使用会有所侧重，多样化、信息化、智能化是解说工具发展趋势。

5. 情景

情景是解说场景的重要组成部分，即是解说发生过程的场所，由内容、解说方式和工具共同决定。情景是基于场所感理论对解说规划影响最大的因素，同样科技也是重要因素，影响并改变了人们的认知习惯。

6. 评价

作为解说规划的重要环节，也是唯一始终贯穿在解说规划的全过程。评价是实现解说目标，提升解说效果，改善解说服务，合理组织解说要素的重要手段，是指导解说规划和衡量目标合理性的关键环节。

7.4.3 景观价值的解说策略

1. 信息交互的复杂机制

人与环境之间的信息交互方式分三个层次：表层感知、中层认知、深层悟知，口述、文字、图形是中层认知的重要媒介，人为书法与电脑字体、人工绘图与电脑制图在文化信息传达与情感知觉上是有很大区别的，字体风格、实物图、卡通图、结构图、分析图等图形形式所表达的情景也不相同。从感官感知到思想认知过程需要借助特定媒介增强访客对景观环境的感知，增强机理就是提升访客信息接受量、理解力和运用转化能力。解说规划特别是场景解说中，文字与图形的运用策略对体验增强具有重要作用。

不同受众由于其年龄经历、教育程度、文化背景等不同，其接收信息的最佳方式也不相同。

2. 景观审美的文化差异

儒、佛、道是中国古代最主要的思想意识，对自然的态度主张顺应自然，与自然保持和谐密切的关系，喜欢把客观的"景"和主观的"情"联系在一起，把自我摆到自然环境中，物我交融为一，从自然审美中来寻找表达自我思想情感的机会，使得中国的传统园林充满了诗情画意。

西方古代以认识论作为处理人与自然关系的总纲。它们探究外在自然的本质开始，对探索自然科学发展起到了很大帮助，它们标榜"理性"的思想，在文化各个领域提倡明晰性、精确性和逻辑性。这种"唯理"的哲学思想支配下，自然会把美建立在理性的基础上。

东西方两种传统文化中自然观的不同，影响了人们的审美观念，进而在风景信息认知中产生差异。东方审美更加"唯心"，具有感性和文化的特点，是模糊而感性的，偏向故事性和联想性的；而西方更加"唯物"，注重对科学文化知识，自然教育和环境解说的普及，对风景的认知更加理性和科学。

3. 景观特质与解说主题

（1）艺术价值

艺术价值来源于风景美学的基本信息，是风景存在的物理空间和外在形式，既有自然形成，也有人造产物。人们的感官被景观的线条、色彩、形状、体量等形式美的因素所刺激，产生各种感觉；认知过程体现在对风景外在形象的浅层感知，更多凭借人的感觉，是一种主观感受，还未上升到"知觉"和"思维"阶段，主要通过人体不同感官，以视觉、听觉、触觉、嗅觉多感官为主要获取渠道的一种通感式心理认知。

（2）历史价值

历史价值的存在往往附着在风景之上，借风景之形，构风景之意，使风景形神兼备，成为人类文明的一种载体，同时也使自然山水融于文明之中，使之具有更大的景观价值。而这种历史价值的存在依赖于对当下风景信息场的时空转换，离不开风景意境的营造，感知历史信息是在对风景浅层形象感知之后，信息场唤起人们的思古怀旧之情，产生深层崇高的历史感；历史价值属于事实性信息，但是又具有时代特征和文脉属性，需要游客在自身知识结构的基础上加以想象和发挥，是对现有信息进行包装加工形成一场穿越时空的事实认知过程。

（3）文化价值

文化价值与历史价值相辅相成，是风景形成历史过程中经典的诗词歌赋、散文游记和民间的神话传说，是蕴含在风景历史变迁中的内涵和底蕴。文化内涵与人的信息交互过程也是风景认知的最高境界，是一种高级情感化的心理活动，在这个过程中，由于欣赏者审美个性心理特征和社会因素的千差万别，也就产生了各不相同的审美感受。中国人对山水的欣赏，虽仍是因为自然景致的秀美，但更重要的是"山水"之中凝结了中华五千年的文化精粹，以山比德、以水比智的山水观，使中国人心里的山水具有了人文内涵，是一种"人文山水"。

（4）科学价值

科学属性是风景形成过程的内在逻辑，有自然要素也有人文要素，因为随着经济、社会发展，人文历史变迁，风景形成过程具有时代特征，运用"唯理"的哲学思想去探索并挖掘风景自然性背后的原生性，而国外传统教育和审美观念一直要求要科学、客观地认识事物，探究外在自然的本质、并运用自然规律去改造自然、适应自然，总结人类文明的思想结晶。对风景科学的认知需要秉持着理性态度和科学思维方法，从纯感官审美和自然认知中跳脱出来，思考并深入理解风景中蕴含科学价值，或自然的科学性，或人文的科学性，或艺术的科学性，来全面提升自身自然科学素养。

（5）自然价值

自然性是风景存在的本源也是载体，同时也是风景资源的重要属性，风景之所以成为自然风景就是因为它的自然属性，作为自然风景，它是以自然环境为主体，山、石、树木、水体、风景点及建筑小品组成。对风景自然性的认知过程需要建立科学的审美观念，强调人与自然的可持续发展，以亲近自然、了解自然的方式，在浅层感官审美的基础上，经过知觉的综合各种感觉，凭借记忆和自然知识，结合环境体验，来形成对风景自然性的认知和审美提升。

7.4.4 体验完整性与信息场空间布局

体验完整性包括空间完整性、信息完整性和情感完整性，空间完整性是基础，主题完整性是前提。解说主题在空间分布上一般呈点、线、面的空间格局以及同一空间的多主题叠合状态，景观空间具有多重价值复合性，解说主题把景观空间分解成多维形态。空间不是纯粹的、抽象的、几何式的构图设计，反映的是复杂的人的体验，它依赖于观察者和空间信息场之间的互动，是视觉、听觉、嗅觉和触觉的信息场的综合，丰富且具有协调性的风景信息有助于形成有序且连续的空间信息场。空间及其蕴含信息的相互关联性共同决定了空间信息场的体验性，在一定范围内的空间，无论节点或者路径，都强调从表面接受信息的重要性，从而构成充满活力的信息场。

1. 节点与路径

在游憩型风景游赏的描述中，有三个基本概念：节点、路径和方式（斯蒂芬·L.J.史密斯，1992）。唐伽拉（2003）将节点和路径的概念从大尺度的旅游空间行为（保继刚，2000）引入旅游解说系统的规划当中。在这里，节点反映了旅游者的停留地的区位，路径是节点之间的移动条件，又是它们产生的结果（斯蒂芬·L.J.史密斯，1992）。

因而在解说系统空间规划初始，首先要进行节点位置的确定。而节点又是由道路和路径分割形成的，我们首先对风景区中道路网进行分析，依据道路的主要功能和解说目标，我们将风景路径体系分成三类：

（1）主题游径：串联重要景点与主要游憩点，具备核心资源和主旨解说功能。

（2）游步道：以观赏风景为主的游赏道路，串联一般景点和主要休憩点，拥有一定风景资源。

（3）一般道路：以道路交通通行为主要功能的路径，风景资源禀赋较弱，解说功能不足。

节点是解说系统的骨架，解说系统的分层次布点要以节点的划分与确定为依据。节点分为主要节点和次要节点，主要节点解说功能较足，会辐射一定风景范围，形成风景面状解说；次要节点为一般景点的最佳观赏点，解说功能满足本景点为主，辐射能力较弱，形成风景点状解说；其他连接主要节点的线性道路为路径解说（图7-10）。

2. 点线面空间组合布局方法

依据点、线、面三级的解说布局形式，按照确定节点，寻找主要路径的方式，依次针对特定的主要节点、次要节点和游线路径布置解说设施（图7-11）。采用分层布置的方法，先依据主要节点规划面状解说，再根据次要节点布置点状解说，最后围绕主要核心游步道和主题游径进行解说路线规划，连接主要节点和次要节点，串联起景区重点风景资源，完善解说通路，实现解说系统的空间组合从点到线到面再到网络化的互联互通的综合布局。

3. 瘦西湖解说系统空间流线布局

从价值信息量上来看，西园曲水、卷石洞天、虹桥修褉、梅岭春深、水云胜概、五亭桥、熙春台、徐园和琼枝玉树这9个景点属于重要景点，在解说规划的空间流线布局中，位于解说的主要节点上，考虑采用面状解说的方式。另外7个景点属于一般景点，在解说规划的空间布局中位于次要节点上，考虑采用点状解说的方式。介于两者中间的5个景点归类为一般重要景点，需要对子项价值信息综合评估后，根据游线路径需要，采用点状＋面状结合的解说方式

（表 7-11）。其中：静香书屋和锦泉花屿都在主要游径上，且周边无解说主要节点，故设置面状解说，升级为主要节点；白塔晴云、凫庄和二十四桥因为与邻近的（水云胜概、五亭桥、熙春台）两处面状解说点非常靠近，故降级为次要节点，采用点状＋面状结合的方法同时设置点状解说并与邻近主要节点结合起来共同形成面状解说（图 7-12，表 7-12）。

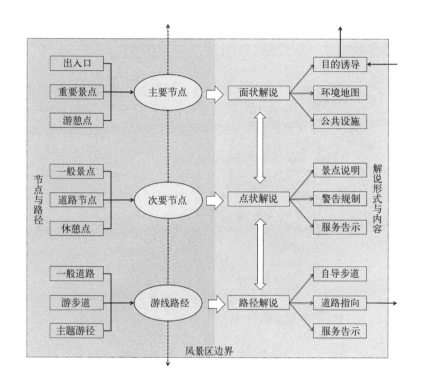

图 7-10 解说系统规划准则示意

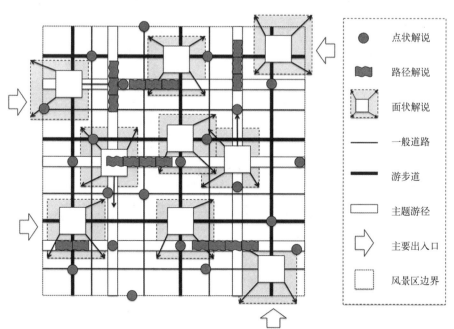

图 7-11 解说系统空间流线布局示意图
（图片来源：作者自绘）

表 7-11　不同景点与解说类型分类表

景点	景点重要性	解说骨架	解说类型
西园曲水、卷石洞天、虹桥修禊、梅岭春深、水云胜概、五亭桥、熙春台、徐园、琼枝玉树	重要景点	解说系统主要节点	面状解说（9 处）
长堤春柳、白塔、莲性寺、钓鱼台、玲珑花界、石壁流淙、蜀岗朝旭	一般景点	解说系统次要节点	点状解说（7 处）
白塔晴云、静香书屋、凫庄、二十四桥、锦泉花屿	一般重要景点	解说系统游线路径	点状＋面状解说（5 处）

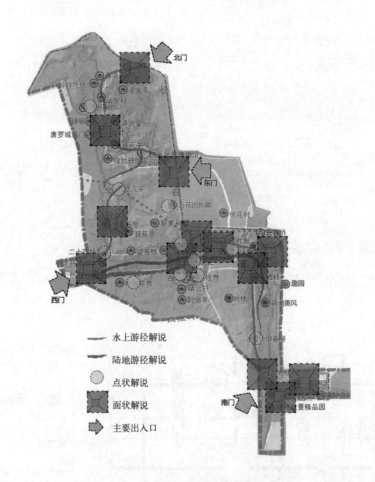

图 7-12　瘦西湖景区解说系统空间流线布局规划

表 7-12　瘦西湖景区解说形式景点统计表

主要出入口	南门	东门	西门	北门
点状解说	长堤春柳、白塔、莲性寺、钓鱼台、玲珑花界、石壁流淙、蜀岗朝旭、白塔晴云、凫庄、二十四桥 ·增加两处重要游憩点（万花园、扬州盆景博物馆）			
面状解说	西园曲水、卷石洞天、虹桥修禊、梅岭春深、水云胜概、五亭桥、熙春台、徐园、琼枝玉树、静香书屋、锦泉花屿 ·增加两处主要出入口（东门、北门）			
水上游径解说	长堤春柳-小金山-钓鱼台-五亭桥-熙春台			

续表

主要出入口	南门	东门	西门	北门
陆地游径解说	长堤春柳－徐园－琼枝玉树－水云胜概－五亭桥－玲珑花界－二十四桥－石壁流淙－盆景博物馆－疏岗朝旭			

注：1.增加两处点状解说为扬州瘦西湖重要游憩点，资源价值较大，虽不在21处景点名单中，但作为解说的次要节点在空间规划中加上，故说明之；

2.同时在北门和东门，虽无主要景点，但出入口属于解说主要节点，故增加设置两处面状解说，有效引导游客；南门和西门已有两处重要景点（虹桥修禊、熙春台）作为主要节点覆盖，故不再增加面状解说；

3.因为瘦西湖游览方式的特殊性，游船解说也是瘦西湖解说系统一大特色，在解说规划时考虑到两条不同的游线路径设置两种主题游径解说：水上游径解说和陆地游径解说。

7.4.5 体验主题性与信息增强设计 [①]

1.制定解说主题

（1）解说主题的基础

解说主题是对景观内在价值、特色、特质的主题表达，也是景观生态系统服务和生态产品特征的表述，是价值信息化、产品化、产业化的基础，是景观服务社会的重要策略，每一类景观都有其自身独特的价值和特色，这些价值特色通过解说主题形式让社会能够更广泛地理解和接受。

把景观形态背后的价值转化为服务社会的正能量，需要信息转化和信息增强设计，突出主题，减少干扰是设计的基本原则，主题场景与主题信道设计是景观体验增强的主要空间策略，解说设施、解说媒介的选择是解说质量的重要保障。

人类共同的情感是所有解说主题的基础，包括爱、家庭、战争、时间、荣誉、牺牲，这些情感是跨越国界的，只需要一个词就能唤起游客诸多想象、感受和体验。要进行有效的解说，有必要在解说主题和次级主题中强调人类共同的情感，以促使游客对各种重要资源产生共鸣。各种不同背景的人都能通过这种被普遍接受的普世价值观，与当地及其特有资源产生联系，对这个地方、这个项目或这个展览产生共鸣，把保护区资源与自身生活的重要方面联系起来。

（2）解说主题的层次

在资源信息系统中已经提炼出了解说的基础信息，随之用这些信息进行主题解说环节的制定。重点资源介绍已经切实表达了什么样的风景资源是重要的，特别的和突出的，为了让游客接受这些信息，需要将它们转化为有情节的故事。

主题解说环节分为三个层次：主题、话题和故事。主题为资源的重要核心价值，话题为资源的类型和特点描述，故事为资源特征的具体展开。在解说规划的内容编制中合理运用主题，话题和故事三个层次来共同构成解说内容（表7-13）。

---

① 设计实验由研究生杨戈骏负责。

表 7-13 解说主题的三个层次

主题	主题 1				主题 2					主题 3			主题 4			主题 5			
提炼	LS（历史主题）				YS（艺术主题）					KX（科学主题）			ZR（自然主题）			WH（文化主题）			
话题	4 个话题				5 个话题					3 个话题			3 个话题			4 个话题			
分类	L1	L2	L3	L4	Y1	Y2	Y3	Y4	Y5	K1	K2	K3	Z1	Z2	Z3	W1	W2	W3	W4
故事	N 个历史情节				N 个艺术描绘					N 个科学介绍			N 个自然教育			N 个文化故事			
发展	L11	L21	L31	L41	Y11	Y21	Y31	Y41	Y51	K11	K21	K31	Z11	Z21	Z31	W11	W21	W31	W41
	L12	L22	L32	L42	Y12	Y22	Y32	Y42	Y52	K12	K22	K32	Z12	Z22	Z32	W12	W22	W32	W42
	...	...	...	...	...	...	...	...	...	...	...	...	...	...	...	...	...	...	...

主题识别了解说中的主要信息，是对故事精髓和观点的表达。在展板中，主题一般出现在标题位置，在解说手册中，主题一般是前言介绍。话题是整个交流题目，较之于主题更为详细，主题包含话题。故事应保持在开始、中间和结束的结构。并非所有解说都需要讲故事，但取决于解说需要表达的内容。一个好的主题应该是完整的一句话，有主语、动词和停顿，有主要观点并且完整传达信息。

层次性解说有三大优点：一是可以重点突出地反映规划要解说的内容；二是可以帮助简化解释，使人们更关注到信息的解释上面；通过主题和话题的形式，简单地概括被解释的内容。有助于游客短期记忆和长期储存；三是不同的话题和主题，可以满足不同人的兴趣，将破碎的信息连贯起来。

（3）解说主题的撰写

解说主题的撰写需要根据风景的重要资源，整合所有适当的观点、意义、信仰和价值，涵盖风景所有重点资源介绍的内容，并将其以话题及故事的形式表达出来。由于在价值引导系统中已经构建了风景的价值体系，故解说主题将沿用对资源价值的分类，将每处的资源价值按照五种类型分为五个价值主题。

1）主题是对重要资源的提炼——中心思想

解说主题应该是完整的句子，不能以条目的形式列出。虽然条目对于信息数据库的构建具有重要作用，有助于风景信息的系统组织，但是本身不能提供足够的解说焦点。信息条目的表述往往太过简略，意义比较宽泛，不够明确，难以为解说提供足够的指导，需要解说主题来对资源价值的重要陈述进行提炼。

2）话题是对价值的分类阐述——段落大意

如果说解说主题是一篇文章的中心思想，话题则是文章的段落大意，话题是对解说主题具体信息的补充，从各个不同方面提供解说主题的背景信息，以故事的形式强化主题信息，使得游览者把风景地重要自然资源与游赏机会联系起来。话题与主题和故事都相互联系。

3）故事是对具体话题的发展——情节梗概

话题是以浓缩的故事形式帮助游客探索资源的多种意义，不是真正故事的本身，而是它们的精华。具体的故事则是之后解说服务的内容，故事通过更加丰富的信息全方位来引导人们探索当地的意义和资源，而非说教式地告诉人们这些资源的价值和内涵。

4）主题解说三大层次的相互关系

基于风景价值的这五个主题被组织在风景的自然和文化属性的大主题背景之下，这些主题彼此之间有联系，共同诠释着大主题。各个主题又被分为三至五个不同的子话题，从横向看，五个话题同属一个主题，相互之间是并列关系。从纵向看，不同的颜色表示了不同的序列，每个序列围绕一个话题方向，相互之间存在串联关系。通过一个序列将不同主题的相似话题串联起来表达。主题之间相互并联，话题之间又相互串联。不同的故事层次则分散在主题和话题之间，呈现混联的状态（图7-13）。

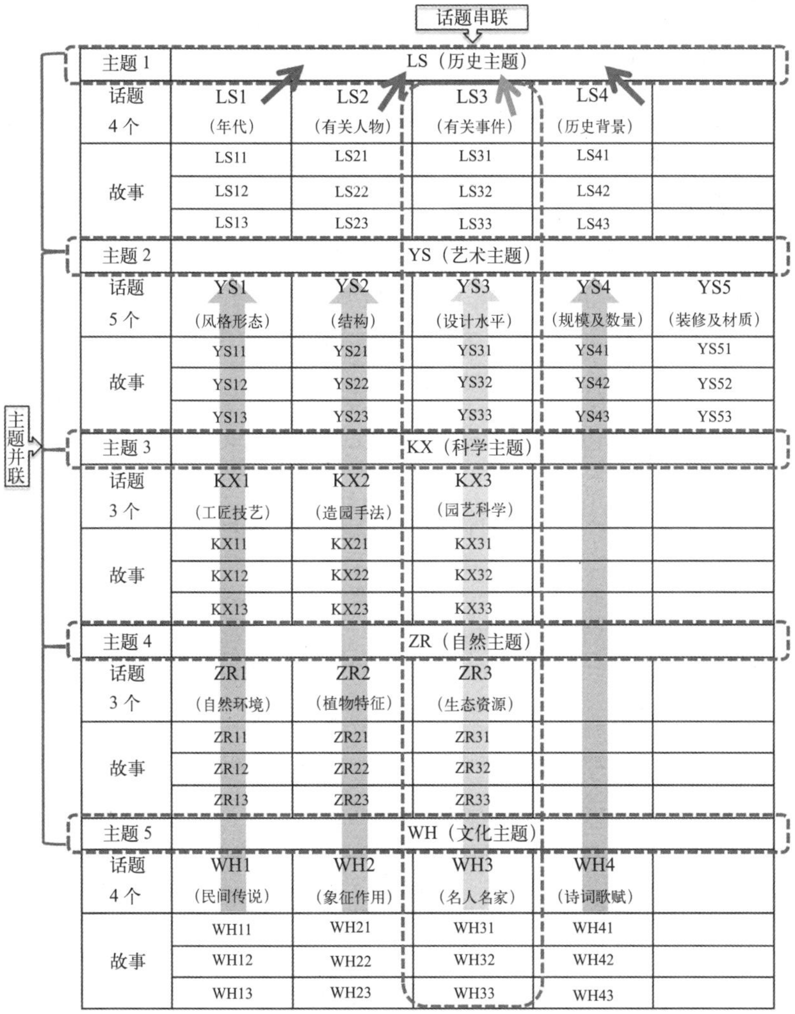

图 7-13 主题解说三大层次关系分析

解说主题顺序应该是从具象到抽象，从宏观到微观，从整体到局部，从粗略到细节，从个别到一般，从有形资源到无形资源，再到普遍接受的价值观，这样既符合人们常规的心理认知规律，也是传统故事的套路形式。

2. 解说设施

（1）解说设施特性

解说设施存在于自然环境中，却又是人工的产物，设施因为跟人发生着联系和互动，成为一件"拟人化"的实物，与人在风景中交换信息的过程发生着各种场的交换，成为影响人和风景的实体。从功能上看，解说设施具备以下三个特性：

1）标识性：信息传播是解说设施的基本功能，给游客提供信息并显示意义；

2）展示性：融入环境而高于环境，展示场所文化底蕴，彰显地域文化特色；

3）艺术性：作为视觉形象传达信息的符号系统，解说设施本身也可以是一种景观，是一座雕塑，更是一件美轮美奂的艺术品。

（2）解说设施外观的引导性

1）色彩，解说设施的色彩应充分考虑当地的风俗、历史、建筑和环境景观等因素。各类解说物的颜色要尽量保持统一，确定主要色彩基调，并通过主题色和背景色的差异性变化搭配，来提高解说物的醒目程度，引起游人的关注和注意。

2）灯光照明，在有特殊需要的情况下，出入口、重要景点处的解说场景可考虑布置灯光照明，宜采用外部照明为主，一方面烘托外部环境氛围，另一方面提高夜晚风景地的外部文化形象，提高旅游地的到访意向，增添景观效果。

3）造型样式，解说设施的形态样式要与环境融合，不要突兀又不能没有特色，既能够反映场所环境的自然和文化特征，同时存在一定视觉导向和形象识别。

在样式和色彩上既要与环境和谐，又能醒目突出。色彩上，背景色和主体色的明暗对比和图底明暗关系让解说图文更加醒目，突出，激发阅读的兴趣和可能性。

在解说重要性较高的区域设计为可翻阅的书式解说牌，提高解说的可读性，丰富解说的内容。

（3）解说牌示尺寸的引导性

设计解说物的高度和体量要依据解说设施的使用距离。在对解说场所的研究中，距离是一个非常重要的影响因素。设施的高度、信息物的最佳阅读高度的设计不但要考虑一般身高的人观看方便，还要考虑儿童和残疾人的使用，车辆通行的道路，要考虑车上旅游者的观看高度。

从设施本身展示性来说，解说设施的一般尺寸在高 100~200mm，内容一般高度在 60~150mm，基本满足普通人能舒适观看的要求；但考虑到儿童、老人，以及残疾人对解说系统的特殊需求，信息物的内容高度往往需要适当降低，或者设置成可以（调节）升降高度的解说设施，以满足不同人的需求。

适当增加景点解说牌的大小，提高视线的聚焦度和阅读性。同时考虑不同年龄段，如青少年的身高因素和阅读兴趣的不同，在解说牌的不同位置设置针对性的解说内容。应该配置符合青少年儿童观看视角的户外解说主题，60~80cm的高度是较适宜的尺寸。

（4）解说设施的材质与安装

1）安装方式

设施的安装固定方式有：墙面固定式、地面固定式和悬挂式等多种（丰田幸夫，1999)，并以地面固定式为主。解说设施的载体结构要坚固耐用、受力合理、墙面悬挂等空中设施宜采用轻型材料。解说设施的安装选址应充分考虑解说设施与景点位置的相互关系、提高解说设施的可见性、视觉效果等因素。

2）选材

解说设施主体的制作材料，应选用耐久防腐的花岗石、天然石材或坚固耐用竹木材，可以少量设置不锈钢、铝、瓷砖等材质。解说物构件的制作材料，一般与主件相同，或采用混凝土、钢材、砖材等。

解说设施和信息物载体的设计要充分考虑以人为本的原则，做到安全环保。不选用强反光材料，避免炫光。载体尽量选用光滑的圆角和弧边，避免划伤孩童老人。

3）提高解说信息空间容量

主要节点的解说设施需要留有一定的空间场地，避免在人流过大时产生阅读的不便，因此在人群聚集的区域，需要设立多个解说牌，如翻页式、书式解说牌以满足解说空间上的需求。

在景区重要景点增加固定的语音讲解器，除了现有的电子解说仪使用比例不高，辐射人群较窄，因为一台设备一次只能服务一名游客，从解说传播的广度来看，服务人群较小、有效性较低。可考虑在主要景点的解说牌示附近增加自动语音讲解的方式，游客在看完解说牌示的文字或者图片后，可以自助使用讲解设备，供在场的游客同时收听，提高认知的有效性同时，可以扩大服务的人群数量。

3. 解说信息的表达形式

（1）多语种解说和文字图片组合形式

对于重要的景点景物和服务设施牌示适当增加规范的多语种解说，以体现旅游解说服务的外向型特征和国际化要求。解说的信息内容设计多采用文字加图片的各种组合形式，增加解说内容的趣味性，做到寓教于乐，体现解说的人文关怀。充分考虑游客接受解说服务时的心理需求，尊重游客，提供人性化的服务。

图片往往能更简洁更直观地展示瘦西湖自然特征和艺术的美感，通过历史照片和图景还原瘦西湖的历史风貌和文化传承，来增大解说信息的容量。

解说内容的图文排版比例同样重要，版面适度的留白，可以考虑分成$\frac{1}{3}$图形、$\frac{1}{3}$文字和$\frac{1}{3}$空白，统一字符间距和行距，可以使版面更加整洁有序。

（2）提升语言技巧和丰富语言外要素

解说员应具备良好的服务态度和解说技巧，深入角色、带入感情、融入风景环境的意境中进行讲解，并根据游客的反馈及时调整讲解的策略和内容。解说语言尽量摒弃生硬的禁止用语，采用婉转文雅的劝诫忠告词汇。另外，语言外要素可以丰富语言信息，除了口头语言之外多利用表情语言、形体语言、手势语言三者要巧妙地配合有声语言来综合运用，利用非语言要素来使得解说过程更加立体，以产生最好的表现效果。

（3）提高纸质出版物的内容和质量

增加出版物的解说数量和类型，丰富解说内容，提高解说信息的价值。在调查中发现青少年群体对于纸质印刷物这一解说方式具有较高的偏好，景区已有的出版物多为商业性的广告宣传或者景区导游服务信息，对于瘦西湖的资源价值介绍信息较少，应增加对于瘦西湖历史文化资源的内容，出版普及性读物。对高校学生等高学历群体开放文化遗产等方面知识的相关书籍，来宣传瘦西湖的历史文化知识。

4. 解说认知过程的交互性

（1）二维码，在解说设施（牌示和印刷物）上面设计二维码，游客通过扫一扫获取大量关于景观价值的信息，扫描景区的二维码，就能听到各个景点详细的解说。

（2）语音解说、手机 App 和移动平台，通过手机 App 获取景区导览图，具有 GPS 定位，自助导览等多种功能。增加固定式语音解说和触摸屏解说，形式多样化的信息传递方式，使得游客从多种渠道获取信息，进一步推广电子解说和微信、微博平台的使用率。线上线下多种渠道在风景空间中获取信息的机会成为一种解说有效手段。

（3）VR、AR 等人工智能终端，随着 VR、AR 等人工智能产品的出现，多样化的信息体验成为可能，比如"城市镜头"就是目前国内一款基于移动互联的 AR（增强现实）产品，通过智能手机应用，将人和环境连接起来，成为城市导游、导览、导购，景点与游客的移动互联平台，未来将有应用在风景区的巨大潜力。VR、AR 模式增强了互动性，同时丰富了解说的场景感，使现实空间与虚拟空间同时叠加的认知方式，超出了游客平常认知范围和能力，从而获得特殊的信息体验。

7.4.6 体验丰富性与解说媒介组合设计

1. 基于解说重要性的媒介组合选择策略（表 7-14）

一级重要解说：媒介选择方式 10 选 6，其中 4 项必选，6 项可选。

二级重要解说：媒介选择方式 8 选 5，其中 3 项必选，5 项可选。

三级重要解说：媒介选择方式 6 选 4，其中 2 项必选，4 项可选。

四级重要解说：媒介选择方式 5 选 3，其中 1 项必选，4 项可选。

2. 构建解说媒介服务体系

基于各个媒介从总体评价到特征描述，再到综合性能表现，比较得出不同媒介的优缺点和解说效果，及在解说中的不同利用方式，我们总结了各个媒介之间的相互关系及作用规律，形成了媒介组合体系，由各个媒介利用自身的特点、主要功能和应用规律组成优势互补，构建了解说媒介与设施的服务体系，如图 7-14 所示。

表 7-14　基于解说重要性的解说媒介组合选择方法

	导游解说	解说牌	咨询服务	专业讲解	图片墙	实物展示	印刷物	电子解说	博物馆	剧场表演	微信平台
一级	必选	必选		可选	可选	可选	必选	必选	可选	可选	可选
二级	必选	必选		可选	可选	可选	必选				可选
三级		必选	可选		可选		必选	可选			
四级		必选	可选		可选		可选	可选			

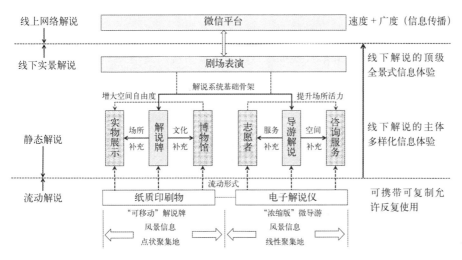

图 7-14　瘦西湖解说媒介与设施服务体系

解说媒介服务体系一共分为四个层次：

（1）第一层次为风景区内各大实体解说，包括人员解说和非人员解说两种形式，以导游解说和解说牌两类形成解说系统的基本骨架，其中志愿者和咨询服务辅助导游解说形成人员解说骨架，志愿者作为解说服务内容的补充，咨询服务作为解说地理空间上的补充；实物展示和博物馆辅助解说牌形成非人员解说骨架，博物馆作为解说风景文化内涵的补充，实物展示作为形成解说场所感的补充；两大类骨架作为线下解说的主体，分布在风景区中构成静态解说的主要形式。

（2）第二层次为流动解说，与主体解说的静态解说方式形成对应，构成主体解说形式的主要补充。构成媒介为两类：号称"可移动解说牌"的纸质印刷物和号称"浓缩版微导游"的电子解说仪，它们的主要特征为可携带可复制，解说信息的机会可以重复使用。第一层次和第二层次共同构成了线下解说的基础层面。

（3）第三层次为线下解说的顶级层面，主要形式为剧场表演，歌舞演出等生活情景剧系列，通过真人实景在风景地中利用声、光、电、影像等技术形成的具有历史文化内涵的实景解说方式，从多维度感官接收形式给游客带来全方位的信息体验，丰富了解说的参与感和趣味生动性，提高了认知强度。

（4）第四层次为微信平台：利用新媒体的传播手段和互联网的信息传播优势，构建瘦西湖的微信公众号和网络平台来提供解说服务，从而加快了信息传播的速度和广度，优化了信息结构和获取方式，解说变得更加容易和快捷，与线下的各类实体解说方式形成线上线下结合的 O2O 联动解说。

3. 基于风景信息的解说媒介适用性组合策略

由评价结果和分析过程，可知在信息传播过程中存在 19 种可能影响解说效果的因素，信息输出端的应对策略主要以加强设施建设，完善解说系统建设和服务为主，下面主要从信息输入端方面，从设计的角度提出规划应对策略（表 7-15）。

从认知角度我们已经知道每种媒介在传播不同的风景信息方面具有不同的优势，单一的媒介形式很难做到全面传播各类风景信息，故提升认知动力的角度，采用不同媒介组合搭配，协同作用，优势互补来提高风景信息认知程度（图 7-15）。

表 7-15 不同媒介适宜传播的风景信息类型

	历史价值				艺术价值					科学价值			自然价值			文化价值			
	年代	有关人物	有关事件	历史背景	风格形态	结构	设计水平	规模及数量	装修及材质	工匠技艺	造园手法	园艺科学	自然环境	植物特征	生态资源	民间传说	象征作用	名人名家	诗词歌赋
导游	✓	✓	✓	✓	✓		✓	✓		✓			✓			✓	✓		
解说牌	✓	✓	✓		✓	✓		✓	✓					✓			✓	✓	✓
印刷物					✓			✓					✓					✓	✓
电子解说	✓		✓	✓	✓														
微信平台		✓	✓	✓	✓			✓					✓		✓			✓	✓
实物展示					✓	✓		✓						✓					
博物馆	✓			✓	✓	✓		✓						✓		✓		✓	✓
志愿者			✓				✓									✓		✓	✓
咨询服务	✓		✓				✓	✓					✓			✓		✓	✓
剧场表演	✓	✓	✓	✓	✓		✓		✓				✓			✓	✓	✓	

4.瘦西湖景区解说媒介空间规划

根据瘦西湖景区解说媒介服务体系的四个层次，对线下风景实体中解说的
9种媒介形式进行空间规划，依据景点的资源价值特征及类型，按照解说服务
层级大小依次进行解说媒介与设施的空间布局（图7-16）。

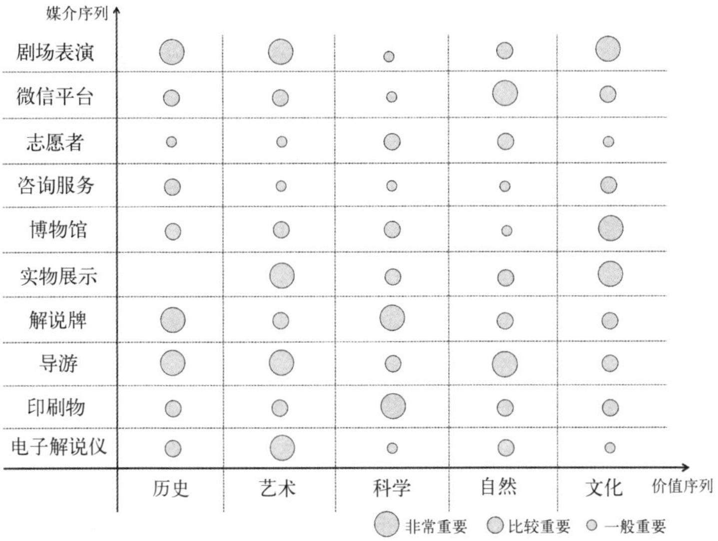

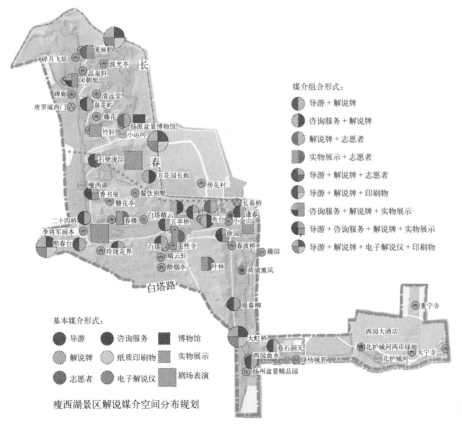

图7-15 解说媒介适用性组合方法

瘦西湖景区解说媒介空间分布规划

图7-16 瘦西湖景区解说媒介空间规划

第一层次：先从导游和解说牌两种解说主要骨架入手，对解说系统空间布局中的面状解说和点状解说等 12 个核心景点进行设施布局，考虑到人员解说和非人员解说两类体系各自内部组成结构上的互补性，将两类解说方式进行交叉组合，在不同地理空间上叠加共同形成一处处媒介组团，可以发挥各自媒介优势，解说时通过同时以"文字、声音、图片、实物"等多种形式来传播信息。

第二层次：流动解说形式在人流量最大的四个景区出入口进行布局，也是解说的主要节点，融入面状解说体系，促使媒介形式能够在景区中流动起来。电子解说仪考虑到仪器的回收性，只在出入口布置，景区内部不再设施点位。印刷物根据景点特征需要，在玲珑花界和水云胜概增加两处发放点。

第三层次：即为实景解说最高形式，全园共有两处布局：一处为《春江花月夜·唯美扬州》江南园林大型实景舞台剧，位于万花园景区，讲述了扬州经历唐宋元明清的发展，每晚一场，时长 1h。另一处为瘦西湖水当中的游船表演，面朝熙春台水域，讲述乾隆下江南的盛世场面，日场表演，时长 50min。

7.4.7 体验趣味性与场地信息交互设计（IFID）

1. 不可感知的"场"

"场"的概念在西方的哲学中被认为是一个物理化的概念，而在东方的哲学中"场"在客观承认的基础上还被赋予了一层心理感知的认识。随着周围环境的变化，当进入一个新的场合，人们的话语、行为和心理状态都会发生变化，这会被认为"场"除了物理因素外，更重要的是心理因素，尤其是设计领域，这种对场的认识已经被广泛应用到环境设计中。

本文认为"场"是基于现实环境中的物理因素及其展现的现象，并综合关于这些因素和现象的文脉关系、相互关联的动作和具有特定混合现实特性的因素和现象。

对场的认知是场的交互设计的基础，从场的空间（围绕性）角度来观察，人（用户）周围的环境被分析为以下四个层次的环境：①物理环境；②社会环境；③虚拟环境；④由普适计算构成的环境（Pervasive Environment）。其中灰色区域代表"场"，用户对外部环境的观察（Observation）和环境对用户的影响（Affect）通过"场"来实现（图 7-17）。

四个不同层面的交互关系中，有一个例外，就是灰色区域的豁口部分表现用户与外部物理层面的交互，因为用户身体可以与外部物理层面的环境直接交互的可能。因此，我们以"场"的认知为主导来构建设计模型，以"场"为中心来进行信息化产品的设计。

2. 场交互设计原则

（1）整体性

场是包含了信、媒介、环境中的人等要素的信息综合体，在场的交互设计

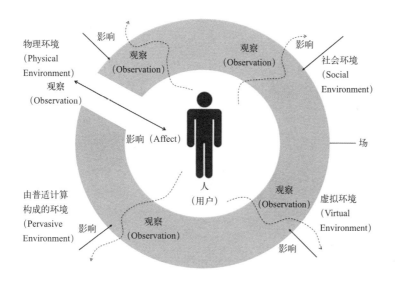

图7-17 场的感知——场的不同环境构成（The Environment of Fields）

中，我们应该把握以"场"的认知为主导的设计模型，这对于交互设计具有重要意义，场中的所有信息化产品（也包括一些非信息化产品）的设计需要符合场的要求，需要对人所处环境更为综合和全面地把握，从设计的角度，把"人"看作是环境的一部分，用更加抽象和包容性的概念来理解"场"（Fields）。

（2）多元化

"场"具有多种形态，根据信息聚集地的特征，将"场"分为动态、静态、大型、小型、点状、线性六种形态。由信息空间与实体空间的不同对应关系，采用不同的场交互设计手法。

（3）多方位

场的认知需要一定的时空间载体，在不同的时空间背景下，信息认知的特点会有不同，通过对LIGs特征内涵的研究，由于人活动的影响，本文认识到"场"也是具有方向性的，在不同的方位、角度和视线下，解说的有效性会不同，因此根据场的多方位性原则进行信息产品的交互设计。

3.信息场交互设计的步骤

第一步，根据解说设计目标对"场"的范围进行定义；

第二步，根据场的范围和景点特征划分的不同类型的场；

第三步，根据信息空间分布与实体空间的相互关系确定场的交互设计原则，将原有活动内容提升到抽象水平，形成对"场"的整体化认知；

第四步，通过把这个抽象的"场"的活动原则应用到各个特定的组成部分中，在具体化的过程中进行设置和调整。

4.景点解说举例——场交互设计方案

（1）五亭桥解说系统优化方案

1）信息场空间分析（图7-18~图7-20）

2）信息场优化策略（图7-21）

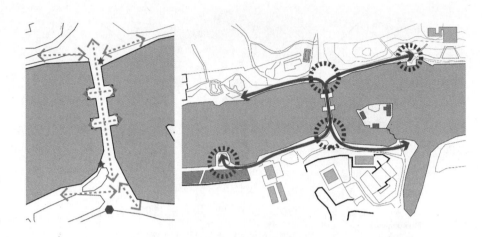

图 7—18 信息空间可
达性（左图）

图 7—19 人流分析
（右图）

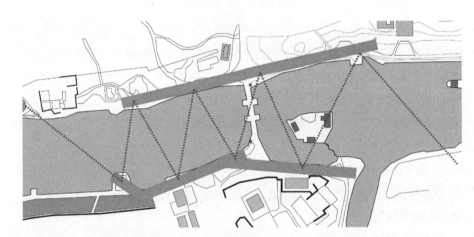

图 7—20 视线可达性
分析

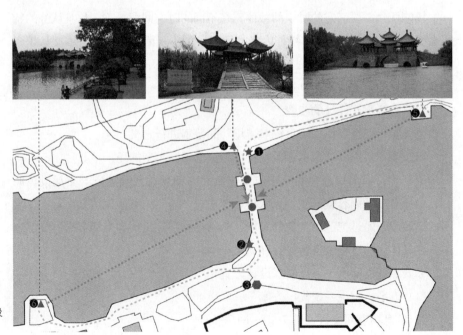

图 7—21 五亭桥解说设
施优化布局

3）场交互设计方案

①在南北向的主要游线北侧增加解说设施，可考虑采用电子屏等数字媒体的解说方式进行价值信息解说，提高信息内容，增加解说互动性。

②五亭桥的艺术价值属于解说重要性一级，往往需要从场地外围来远距离欣赏五亭桥的美，仅仅在桥上或者景点内无法完整感知这种风景价值。考虑在河岸两侧增加两处观景点，或通过手机 App 远景扫描的方式获取风景信息（图 7-22~ 图 7-24）。

（2）熙春台解说系统优化方案

1）信息场空间分析（图 7-25~ 图 7-27）

2）信息场优化策略（图 7-28）

3）场交互设计方案

①增加景点解说牌示

熙春台一带所有建筑选用了绿色琉璃瓦朱栋、白玉的玉体金顶；在北侧曲廊和十字阁增设图片展示墙，对熙春台的科学和艺术价值进行解说。展现皇家园林富丽堂皇的宏大气派。熙春台主楼前广场左侧增设景点介绍牌，如图 7-28 所示，带语音讲解功能，对熙春台的历史、科学、艺术、文化、自然价值进行全面详细解说。

图 7-22 手机 APP 扫码（左上）

图 7-23 立式数字阅读终端（右上）

图 7-24 五亭桥双屏一体机解说示意图

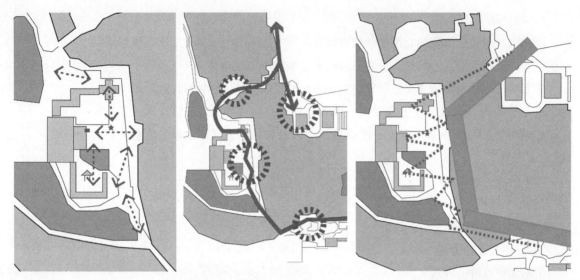

图 7-25　信息空间可达性
分析（上左图）

图 7-26　人流分析（上中图）

图 7-27　视线可达性分析
（上右图）

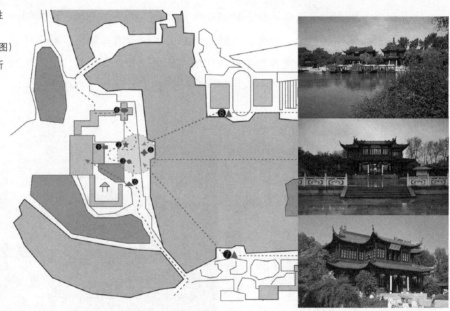

图 7-28　熙春台解说场
地布局优化

②设置 AR 技术电子解说点

熙春台与小金山遥遥相对，都处于湖面的转折处。在河对岸两侧的视觉最佳观景点（玲珑花界和小李将军画本）设置电子解说的方式，利用手机 App的 AR 技术，对实景进行拍摄，手机依据拍摄的景物自动显示文字信息，对景物进行解说。

③历史场景还原的舞台剧表演

"熙春"一词出自老子的"众人熙熙，如登春台"，通过角色扮演，演绎出历史上这里人来人往、摩肩接踵的繁华场面。"春台祝寿""乾隆下江南"同时也是乾隆三下江南，为其母祝寿的地方，利用主楼前的大广场开展小型历史舞台剧的表演，还原大清盛世盐商繁华的历史场景。

7.4.8 体验增强与规划系统性整合

1. 解说系统规划与风景游赏规划

作为风景名胜区总体规划中的专项规划之一，风景游赏规划是基于对风景资源保护的前提下，对风景区内游赏活动的规划组织包括对游憩项目、游赏方式、时间和空间安排，场地和游人活动等进行统筹安排。解说规划是促进信息交流，而游赏规划是促进游憩活动开展，游憩活动离不开有效的信息交流，因此解说系统规划对促进游赏活动具有重要作用。

2. 风景游赏空间与信息交流场所

根据对风景信息聚集地理论的分析，风景游赏活动是人们前往风景区的原始动机，信息交流行为是游赏活动的"副产品"。因此风景游赏规划是解说系统规划的基础也是重要支撑。

解说系统规划强化风景信息聚集地，信息输出和感知体验。一个聚集地是由不同的信息交流场所构成。风景游赏空间与信息交流场所存在四种相互关系：

（1）信游重合

描述：信息交流场所完全被包含在风景游赏空间之内，两者完全重合。

状态：风景游赏活动过程中不间断连续自发地产生信息交流行为，使得信息交流场所就存在于游赏空间中，故两者完全重合，呈现包含与被包含的关系。

（2）信游交叠

描述：信息交流场所与风景游赏空间出现部分重叠，部分相互独立的状态。

状态：在风景游赏过程中，一段空间内出现了自发的信息交流或者解说过程，故形成了信息交流场所，而随之因为环境或者外部要素使得媒介或者设施脱离于游赏空间之外，信息行为出现了空间偏离，即形成的信息场所与游赏空间呈现交叠的关系。

（3）信游相依

描述：信息交流场所与风景游赏空间紧紧依靠，相邻依存。

状态：在风景环境中，信息发生的场所与游赏空间不存在任何重叠关系，但是因为游憩服务设施与解说设施相互靠近和依存的关系，使得信息场所与游赏空间也紧密相连，亲密无间，呈现模糊的界面和暧昧的空间关系。

（4）信游分离

描述：信息交流场所与风机游赏空间相互背离，关系最弱化的状态。

状态：游憩活动与信息交流相互独立，各自发生形成聚集，行为上不存在因果关系和相互影响，故在空间和场所上表现出远离的状态，与重合关系完全相反。

3. 促进解说设施与游憩设施的联动

在如图 7-29、图 7-30 上的各处游憩场地，增加互动式的解说设施，提高解说的技术手段，丰富解说的方式，实验调查中发现游客对于解说的趣味性、

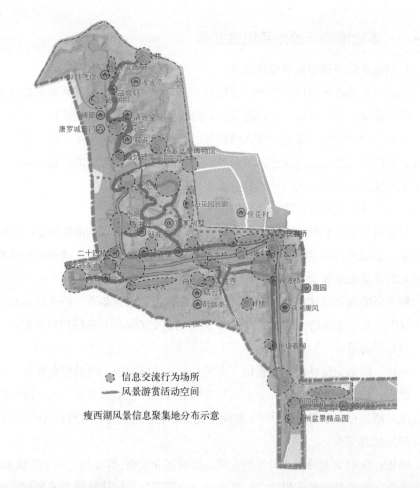

信息交流行为场所
风景游赏活动空间

瘦西湖风景信息聚集地分布示意

图7-29 瘦西湖景区风
景信息聚集地分布

观景平台　　　　　服务点　　　　　休憩亭

游步道　　　　　游览活动区　　　　　休息区

活动场地　　　　　观赏区　　　　　游憩区

图7-30 各类游憩空间
的信息盲区

互动性有着较高需求，同时这类新型多媒体的感官体验方式更加有效，可以帮助吸引游客注意力，提高信息解说有效性。

(1) 增设电子触摸屏、电脑语音等视听多媒体的解说设施

多媒体设施由于其解说信息量和解说形式都不受限制，且可观性很强，解说效果突出，对文化型的游客来说，具有很强的吸引力。博物馆和游客服务中心工作人员应鼓励游客在参观博物馆和在服务中心休息时，多利用已有的多媒体设备，以增强游客的认识和体验。另外，在提高利用率的同时，还要在现有的设备中，增加文化遗产方面的内容，不能单一展示自然遗产。比如，可以在多媒体设备中，加入不可移动文物（如摩崖石刻、桥梁、寺庙等）的文字说明等。

(2) 在主要游憩点、休憩点增设影像放映设备

可以基于关键历史事件，进行虚拟展示、由于瘦西湖的文化遗产一个重要组成部分就是馆藏文物类中的非物质文化遗产，因此，做好这一方面的解说，对于丰富瘦西湖文化遗产内涵和加深游客对于瘦西湖文化遗产的认知有重要作用。例如，可以制作有关乾隆下江南，扬州八怪作画作诗、题名事件的小动漫，甚至是微电影等循环放映。

(3) 开发便携式虚拟展示设施

让游客可以根据自己的喜好，选择游览线路，安排旅游进度。在虚拟展示的内容设计上，应实现五类风景价值并重，将不同主题信息很好地融合起来，使游客可以随时、随地了解瘦西湖的历史文化内涵，尤其是不可移动文物方面。这能极大地满足生态文化型游客的需求。

(4) 景区主要游线和景点增设解说出版物数量，扩大文化遗产的影响

解说出版物包括出版书籍、旅游手册、可携带的旅游服务资料等，文化型游客，尤其是青少年学生游客，对出版物的兴趣较大。首先，应适当增加风景区游览手册、游览地图及旅游服务性资料的数量，且要在其中加上文化遗产的内容，包括不可移动文物点的分布和一些基本信息等。其次，在已有的出版物基础上，除对高校学生等高学历人士开放瘦西湖文化遗产方面知识的相关书籍外，还应出版一些普及性的读物。

思考题

1. 游憩体验质量增强规划的内涵与意义是什么？

2. 信息有效性指什么？

3. 如何提高信息有效性？结合实例做简要说明。

第 8 章

景观游憩理论应用与管理实践

8.1 景观游憩与社会文化发展

8.1.1 景观游憩综合效益评价

景观游憩具有多种效益，既有社会公益性，也有商业经济性，既有直接效益也有间接效益，健康效益是景观游憩的终极目标，在健康效益实现过程中伴随的是社会效益、文化效益、经济效益、生态效益。

主客体的相互作用不仅仅是物理变化，更多的是化学变化，通过人体的生理、心理、精神变化引发社会、文化、经济的发展变化，也是当今旅游业普遍受到重视的根本原因。社会经济发展催生了庞大的户外游憩需求，休闲游憩、旅行游憩成为当代社会发展的两大引擎，也是最具创新活力的一种社会文化，游憩场景多样性成为城市活力和竞争力的一个重要指标，游憩场景折射出一个城市的生活魅力、文化活力和社会创造力，最终成为高端人才、高端企业集聚的重要选址因素。

景观游憩综合效益（GRB）是景观价值转化程度的科学度量，价值定位不同，综合效益评价指标以及分指标权重均不相同，不同功能区评价指标也要有所区别，本底值与游憩发展后的年度值、评价周期值进行比较，这样才能客观反映游憩发展的实际综合效益。如三江源国家公园生态价值是国家级的，国家公园生态保护同社区经济、社会发展、文化发展水平是相互关联的，也是设置国家公园的初心，生态效益与社会效益并重。游憩综合效益可以从四个方面比较度量：自然生态系统健康度（NH）、文化生态质量（CQ）、社区生活质量（LQ）、经济影响度（EI）。自然健康度主要从水质、原生植被覆盖度、噪声域值、空气质量、道路网密度、野生动物数量等六个方面度量，文化生态质量可以从文化遗产风貌完整性及原真性、文化传承度等两个方面度量，社区生活质量可以从社区居民人均收入水平、健康水平、就业率、幸福感等四个方面来度量，经济影响度要从区域层面综合评价，游憩发展带动的是很多相关产业发展，产业链比较长，跨区域联动效益比较突出，可以从产业链长短、产品层级、产业效益、就业率等四个方面来度量；对于一些纯自然的景观可以简化指标体系进行评估。

$$GRB = \frac{CAI}{PAI}$$

$$AI = f(NH, CQ, LQ, EI)$$

式中　　AI——游憩综合效益评价值；

CAI——游憩综合效益周期评价值；

PAI——景观现状本底值。

8.1.2 游憩效益与文化发展指数

户外游憩的发展需要空间系统、装备辅助、环境友好、专业指导、媒介推广、服务精准、管理到位等多类部门、行业、产业的支持，每一项游憩活动的开展都是社会活力的展示与再生，带动越来越多的居民参与，形成一种积极向上的运动休闲文化，锻炼心志，激发精神，激励社会力量，推动家庭和谐、社会健康发展。一项品牌性户外活动成为一个地方文化的象征和标识，如内蒙古的骑马骑射、彝族的火把节、端午节的赛龙舟、武夷山的竹筏漂流、嵩山的少林武术等活动，美国的篮球、欧洲的马术，以及世界性的自行车运动等都成为一种文化，也是经济效益巨大的文化产业。

休闲文化、运动文化品牌的一个重要支撑就是特定活动或场地品牌，如维也纳新年音乐会及金色大厅、奥运场馆、电影节、服装节，以及民族节日活动等，活动品牌＋景观品牌创造了城市乡村的空间品牌，成为城市乡村的标志景观，催生了文化产业发展，特别是对乡土文化、民族文化的再生起了重要的推动作用。

8.1.3 游憩效益与社会发展指数

景观游憩从机械组合走向有机融合发展，在地域空间上形成一种新的活力景观——社会场景，这类场景从城市、乡村到国家公园，以多种形式呈现出来，展示城市魅力、乡村魅力、生态魅力，例如上海新天地、乌镇、荒野露营地，以及各种形式的运动绿道等。景观游憩融入生活、融入社会，成为社会生活的不可分割组成部分，具有源源不断的发展动力，让社会充满活力，人们的幸福感由此产生。

游憩与生活方式密切关联，游憩发展对于地方居民来说是日常休闲游憩场所的增加、活动的丰富、社会交往空间与频率的增加，促进了体力活动，调节了精神心理状态，提高了健康水平和幸福感，进而影响到工作效率、家庭生活质量和社会文明程度。游憩发展水平是社会发展指数的重要依据。

8.2 景观游憩与大健康产业发展

8.2.1 景观游憩是大健康产业的主体

治未病、主动健康、预防为主、自然疗愈、系统医学等针对现代国民健康问题而提出的概念是大健康与大健康产业产生的直接背景，《健康中国 2030 规划纲要》进一步从政府层面落实了大健康与大健康产业发展战略与行动计划。大健康概念包含两个维度：一是全健康内涵，健康是生理、心理、精神与社会健康，不仅仅是生理健康（WHO）；二是从医疗卫生行业走向更广泛的部门和行业，预防与康复、教育与环境等是健康的重要关联支撑系统。

大健康产业是具有巨大市场潜力的新兴产业，包括医疗产品、保健用品、营养食品、医疗器械、保健器具、休闲健身、健康管理、健康咨询等多个与人类健康紧密相关的生产和服务领域。以移动医疗、云计算、大数据、物联网、人工智能为代表的信息技术正广泛深入到健康治疗与管理的各个环节中，在服务健康行业的同时，提升了健康产业的科技水平。

大健康的基础是全民健身活动及其相关的景观环境配置与营建体系、设施配置与生产体系、基本服务与专业体系、健康教育与组织管理体系等，《美国健康公民 2020》一个突出特点就是强调建成环境对公共健康的促进作用，并形成系列支持政策（表 8-1）。

表 8-1　美国建成环境促进公共健康的政策体系

政策	内容
鼓励政策	①州政府对规划开发的区域提供财政支持；②地产拥有人有权对拥有的废弃地再开发；③州政府为清理和再开发提供津贴；④鼓励公众开发适宜体力活动的场所
法规政策改革	①改革传统土地利用准则；②改革原有区划法、综合规划、土地利用细分规章；③《精明增长立法指南》对土地利用进行控制，合理布局步行道和自行车道
机构改革	①建立区域规划的专门机构；②建立州政府、州级规划机构、州域规划联动机构；③强调州政府和区域政府联合决策机制；④多部门、多组织统筹协作
土地利用政策和交通政策的融合	①交通政策和土地政策相结合；②交通方式与土地利用混合利用是核心问题；③推行步行和轨道交通结合的交通性体力活动

20 世纪 60 年代，美国出现健康危机，健康支出不断增加，因运动缺乏导致的国民健康危机成为棘手问题。20 世纪 70 年代开始，美国陆续对运动促进健康、运动缺乏对健康影响等问题进行研究，美国运动医学学会（ACSM）针对健康的成年人提出保持健康的运动和运动量建议，包括 1 周进行 3~5 次、每次 15~60 分钟，强度控制在 60%~90% 的心率储备强度等。Harris S.S 等（1989）针对成年人运动缺乏而影响健康进行研究并提出运动建议。1980 年美国开始将运动纳入健康管理体系之中，并实施 10 年一次的"健康公民"（Health People）计划。

美国在政府管理层面设置了城市公园和游憩部，以游憩产业、居民游憩需求的调查、反馈为依托。机构规模、职能侧重、级别依据各市、各地区的居民需求、经济发展状况而定。机构主要职能是作为牵头单位，制定"城市开放空间规划"，在空间使用和游憩活动策划、实施中，与相关部门相协调，确保空间使用和各项活动合理开展。

美国城市公园和游憩部担负着执行国家法案、满足相关非营利机构诉求、权衡当地私人产业和公益事业利益、满足当地居民的游憩需求、提升生活品质的诸多职责。城市公园游憩部作为整个居民游憩需求保障系统中的重要环节，发挥着关键的作用，使至今全美 70% 的居民拥有了户外游憩空间，是开展、实施开放空间规划、管理城市开放空间、组织游憩活动供给、实施游憩活动计划的主要职能部门。

2007 年，美国运动医学学会（American College of Sports Medicine）与美国医疗协会（The American Medical Association）共同提出"运动是良医"（Exercise is Medicine，EIM）理念，目的是将身体活动评估和促进作为临床护理的一项标准，将卫生保健（Health care）与经过科学测试的身体活动（Physical Activity）结合起来，为人们提供帮助，有效预防与治疗慢性疾病。

英国 FIT 自 1925 年起，在年度报告中强调了为居民，特别是儿童的体育活动和玩耍提供足够的户外游憩设施，成为 20 世纪 30 年代普遍采用的"六英亩标准"（The Six Acre Standard）。当前，英国户外体育运动和游憩规划设计是英国城市公园与开放空间系统规划的核心内容。美国在 20 世纪 60 年代"游憩运动"之后，经历了基于游憩需求的公园系统规划研究热潮，于 1995 年颁布了《公园、游憩、开放空间和绿道规划指南》，成为普遍采用的公园与游憩规划参考标准。随着公园对居民需求满足程度研究的深入，国外研究热点在于探讨公园、开放空间与居民健康水平，特别是特定人群生活品质（Yung etc 2016，McCracken etc 2016，Floyd etc 2009）的关系，并用相应指标描述这种关系（Hussain etc，2015），以及如何能保障策略的实施（Ling，2014）。通过游憩行为和环境要素，衡量日常使用的绿地和开放空间的品质，进而用选择的开放空间政策与规划指标，反映并衡量其与居民健康与身体状况的关系。

2004 年世界卫生组织发布《饮食、身体活动与健康全球战略》，指出非传染性疾病及其引发的死亡、发病、残疾是影响人类健康的主要威胁，2001 年非传染病约占全球疾病 47%，引发的死亡占全球 60%。不健康饮食和缺乏身体活动是主要非传染病（心血管疾病、Ⅱ型糖尿病和某些癌症）的最主要原因，而"身体活动"是改善个人身体和精神健康的基本手段。

在体育活动影响医疗成本方面，Sung-wan Kang 等（2017）通过对美国 18 周岁以上成人的体育活动规律、卫生服务利用情况和费用进行调查，得出经常从事体育活动的人在住院、急诊、家庭健康护理和处方药支付方面均低于人均水平，由此提出定期进行体育活动可以降低个人医疗成本支出。

在建成环境影响城市人口体育活动与医疗成本方面，Belen Zapata-Diomedi 等（2016）通过构建 28 个不同建筑环境场景，包括密度、土地使用多样性、健身活动目的地可用性、步行可达性等变量，研究发现其中 24 个具有潜在的健康收益，在该建筑环境属性下，每年每 10 万成年人通过体力活动预防疾病，可节省 1300~105 355 澳元的医疗费用，从而得出建设对体育活动友好的建筑环境可能促进健康并降低医疗成本。

中国目前城市职能机构设置中缺少针对游憩管理的统一机构，在我国《中

华人民共和国城乡规划法》中至今仍未具体涉及体现确保公民游憩需求的相关
规划内容。在《城市社区体育设施建设用地指标》,《城市用地分类与规划建设
用地标准》GB 50137—2011、《城市公共设施规划规范》GB 50442—2018 等国
家标准中,对满足居民游憩需求,特别是考虑城市开放空间的游憩功能,游憩
设施、开放空间规划设计的相关标准,至今仍处于起步阶段。期待在当前城市
规划向公共政策管理转变的过程中,能通过法令、政策、规划标准等体现、尊
重每个城市居民的游憩需求。

8.2.2 景观游憩的医学基础是关键

1. 医游境^① 融合的性质与必要性

景观游憩的医学基础主要是指景观游憩理论可解、效果可证,在医学指导
下的景观游憩才能发挥积极的健康促进与支持作用,得到社会的广泛认同,医
游境融合可以最大程度实现健康效益最大化、健康成本最小化。

医游境融合是健康管理模式的一次变革,不仅仅是技术融合问题,更是一
项复杂的社会系统工程,既要求全民健康价值观转型,又涉及国民健康保障制
度的改革、医疗制度的改革、公众生活方式的变革、城乡规划设计和风景园林
理论技术的变革,以及更深层次的政治体制、发展机制变革等。建立基于全
民健身的医游境融合协同创新机制,不同年龄、不同职业、不同体质的人群需
要选择不同的运动方式进行自我的科学保健:①什么样的运动适合自己?需要
建立便民使用的智慧健身服务系统包含健身风险评估—响应系统。②去哪里运
动?需要科学、公平配置城乡空间资源。③如何让运动快乐、愉悦,促进交往?
需要创新以社区、公园为核心的建成环境体系。④怎么知道自己健身运动的
实际效果?如何改进提升?需要建立医游境融合的绩效评估与健康管理系统。
⑤如何为百姓提供丰富多样的可选择的不断创新的科学的运动健身产品包括运
动器材、运动方式?

医游境融合是三位一体的融合,生理治疗同心理、精神疗愈的学科融合,
预防、治疗、康复的过程融合,医疗、体育、景观环境的部门融合,全寿命、
全环境、全行业的综合融合。基于景观环境的医游境融合可以增加游憩的社会
性、文化性、科学性、魅力性,以此提高预防医疗康复的效果,促进医游境融
合走向更高层次的目标。

医游境融合是以健康促进为目的,包括技术融合、空间融合、服务融合、
信息共享和话语权的融合等。技术融合层面突出竞技体育的科技成果同临床医
疗技术融合;空间融合层面突出体育场馆资源、社区环境资源、城乡公共空间
资源、公园系统资源可以转化为公共健康资源,同公共健康需求相结合;服务
融合层面强调把文化、体育、休闲、旅游服务体系同医疗卫生服务体系在城乡

---

① "医游境"代指"医学、游憩学(含体育科学)、风景园林学"。

公共空间体系平台上开展多种形式的整合，打造医游境融合的空间综合体，赋予公共空间健康促进职能；信息共享与话语权融合层面，建立以健康医学为统领的游憩运动健康、生态环境健康宣传语境，统一认识，增加共识。

医游境融合战略的实施将产生牵一发动全身的联动效果，对社会健康观念、社会健康行动、积极的社会风尚的形成具有重要推动作用。建立正确的三观：全面的健康观、科学的游憩观、主动的预防观；充实生态文明的健康内涵：丰富的健康游憩文明、智慧的健康服务文明、积极的健康生活文明、科学的健康生态文明。

2.医游境融合的三个维度

（1）构建景观、游憩与医疗"技术"相结合的模式

打破部门行业壁垒，整合景观、游憩与医疗科技共享，如将体操、游泳等运动的训练方法结合医学治疗方法，以此改善糖尿病、肥胖等慢性疾病率逐年升高；成立相应的医游境融合科研所，通过两系统的科研成果相结合，研制创新、丰富诊疗康复手段。近些年国际上很多研究证实了运动对于身体健康具有独特的、不可替代的作用。目前国际上对慢性病康复采取 HIIT（高强度间歇性训练）的锻炼方法，将运动与康复有机结合，实现体育与医疗的有机衔接。在美国运动医学学会在"Exerciseis Medicine"的基础上，提出"运动是营养"的新理念并实施了"新健康开拓战略"，关注儿童健康、女性健康，加强对国民的健康管理与教育。日本各健身房都配备卫生室或医务室以及专业医师，为健身人群提供医学检查，并根据健身者身体状况开具相适应的运动处方。英国曼彻斯特专门创建了运动与医疗中心，为足球、游泳、跆拳道、自行车等体育运动提供医疗服务，该中心不但向精英运动员提供服务，其惠及面积已拓展至学校体育和群众体育。

（2）构建景观游憩与医疗"资源"相结合的模式

将景观游憩、体育与医疗三大系统的人力、物力以及信息等资源充分有效共享，设施设备与空间资源共享，建立医游境专家咨询智库系统和疑难病症数据库，实现智力资源共享。

（3）构建医游境"空间"整合模式

科学配置景观空间资源、游憩活动空间资源、体育场馆资源和医疗空间资源，最大程度实现"白色治疗"与"绿色治疗"一体化，提高健康预防、治疗与康复效益最大化。

8.2.3 景观游憩健康需要深化研究的问题

1.医游境融合的制度保障体系及机制创新研究

医游境融合首先是技术融合创新产品，其次是产品生产和推广，前者需要创新体制和机制，激发技术创新的活力，后者需要相关部门在行业技术标准规

范以及管理规范上响应健康中国战略，对传统标准规范进行调整修改，接纳医游境融合技术产品，并进行行业推广使用。两者均需强有力的法规政策保障，需要适应可持续发展需求的体制机制改革，政府主导同市场化机制、社会化机制相结合，以适应新时代发展的需求，适应人民群众日益增长的精神文化健康需求。

技术融合创新是医游境融合的核心，包含技术创新和机制创新两个方面，以公共健康为目标的医疗技术和竞技体育技术融合与创新类似于"军转民"效应，要针对不同疾病、不同人群、不同环境特点开展体医技术创新，创造丰富多样的适合各类群体的技术产品，建立市场化、产业化机制，保障技术创新的可持续性。

从法规政策和体制机制角度探讨政府各部门、企业和社会的协同机制，加快推动智慧健身服务系统的落地性，加快进入社区、公园、文化、体育健身场馆等城乡重要公共空间中，促进主动健康自主智能咨询服务的全面落实，目前有关医游境融合技术成果已经很多，但无法进入百姓生活，主要原因是实施主体、责任主体、监督主体缺法规支持，政府各部门协同推进缺政策明责，健身空间不足、健身空间不支持主要是缺健康理念、健康意识、健康行动，缺标准规范。探讨建立医游境融合的健康管理员职业认证制度。

2. 支持医游境融合的城乡空间资源配置及其关键指标体系研究

我们在上海市公园体育设施配置课题研究中发现的最大问题是公园与体育是两个不同部门，体育设施进不了公园，建好了体育设施没有后续管理，有关科研部门体医技术融合已经取得了部分研发成果和产品，但这些成果只能停留在工厂和实验室，无法进入社区和公园，这是突出的体制机制问题。医游境融合不是 1+1=2，而是 1+1>2，不是物理变化，而是化学变化，需要创新机制，优化体制，需要政策破解、引导和激励（图 8-1）。

医游境融合成果使用的便捷性、便民性、公益性或低成本性决定其可持续性、全面健身实效性，深入到各类健身场地的人人可用的智慧健身服务系统建设是关键。15min 健身圈、生活圈的道路环境质量、安全性直接影响 15min 健身圈的健康效率，社区和公园是城市居民最重要活动场所，也是日常健身活动频率最高的地方。

研究表明，置身绿色空间能有效地缓解紧张的城市生活造成对健康的负面影响。在一项有关居住区绿地的研究中，研究人员发现，相较于在 3km 半径范围内缺乏绿地的居民，能够在此半径范围内享受到大量绿地的城市居民在经历一个紧张的生活事件后受到的负面影响较低。另一项研究从公共健康的角度表明，在能够享有更多绿地的人群中，不同的收入水平对健康状况的影响较小。由于置身于自然环境能够以相对较低的成本，有效地促进城市居民的心理和身体健康，所以创造足够的优质绿色空间可能是一个有效且可负担的健康促进手

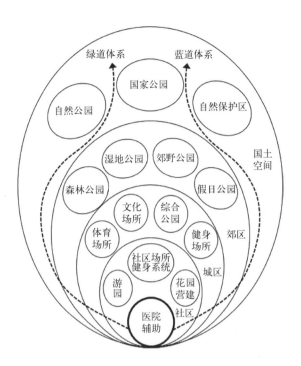

图 8-1 医游境融合的空间结构

段，从而将人类与自然世界重新联系起来，并营造一个健康的城市。在建成环境中自然环境对人的健康影响最为明显。

建成环境对健康的影响包括生理影响、心理影响、精神影响、特定影响如对神经系统、呼吸系统的影响。根据公共卫生经济学的研究，城市公共空间创造了很多被忽视的健康效益，如积极运动、生理治疗、心理重建、精神调节等多种收益。通过与自然接触来改善健康和福祉的作用机制如何？如何传递？剂量如何？持续时间多久？未来的研究即将解决这些问题，这是一门新兴科学。其他问题还包括自然体验和反应的空间和时间维度。确认自然资源要素和相关受益人群是至关重要的。这可能是明确服务潜力和价值评估可能性的关键，因为土地用途代表了潜在的人群和服务。此外，景观治疗也很重要，一些收益是因树木林冠稀疏而产生，另一些收益需要成本更高、更为细致的景观治疗。什么样的自然景观可以被定义为"健康景观"？不同类型的自然环境能否带来不同程度的健康裨益？哪些因素可以用来衡量自然景观的健康品质？城市环境中绿地应当拥有怎样的比例或格局？这是医游境融合需要深度研究的问题。

国内外研究都显示，建成环境与体力活动之间存在必然联系。

3. 智慧健身公共服务系统与建成环境健康促进机制研究

建成环境是最贴近城乡居民生活的环境，是大众健身使用频率最高的环境，社区建成环境质量高低直接决定大众健身效果。20世纪90年代以来国内外有关景观环境对健康影响的研究成果日渐增多深入，特别是公园景观对健康的影响研究成果直接推动世界性 HPHP（Health Park Health People）运动，公园处方同医疗处方相提并论，同等重要。结合中国传统中医理论，从生态健康和建成环境角度论证体医境三位一体的必要性、重要性、实惠性、可操作性。景观环境对心理、精神、社会健康的调节性可以增强运动的愉悦性、文化性、社会性，从而真正实现全面健康地融合医学和中医健康理念，低成本高效益。社区、公园等重要健身场所同智慧健身服务系统的结合，提高健身活动的医学效果。从特殊人群角度探讨运动处方＋景观处方＋营养处方＋医疗处方的体医境融合治愈方法及其协同机制，比较分析不同医疗方案的成本和实效。

社区景观健康促进包括运动促进、设施更新促进、健康事件促进、景观环境促进、园艺促进、社会交往促进等，从医游境融合、大众健身角度研究社区景观环境体系的结构、形态以及同附近体育文化设施、绿道系统、公共空间系统的组合关系和组合模式，研究智慧健身服务系统同大众健身空间环境系统有机融合的路径和方法及其相关体制机制的协调。研究面向不同人群的运动空间环境建设及健康促进活动，如儿童、中小学生、老年人、职业人群、残障人士等。

公园与医院是城市最重要的两类健康空间，医院以生理治疗为主，公园以心理、精神调节恢复治愈、社会健康为主，二者相辅相成，但目前由于管理体制原因，公园的健康功能没有得到充分发掘，在空间布局上多数是二者隔离很远，没有发挥潜在的集成效应。需要从公共健康医游境融合角度优化城乡规划设计和公共管理机制。针对失眠、抑郁和焦虑等常见心理障碍，对青少年、职业人群、老年人、妇女等重点人群，研究公园处方＋运动处方＋医疗处方＋智慧健身服务系统的四位一体的医游境融合健身方法和协同机制。

智慧健身服务系统是目前已经研发出来的一项医游境融合健身产品，但目前应用推广比较难，既有体制机制原因，也有该类研发产品的技术标准如何同公园管理标准规范对接的问题，这需要双向对接协同，改革一部分，适应一部分，公园相关标准可以改革一部分，但医游境融合产品技术标准也需考虑公园相关技术标准要求。这些标准体系包括安全标准、用地标准、生态标准、环境标准、美学标准、使用标准、服务标准、维护标准、管理标准等。需要开展体医技术融合产品嵌入建成环境系统的技术标准、途径和可持续维护机制研究，开展公园体系纳入医游境融合健康产品体系的关键问题研究、可行性研究和政策机制研究，开展体医境三个不同政府部门以公共健康为目标的协同管理制度研究。

4. 医游境融合绩效评价及其管理标准规范研究

医游境融合的实际效果如何最终需要科学的绩效评价来说明，从健身效果、医疗成本、环境成本、管理成本等方面构建评价体系，需要建立医游境融合的健康管理模式和标准规范。从信息技术角度探讨身体素质监测、健身活动行为、健身空间环境、健身风险评估、健身绩效评价、健康动态管理的一体化智慧健康管理系统，以健身活动行为和健身空间环境的关联为基础以大数据分析为方法建立个人、医生、社会、市场、政府五位一体的健康监测、预报、响应的动态管理机制，开展健康指数预报。医游境融合的实际效果如何，需要客观的绩效评价来实证，需要建立以居民健身为基础的体质监测体系，建立身体素质监测、健身活动行为、健身空间环境、健身风险评估、健身绩效评价、健康动态管理的一体化智慧健康管理系统，借鉴美国公民健康游憩指数预报预警经验，建立中国公民日常健身行为、频率同健康状态的关联函数，建立个人、医生、社会、市场、政府五位一体的健康监测、预报、响应的动态管理机制，开展不同层级的健康指数月度、年度预报预警活动，这个需要建立基于大数据的分析方法。开展公众健康行为监测、评价、预警、风险评估及健康预报及调控机制研究。

8.3 景观游憩与旅游产业新体系

8.3.1 景观游憩是旅游产品的核心

"Recreation"在英文中的定义是闲暇时间内积极健康的活动，有三个变量：闲暇时间、积极健康、恢复性活动，包括体力活动、心理活动和精神活动，活动主体可以是个人、家庭或社会。为什么"Recreation"的定义中强调闲暇时间，这是理解游憩一词的关键，"Recreation"是相对于工作 work 提出来的，工作要消耗体力精力，工作之后闲暇时间内要恢复，这样才能保持健康的状态，如果只工作不休息不恢复，结果就是身体或精神崩溃，病倒去医院。"Recreation"作为一种行为或活动，其核心指向是健康恢复、调节与知识更新，"Recreation"发生的场地没有限定，可以在家、社区、城市、郊野，也可以在更远的地方，只要能满足游憩主体的需求即可，关注的是游憩地的游憩效益与体验质量。

有关旅游的定义很多，国际上普遍接受的艾斯特定义："旅游是非定居者的旅行和暂时居留而引起的一种现象及关系的总和。这些人不会永久居留，并且主要不从事赚钱的活动。"1942 年，瑞士学者汉沃克尔和克拉普夫提出，由 1963 年世界旅游组织和联合国统计委员会推荐的定义：为了休闲、商务或其他目的离开惯常环境，到某些地方并停留在那里，但连续不超过一年的活动。旅游目的包括六大类：休闲、游憩、度假；探亲访友；商务、专业访问；健康医疗；宗教 / 朝拜；其他。以 24h 为界分一日游和多日游。这个定义对旅游的目的界定很清楚。这两个定义的共同特点是强调非永久居留、不从事赚钱活动，均没有对旅游的主体效益做出界定，而游憩定义特别界定游憩主体的收益。WTO 把旅游动机分为六类，但没有界定每类动机的旅游的目标效益。旅游是一个具有广泛内涵的时空流动的消费景观、消费文化、消费生态的行为。时间、空间、目的是三个关键要素，有关旅游本身的属性的界定就有几种说法，旅游是一种生活方式（于光远，1985）、一种社会交往活动（1927 德国蒙根·罗德）、一种综合性的社会经济现象（1980 年，美国密执安大学的伯特·麦金托什和夏西肯特·格波特）等。

游憩和旅游的区别主要在于内涵上的不同，游憩是景观内在价值，是吸引游客的核心吸引物，旅游是消费景观游憩价值的一种外在行为，因为消费而具有经济价值，成为地方发展经济的关注点，也因此被定位为核心产业、支柱产业或龙头产业等，以旅游促进区域经济发展。二者本质上是不矛盾的，区别在于角度不同，如同一个硬币的两面，一面是游憩—景观的社会价值，另一面是旅游—景观的商业价值，社会价值与商业价值的平衡是景观可持续管理的关键。

8.3.2 景观游憩是旅游第五产业

按照《国民经济行业分类》GB/T 4754—2017，同旅游业密切相关的产业是 10 类：A 农、林、牧、渔业；H 住宿餐饮业；I 信息传输、软件和信息技术服务业；L 租赁和商务服务业；M 科学研究和技术服务业；N 水利、环境和公共设施管理业；P 教育；Q 卫生和社会工作；R 文化、体育和娱乐业；C 制造业——24 文教、工美、体育和娱乐用品制造业；其中同游憩密切相关的核心产业归类到 R 文化、体育和娱乐业和 P 教育、Q 卫生中，服务产业归类到 A、I、L、M、N、C 中。

从旅游消费构成来看，吃、住、行、游、购、娱是旅游发展的六个经典要素，也是旅游产业链的第一圈层。农林牧渔业是基本的生存保障，是目的地旅游发展的第一基础；旅游所需各类支持设施的生产供给是第二基础；游客所需各类信息与安全游览服务是第三基础；目的地价值信息推广与交互精准服务是第四基础；面向个性化需求的各类游憩活动体验的专业供给与环境管理是第五基础。每个基础因为旅游消费需求而成为产业，有偿服务促进服务质量的提升，也会促进游客体验质量的提升。从国际发展经验来看，每一项游憩活动都是塑造了自身的文化、自己的标准、自我的品牌，每一项活动都有自己的国际联盟组织，每一项活动的背后都有技术研发团队、设备生产企业、人才培养规范、活动推广组织、国际年度交流计划、游憩效益评估标准等。从经济发展角度来看每一项活动的背后都有一个很长的产业链，因为游憩活动发展而带动区域经济发展。每一类景观都具有复合价值，都可以研发出独具特色的游憩产品，适应特定市场的需求，如农业休闲与乡土文化体验、民宿服务、地方特色产品文创设计、游憩装备制造、野生动物观赏的精准服务等。

8.3.3 游憩理念创新与技术研发是关键

游憩理念创新与技术研发是目的地旅游业发展的根本动力所在，同样的景观环境，不同的游憩理念，开发的结果完全不同，综合效益差异巨大，这类案例成功与失败比比皆是。例如迪斯尼乐园从 20 世纪 50 年代发展至今，兴盛不衰，根本原因是其背后的研发创新与市场运营团队的支持，及其市场灵敏度极高的开放的管理模式。支持深圳欢乐谷的国际 IAAPA 组织是世界最大的机械游乐园研发、运营和管理组织，不断研发创新机械游乐产品，是游乐园持续发展的根本保障。其他如独木舟、漂流、马术、滑翔、自行车、滑雪、木栈道、小木屋、野餐桌等活动或设施，均形成独具个性的游憩文化品牌。对无锡灵山景区开发模式的评价与总结分析很多，从景区产品开发理念角度可以看出，基于现代社会心理与精神需求的深度分析与游憩产品的精准对接是灵山景区超常规发展的根本原因，游憩理念、研发技术、景观意境、运营模式四位一体。

8.4 健康中国与国土空间游憩规划

8.4.1 中国国民健康现状与国家战略

中国国民生产生活方式和疾病谱在快速的城镇化、人口老龄化进程中不断发生变化，心脑血管疾病、癌症、慢性呼吸系统疾病、糖尿病等慢性非传染性疾病导致的死亡人数占总死亡人数的88%，导致的疾病负担占疾病总负担的70%以上（詹庆元，2017）。肥胖、心血管、糖尿病是现代社会面临的三大慢性疾病，抑郁患者比例也增长快速，世界卫生组织2017年发布通报，全世界约有3.22亿人患有抑郁症，患病率为4.4%，在2005年至2015年间患病人数已经增加了18%以上。2016年《"健康中国2030"规划纲要》明确提出"把以治病为中心转变为以人民健康为中心"。国民健康安全要立足全人群全生命周期，以预防为主，预防、治疗、康复、健康促进统筹推进，推行自然健康生活方式，减少疾病发生，这是以较低成本取得较高健康绩效的有效策略，是解决当前健康问题的现实途径，是落实健康中国战略的重要举措。

8.4.2 健康国土是健康中国的空间基础

党的十九届五中全会通过的《中共中央关于制定国民经济和社会发展第十四个五年规划和二〇三五年远景目标的建议》（以下简称《建议》），提出了"全面推进健康中国建设"的重大战略任务，把全面推进健康中国建设与国家整体战略紧密衔接，拥有健康的国民意味着拥有强大的综合国力和可持续的发展能力。《健康中国行动（2019—2030年）》围绕疾病预防和健康促进两大核心，提出将开展15个重大专项行动，包括：健康知识普及、合理膳食行动、全民健身行动、控烟、心理健康促进、健康环境促进、妇幼健康促进、中小学健康促进、职业健康保护、老年健康促进、心脑血管疾病防治、癌症防治、慢性呼吸系统疾病防治、糖尿病防治、传染病及地方病防控等。如何以最低成本达到促进、防控的效果？自然生态空间在健康促进、防控中能否发挥重要的作用？

习近平总书记关于健康中国战略的重要论述强调的是大健康观念、大健康理念、大健康思路和大健康格局，健康问题不再是单一的问题，已经上升为影响国家发展的综合性、整体性、全局性问题。要从国家经济社会发展全局和战略的高度来审视健康问题，要从健康类型、健康自然环境、健康社会环境、健康生活方式等角度综合分析健康发展的阶段性及其最有效的疗愈方式。从健康促进角度审视生态环境和体验环境，均是健康环境和健康资源，体力活动、脑力活动和精神心理调节活动"三动和谐"，生态环境、风景环境、社会环境"三境合一"，生物多样性、生活多样性、生境多样性"三性协同"。

8.4.3 国土空间游憩体系的国际经验

以美国为代表的国土空间游憩体系战略从统一规划与部门落实、法律保障三个维度全面推进，国家公园、州立公园、城市公园、国家游径、风景道、风景河流、风景湖泊、风景海岸、国家游憩地等体系完整。美国1995年制定的《公园、游憩、开放空间和绿道规划指南》，英国2008年制定的《户外运动和游憩规划设计指南》是目前普遍使用的公园与游憩规划参考标准。

国民游憩战略作为美国国家战略的重要组成部分，要求美国各职能部门在各自管辖的资源空间范围内必须把游憩战略作为自己职责的一部分，为国民提供多样的游憩体验空间。美国城市公园和游憩部担负着执行国家法案、满足相关非营利机构诉求、权衡当地私人产业和公益事业利益、满足当地居民的游憩需求、提升生活品质的诸多职责，是开展、实施开放空间规划、管理城市开放空间、组织游憩活动供给、实施游憩活动计划的主要职能部门。

8.4.4 国土空间的游憩分层战略

医游境融合战略是国民健康的国家战略，以最低成本获得最好健康效益的战略，是基于景观环境与健康效益关系的基本原理构建多层级的国土空间综合疗愈体系。

1. 在国土空间全域范围内建构自然保护地体系与公园体系，把优质特色资源打造成特色户外游憩基地体系如风景游赏、登山、滑雪、漂流、露营、野餐、骑马基地等，特色康养基地体系如温泉、森林、避寒、避暑基地等；打造大尺度、区域性的风景游憩体系，如道路风景体系、河流风景体系、田园风景体系、湖泊风景体系、海岸风景体系等。这些体系代表国家的游憩形象，是国民健康生活的象征。

2. 从城乡空间资源配置角度论证城乡规划对医游境融合落地实施的重要性，以城市公共空间体系为平台加速医游境融合的过程，提升医游境融合的效率和效能，强化文化体育商业资源、医学资源同空间资源的融合。医游境融合需要城乡规划、自然保护与景观规划的结合，通过有效的空间政策去落实。以健康资源的理念配置整合公平的健康空间布局、便捷安全的健康出行系统、生态的健康空间保护体系、优美的城乡景观空间体系，四位一体。打造风景人居、美丽乡村、美丽城镇，建设代表人类文明进化方向的公园城市。在城乡发展的多层级空间环境体系、多部门联动协同、多行业创新服务等维度上得到落实、协调和推进实施。

3. 社区环境的生态性、文化性、舒适性、安全性直接影响游憩健身活动的主动性。智能化健身服务系统融入社区、公园环境中，成为智慧健康管理系统的重要组成部分，真正实现医游境融合协同创新的目标。公园是调节居民心理健康、精神健康、社会健康最有价值的场所，公园处方、公园健康促进是国际性健康运动－HPHP运动，在全民健身计划中应该加强公园的健康作用，把公园健康促进作为全民健康计划实施的重要抓手。

8.4.5 国土空间游憩健康发展的研究方向

在健康医学指导下科学开展游憩活动，用游憩辅助疾病医疗，科学的"游憩处方""景观环境处方"同科学的"医疗处方"的融合是国土空间游憩健康研究的核心。

1. 从医游境融合落地性角度

医游境融合的终端实现是三个途径：预防阶段的医游境融合，以游为主；医疗阶段的医游境融合，以医为主；康复阶段的医游境融合，医游境并用。三个阶段的共同特点是均需要合理的游憩空间和愉悦的游憩环境，这需要国土空间规划从公共健康角度科学合理配置空间资源。

2. 从全生命周期、全健康角度

医游境融合的协同是生理健康同心理健康、精神健康、社会健康的协同，游憩行为同景观环境、空间布局的协同，大众健身同特殊游憩需求的协同，全生命、全寿命、全过程的协同，全生命是指不同年龄、职业、体制的各类人群，全寿命是指幼、少、青、中、老年的生命周期，全过程是指预防、治疗、康复的健康生产与管理过程。

支持性空间（日常街道、绿道）、治疗性空间（园艺治疗花园）、促进性空间（公园）、康复性空间（疗养院）是建成环境中影响健康的四类空间，在建成环境中自然环境对人的健康影响和治疗康复最为明显（罗杰·乌尔里希，1984；王志芳，2015；姜斌，2015；李树华，2018；徐磊青，2017；王兰，2019；谭少华，2020）。具有远离性、魅力性、延展性、兼容性的环境可以促进注意力恢复，具有连贯性、易读性、复杂性和神秘性的环境可以促进压力的恢复。建成环境与游憩体力活动之间存在内在联系。如果建成环境规划向适宜体力活动方向发展，不论是交通性体力活动，还是日常性体力活动，公众参加体力活动的机会必然增加，预防疾病的效果也必然显现，所以建成环境的合理规划是提高公共健康水平的重要前置因素。

什么样的自然景观可以被定义为"健康景观"？不同类型的自然环境其健康效益有何不同？哪些因素可以用来衡量自然景观的健康价值？城市环境中绿地应当拥有怎样的比例或格局才有健康产出？这是国土空间游憩规划需要深度研究的问题。

3. 从便民服务与可达性角度

游憩发展是让每个人日常健身更加科学更加合理，运用现代信息技术，建设智慧健身公共服务系统，提高服务的有效性、普及性，让每个人都能及时咨询分享服务。这个系统的实体形式是各类医游境融合产品，这类产品可以嵌入社区公共空间、公园系统中，成为社区、公园健身活动设施和场地的一部分，在使用这类产品时可以咨询健康问题、测量体质指标、评价运动方式、运动强度、运动时间，这个系统可以同健康管理系统共享数据信息。

4. 从可持续性角度

游憩健康发展要有持续的生命力，必须有持续的医游境融合技术的创新能力，需要有法规政策保障，需要有激发创新的动力源——体制机制的保障；游憩发展实施过程中需要科学的管理，实施主体、监督主体、责任主体要明确。需要开展科学的游憩发展绩效评价，比较自然治疗、空间治疗（环境治疗）和医学治疗的成本，游憩发展的健康效益需要定量化评估，需要货币化度量，这样容易被大众接受理解。

5. 从景观环境与空间角度

游憩健康发展的视野和空间范围要不断拓展，从医院走向社区、公园文体游憩综合体、公园商业游憩综合体、城乡开放空间系统、田园景观、假日公园、郊野公园、国家公园、自然保护地等，从预防康复的医游境融合拓展到医养、康养结合的广义医游境融合。赋予医游境融合更加广阔的空间，从生态文明的视野构建医游境融合的生态健康模式。

6. 从游憩发展政策角度

支持医游境融合的空间资源配置和建成环境的健康促进需要多部门的协同配合，特别是自然资源、生态环境和国土空间规划部门、城乡绿化和市容管理部门、文旅体部门、城市道路交通部门同公共卫生管理部门的全方位协同合作，体制机制优化整合是医游境融合的重要保障。

8.5　生态旅游与自然保护地游憩管理

8.5.1　生态旅游的定义

国际上生态旅游思想形成于 20 世纪 60 年代，1990 年国际生态旅游协会

成立标志生态旅游开始走向规范化标准化。有关生态旅游的定义很多，如自然
旅游、选择旅游、文化旅游、软旅游、探险旅游、负责人旅游、绿色旅游、可
持续旅游等，文字表述不同，但有一些共同的目标追求：自然产品、最小化影
响管理、环境教育、促进保护、帮助社区发展。从字面意义上生态旅游是指以
自然生态环境为依托的一种旅游，从内涵上生态旅游是针对传统大众旅游存在
的问题提出的，强调行为同自然和谐，收获同责任同存：互动、学习与体验，
爱护自然、关爱居民、共同保护生态系统。前者是狭义的生态旅游，是一种具
体的旅游方式，后者是广义的生态旅游，强调旅游的责任与目标，不局限于具
体的旅游方式，凡是具有这种责任感的旅游者就是生态旅游者，凡是具有这种
责任的旅游方式就可以归类为生态旅游。生态旅游是自然保护地生态价值转化
的重要动力，是以自然保护为基础的经济发展的一种工具，也是保护地可持
续发展的基本保障（Boo，1990；Eagles，1992；Wight，1993；Boo，1990；
Cater，1993）。

同生态旅游伴生的另外一个词是生态游憩，游憩和旅游的英文单词
"recreation"，"tourism"区别很明显，在中文语境下两个词是否可以合并，游
憩能否替代旅游，旅游能否替代游憩，存在不同的认识，由此引发国家公园的
基本功能是游憩还是旅游的大讨论。

8.5.2 自然保护地的游憩功能

IUCN是目前国际上最高级别的国际自然保护联盟，针对全球自然系统的
分布状况，从管理目标的角度把保护区分为6个类型系统（表8-2），从表8-3
看出，除严格保护区以外，其他所有类型保护区都将游憩与旅游作为保护区的
一个重要管理目标。

在这6类系统中，国家公园是生态保护与游憩发展和谐统一的最突出代表，
自然保护与游憩发展的矛盾是国际上自然保护区面临的普遍矛盾，解决矛盾的
策略也在不断改进中（表8-4）。

表8-2 IUCN保护区管理分类系统（1994）

类型	名称	特征
I	严格的自然保护/荒野区	主要针对科学研究或野生动物保护进行管理
I a	严格保护区	主要针对保护区科学研究进行管理
I b	荒野区	主要针对保护区野生动物进行管理
II	国家公园	主要针对生态系统保护和游憩活动进行管理
III	自然纪念物保护区	主要针对特定的自然遗产进行管理
IV	生境/物种保护区	主要针对干扰进行管理
V	陆地/海洋景观保护区	主要针对陆地风景/海上风景与游憩活动进行管理
VI	资源管理保护区	主要针对自然生态系统的可持续性利用进行管理

（图片来源：Sustainable Tourism in Protected Areas—Guidelines for Planning and Management，2002）

表 8-3　管理目标与 IUCN 保护区管理分类矩阵表

管理目标	Ⅰa	Ⅰb	Ⅱ	Ⅲ	Ⅳ	Ⅴ	Ⅵ
科学研究	1	3	2	2	2	2	3
荒野地保护	2	1	2	3	3	—	2
物种与遗传多样性（生物多样性）保护	1	2	1	1	1	2	1
环境公共设施的维护	2	1	1	—	1	2	1
特定自然／文化特征的保护	—	—	2	1	3	1	3
旅游与游憩	—	2	1	3	3	1	3
教育	—	—	2	2	2	2	3
自然生态系统资源可持续利用	—	3	3	—	2	2	1
文化／传统特征的维护	—	—	—	—	—	1	2

注：1=主要目标，2=次要目标，3=潜在适用的目标，—=不适用

表 8-4　IUCN 自然保护区管理策略的演变

主题	过去的保护区	现在的保护区
管理目标	1. 为了对其进行保护而建立 2. 为了保护庞大的野生动植物系统以及自然景观而建立 3. 为保护参观者和游客的利益而管理 4. 被视为野生动植物保护区 5. 管理只是为了保护的目的	1. 为了社会和经济目标而管理 2. 由于科学、经济以及文化的原因而建立 3. 管理时更多考虑当地居民的利益 4. 其价值视"野生动植物保护区"的文化意义而定 5. 管理同时还为了恢复和复原
行政归属	归属中央政府管理	由许多合作伙伴及相关力量合作管理
当地居民	1. 违反当地居民意愿的规划和管理 2. 不考虑当地居民观念的管理	1. 为当地人利益和他们共同管理，某些情况下由当地人管理 2. 为满足当地人需要而管理
深层背景	1. 单独发展 2. "岛屿式"管理	1. 作为国家、地区和国际体系的一部分而规划管理 2. "网络"式发展（严格保护区、缓冲地带与绿色走廊形成网络）
观念	1. 主要被视为国家资源 2. 仅被视为所在国的问题	1. 被视为社区所拥有的资产 2. 被视为国际社会共同关心的问题
管理方法	1. 只考虑短期效益的反应式管理 2. 从纯技术角度管理	1. 从长远利益出发的适应式管理 2. 管理时同时考虑政治因素
资金来源	由纳税人支付	由多种渠道支付
管理技术	1. 由科学家和自然资源专家管理 2. 由专家领导	1. 由掌握多种技能的个人管理 2. 运用当地人的知识技能

（图片来源：Phillips）

8.5.3　游憩、特许经营与旅游业

国家公园的国家代表性主要是指国家公园生物多样性、景观多样性、文化多样性及其独特性，以及在此基础上形成的国家精神代表性。这种内在价值是国家可持续发展的自然资本，是国家生态安全的基本保障，也是国民健康安全

的基本保障，国家公园户外游憩是调节身心、滋养精神、健全人格的重要行为活动，具有不可替代性，国际研究成果表明，每年去 2 次以上自然保护地的访客，其健康医疗成本明显降低。

国家公园游憩价值的实现需要必要的服务系统来支撑，包括专业人员的指导、住宿餐饮交通设施的支撑、信息服务、救护服务等，这些服务系统的建设与经营可以通过市场化、社会化机制来实现，吸引市场资本、社会资本的进入提供高质量的服务，这些服务在国家公园保护利用逻辑体系下定义为特许经营，所谓特许就是必须在满足国家公园生态保护要求和价值定位要求，以及不对生态环境带来负面影响的前提下才可以开展的服务活动和必要的设施建设。特许经营的初心是提高国家公园游憩体验与服务质量，优化资源配置，促进社会参与，本质上是一种市场化机制，通过一定的商业价值的实现促进社会价值的高质量发展和综合效益的提高。

中国具有 2000 多年的风景游赏传统和风景建设智慧，中国古代很多哲学思想、名画诗歌、散文游记等均是古人在风景游赏的过程中生成的风景智慧，改革开放以后大众风景游赏活动推动了现代旅游业发展，门票经济与服务经济成为地方发展风景旅游业的主要动力，观光游览是风景资源的主要利用方式，"千军万马一条线"是高峰期风景旅游的一道重要"风景线"，各类服务设施建设是这一时期的主要特征。历史进入 21 世纪，社会需求发展与服务设施建设开始分离，越来越多的社会群体关注自然保护地的生态价值、精神价值和健康价值，回归自然、户外运动、身心恢复、精神滋养成为时代的潮流，专业化、特色化、场地化、生态化是户外游憩需求的主要特征，特色游憩活动可以成为旅游吸引物，如翼装飞行、攀岩、滑翔、民族节日等，是基于自然保护地特质而开发的一类生态产品，是传统旅游业无法达到的境界，从学科发展来看，旅游发展进入高级阶段，传统旅游理论与统计方法均不能适应现代游憩发展的需求。

从历史与现代发展需求角度可以明确回答国家公园发展游憩还是发展旅游的问题，游憩是国家公园的基本属性，旅游是对公园游憩资源的外在消费行为，国家公园游憩与旅游的发展本质上是供需关系，游憩是供给导向匹配需求，社会价值导向，旅游是需求导向驱动供给，商业价值导向。从国家公园公益性角度应该倡导发展生态游憩，从地方经济发展角度应该发展生态旅游，聚集人气，游憩与旅游关系问题实质上国家公园与地方发展的关系问题，从目前国家公园区域经济发展现状来看，旅游经济发展是普遍关心的问题，对于国家公园来说既要关注社会效益，也要为地方发展带来活力和动力。国家公园是发展游憩还是发展旅游没有根本矛盾，差别在于关注点不同，生态化是二者的共同要求，生态化同生态旅游的内涵也有差异，生态化比生态旅游有更广泛的内涵和意义，这个从生态旅游的定义可以看出。

在国家公园旅游发展中还有两个重要概念：可持续旅游、绿色旅游。可持续与绿色目标是一致的，无论是生态游憩还是生态旅游，都必须是可持续的，要求资源的可持续利用、体验质量的可持续保障、服务质量的可持续管理。

这里可以以三江源国家公园昂赛自然体验项目——雪豹观赏与摄影为例，雪豹观赏与摄影是一项技术要求极高的生态体验游憩活动，对雪豹生活行为不能带来任何负面影响是这项活动开展的前提，保持雪豹保护与社区生计之间的平衡是昂赛生态系统管理的关键，有限访问者在社区居民支持下完成雪豹观赏与摄影活动，其中平衡的机制是同生态价值匹配的高额服务收费和严格的管理制度来实现的，内在的逻辑体系是景观—价值—体验—动物观赏与摄影—专业服务，这项活动的价值主要是心理和精神价值，通过摄影作品传播其社会价值，让更多的人分享国家公园生态与风景价值。这样一个过程在行为约束与社区责任上同生态旅游内涵一致，但在主体价值、社会价值和服务业态要求与实现上是不同的，当然摄影作品的商业价值是否应该同国家公园、社区居民共同分享需要更深入的研究。

8.5.4 游憩与旅游的功能位序

以国家公园为主体的自然保护地体系是国土空间的一类重要类型，是同农业空间、城镇空间同等重要的地域空间，承担保护国家生态安全和国民健康安全的重要使命，需要建立自身的语境体系，来传达自身的价值追求，促进社会的认同，形成共同的保护理念和行动准则。

国家公园是一个开放的空间系统，作为自然生态系统，是区域甚至全球自然系统的组成部分，在共同的大气圈和地质圈之间演绎自身的生态规律和景观特征；作为土著居民长期生活的家园，是区域社会系统或民族文化系统的组成部分，承载着日复一日的人流、物流、能流的输出和输入，演绎着生命的景观特征。国家公园对于区域来说是驱动发展的自然资本，是生态价值转化和生态产品产业化的重要基地，国家公园保护离不开区域的支持，区域社会经济系统和城镇体系承担为国家公园服务的重要支撑任务，二者关系如同鱼与水的关系，国家公园既要坚持自身的保护管理原则不动摇，实现自身的价值追求，同时要支持区域发展，权衡生态系统保护与服务价值实现的可持续路径。

特许经营是国家公园语境中的一个重要概念，是社会价值实现的重要支撑，也是商业价值可持续发展的重要保障，是社会价值和商业价值可持续性的重要机制。科学的特许经营制度把社会价值转化为合理的商业价值，把商业价值约束在可持续的轨道上运行。

国家公园保护的逻辑体系决定了国家公园的语境体系：基于科学保护合理利用原则，生态系统保护、管理目标和保护对象是第一层次；法律政策、管理体制、管理机制、管理规划与建设是第二层次；访问者、科研教育、游憩利用、特许经营、入口社区是第三层次；生态旅游、生物科技、社区生计、特色小镇、区域发展是第四层次。

8.5.5　生态政治、生态旅游与可持续性

建立统一管理的国家公园体制，是生态文明建设战略的一项重要举措，在保护自然生态系统完整性、原真性目标下面临利益主体多元诉求、地方发展转型的挑战，集体所有权土地面积大，原住民数量多，小水电、小矿产、商品林、小牧场等多种以资源为依托的经济体面临停产转型以及上下游产业链断裂引发的区域性经济社会矛盾等，这些矛盾本质上是国家战略与地方发展、全民受益与住民求生的矛盾，对于原住民和地方政府来说，他们认同、支持生态保护的重要性，但生存更重要，贫穷与落后在没有外力推动下只能靠山吃山，转型艰难，在国家公园体制建设目标要求和生态红线的刚性制约下，政策执行的强制性与社会经济转型的过程性之间的力度和时序的把握就显得非常重要。国家公园管理目标的实现需要压力与拉力的平衡策略，这也是生态政治学所要研究的核心问题。

生态政治学是研究生态保护同社会政治系统的关系的学科，研究人与自然共生的政治机制、利益协调机制、政绩考核与问责机制、民生机制、社会参与机制等，保护生态很重要，如何保护讲生态政治更重要，要深刻学习领会习近平同志的生态政治观、生态本原观、生态动力观、生态价值观、生态民生观、生态战略观，运用生态政治理论指导国家公园体制建设，科学设置国家公园体制和机制，既不能因为现实的矛盾而失去信心、改变目标，也不能因为执行政策不讲政治，强制处置，激发社会矛盾。生态旅游与特许经营是现实条件下缓解矛盾的一种有效方式。

保护地复杂的人地关系是中国的基本国情，生态保护既要有长远的国家战略和国家意志，也要立足现实，设置切实可行的动态的因地制宜的保护地政策和制度，以时间换空间，以科学换目标，实现自然保护地的可持续发展。

休闲、游憩、旅游是人类闲暇资源使用的形态，是一种社会经济文化现象，历史上不同社会发展阶段所呈现的形态是不同的。游憩是与特定空间相关联的一种资源利用方式，具有时代性、文化性、技术性、规范性，日益向精细化、专业化方向发展，游憩赋予特定空间一种精神价值，可以成为旅游吸引物，成为地方发展旅游经济的载体。游憩与旅游关系如同烹饪与旅游餐饮、文创与旅游购物、音乐与旅游演艺的关系一样，国家公园游憩是国家公园的基本属性，承载国家公园的社会价值，国家公园旅游是国家公园游憩资源商业价值实现的一种途径，游憩与旅游是国家公园与地方协同发展的双轮驱动力。

8.5.6 北美国家公园游憩管理模式

1. 美国联邦自然资源保护体系

美国土地管理体系是由 4 个局构成，各局管理土地面积如表 8-5 所示，森林管理局 29%、土地管理局 41%、鱼与野生动物管理局 13%、国家公园局 12%。

表 8-5 美国土地管理体系一览表

管理机构	土地面积（万 km²）	占联邦土地百分比
森林管理局	77.54	29%
土地管理局	107.12	41%
鱼与野生物管理局	37.07	13%
国家公园管理局	31.57	12%

（1）森林管理局：是美国国家森林系统的管理部门，其主要职能是管理户外游憩、牧场、林场、水域和野生物，并维持系统的持续产出。森林管理局分成 9 个区进行管理，其下属还有法定的荒野地、国家游憩地、国家遗址国家火山遗址和野生物庇护所等特殊的景观、游憩和野生物保护地域。

森林管理局相对管理体制较完善，理论体系较完备，我们所熟知的 LAC 理论与 ROS 理论均来自森林管理局。

（2）土地管理局：主要是在资源调查和资源普查方面起协调作用，其主要职能是土地置换。土地管理局有责任向国会提供潜在的荒野地资源，以增补法定荒野地。

（3）鱼与野生动物管理局：主要职能是保护动植物，但允许其他使用的存在，如狩猎、捕鱼、游憩、伐木、放牧等，类似保留地概念。

（4）国家公园管理局（NPS）——国家公园系统：美国国家公园的基本职能是为公众保护、保留和解说国家的自然、文化和历史资源，建立开放的公园系统，满足公众的户外游憩需求，使公众得到享受和愉悦。

国家公园系统的管理单元类型是划分最细致的，分 10 个区管理，有 22 个种类。包括：国家公园、国家遗址、国家游憩地、国家海滨、国家湖滨、国家历史遗迹、国家战场等。

19 世纪后半期，美国在西部大开发时，要求国会圈地保护，让世世代代的美国人都能享受这美丽的大自然。经国会通过、总统签署，1872 年美国诞生了世界上第一座国家公园——黄石国家公园。100 多年来，国家公园运动波及全世界，现在世界上已有 200 多个国家建立了 2600 多个国家公园，平均占其国土面积的 2.4%。一位美国政治家说："如果说美国对于世界文明发展做过贡献的话，恐怕最大的就是设立国家公园的创见了。" 1974 年，国际自然及自然保护联盟制定了 4 条国家公园标准，成为国际共识如下所示：

①面积不小于 10km²，具有优美景观、特殊生态或地形，具有国家代表性，

未经人类开采、聚居或建设；

②为长期保护自然原野景观、原生动植物群、特殊生态系统设置的保护区；

③应由国家最高权力机构采取措施，限制工商业及聚居开发，禁止伐木、采矿、设厂、农耕、放牧及狩猎等行为，以有效地维护自然及生态平衡；

④保持现有自然状态，准许游人在一定条件下进入，可做现代及未来的科研、教育、游览与启智场所。

美国国家公园手册就指出："允许公园被用于商业目的旅游，是对国家公园的独特、绝佳财富的浪费，所有这类旅游都应被制止……必需的公园内宿营地应根据自然景观要素来设计和操作，豪华宾馆无疑是不合适的……把保护生态系统作为公园的根本目的成为限制游客设施的理由。"游人接受"野外生活方式""野游体验""公园体验"。

美国黄石国家公园1995年被列入《世界遗产濒危名录》，其理由是：

①公园东北边界外4km处，计划采矿，将影响威胁公园；

②违规引入非本地物种——湖生红点鲑鱼与本地的刺喉鲑鱼竞争；

③道路建设与游人压力；

④野牛的普鲁氏菌病可能危害周边地区的家畜。

对此，美国当时于1996年以6500万美元收购了计划采矿的私人土地，解决了区外的威胁，其他问题尚未完全解决。

2. 美国国家公园游憩管理模式

1982年，美国国家公园管理局在管理政策中规定，国家公园应按照资源保护程度和可开发强度划分为：自然区、文化区、公园发展区、特殊使用区共四大区域，并将每个分区划分为若干次区，每个区皆有严格的管理政策。

（1）自然区：范围包括用以保存自然资源和生态的陆地和水域。区域内允许自然资源的欣赏和与自然资源关系紧密的游憩活动存在，但不影响风景性质、自然生长的过程。设施如：小径、标牌、遮荫处、小船码头、溪流测量仪器、气象台等，包括旷野区、环境保护区、特别自然景观区、研究自然区等。

（2）文化区：包括受管理的土地，得到保护的文化资源及解说设施用地，其类型主要为保护区、保存与适度使用区和纪念区。

（3）发展区：主要目标是吸引游客，满足公众的户外游憩需求。范围包括受管理的土地、提供游客游憩利用及公园管理的设施用地。区内主要为车道、步行道、建筑及供游客和管理人员使用的设施；区类型主要为：管理发展区、教育解说发展区、游憩发展区、景观管理区等。

（4）特殊使用区：指经预测不适合其他分区活动的陆地和水域，包括：商业用地、采矿用地、工业用地、畜牧用地、农业用地、林业用地等。

3. 加拿大国家公园游憩管理模式

加拿大国家公园分五个区对游憩发展实施管理。

（1）特别区域：中央保护区，未经许可，禁止人、车入内，在限定时间内提供解说、观察与健行。

（2）荒野游憩区：在核心区外围，开发程度较小，允许非破坏的游憩使用，如健行、骑马、划船等。

（3）自然环境区：缓冲地带，开发程度较大，允许建设车道、设施等，如住宿木屋、乘车观景等。

（4）一般户外游憩区：边缘开发地区，有极大的开发潜力，可建车道、眺望台、露营地及其他户外游憩设施。

（5）高密度使用区：面积较小，高密度使用，已开发区域，相当多的人为设施，设置游客中心，提供解说服务和各类旅游服务。

8.6　访客管理

从景观游憩角度游憩管理包括四个层次管理：体验质量管理、客流量管理、行为规范管理、景观管理。从管理方式上分为特殊管理和一般管理，不同主体之间冲突与潜在风险管理属于特殊管理。

8.6.1　体验质量与目标管理

体验质量管理是针对访客期望与景观游憩设计目标的联动管理，例如孤独管理，对于一些特定景观游憩地，设计目标就是要满足孤独体验需求的访客，每天见到的人数不多于 5 人是孤独体验的基本要求，一些访客正是基于这样一个体验目标选择此地，对于管理者来说必须加强体验产品质量的管理。具有不同功能定位和管理目标的保护地制定不同的管理策略。

8.6.2　客流调控与拥挤管理

在旅游旺季，保护地客流超载是比较普遍的现象，客流调控就显得尤为必要，总量调控与重要景观节点客流调控是调控的两个层次，在客流总量没有超载的情况下，重点是节点调控，流向、流量、流时、流速是客流调控的四个关键变量，游客安全、生态安全、遗产安全是确定节点流量的三个主要因素。拥挤度与满意度是评价保护地游憩旅游状态的两个重要指标。

8.6.3　关系协调与社会管理

保护地主体关系包括访客与访客、访客与管理者、访客与居民、管理者与居民之间的关系,访客预期体验目标与体验过程的行为可能影响其他访客体验，如发出不悦的噪声、气味、不雅行为等，必须及时制止,同社区居民、管理者冲突也须制订相应管理办法,景观游憩的体验化过程与社会化管理要同时共进,和谐共生。

8.6.4 景观维护与生态管理

景观环境质量与生态安全是景观游憩发展的物质基础，保护地访客行为特别是践踏、攀爬、采摘、刻画、丢弃垃圾、侵犯动物等行为都直接对保护地景观环境带来负面影响，威胁生态系统稳定，必须建立日常维护规则。

思考题

1. 如何评价景观游憩的综合效益？

2. 世界保护地游憩管理模式有哪些特点？存在哪些问题？

3 自然保护地游憩管理核心问题是什么？

参考文献

1. 中文文献

[1] 李树华，刘畅，姚亚男，詹皓安. 康复景观研究前沿：热点议题与研究方法 [J]. 南方建筑，2018（3）：4-10.

[2] 李树华，姚亚男. 亚洲的园艺疗法 [J]. 园林，2018（12）：1-5.

[3] 谭少华，杨春，李立峰，章露. 公园环境的健康恢复影响研究进展 [J]. 中国园林，2020，36（2）：53-58.

[4] 何琪潇，谭少华. 社区公园中自然环境要素的恢复性潜能评价研究 [J]. 中国园林，2019，35（8）：67-71.

[5] 黄舒晴，徐磊青. 疗愈环境与疗愈建筑研究的发展与应用初探 [J]. 建筑与文化，2017（10）：101-104.

[6] 王兰，张雅兰，邱明. 以体力活动多样性为导向的城市绿地空间设计优化策略 [J]. 中国园林. 2019，35（1）：62-67.

[7] 姜斌，张恬，威廉 C.苏利文. 健康城市：论城市绿色景观对大众健康的影响机制及重要研究问题 [J]. 景观设计学，2015（1）：24-35.

[8] 王志芳，程温温，王华清. 循证健康修复环境：研究进展与设计启示 [J]. 风景园林，2015（6）：110-116.

[9] 刘群阅，陈烨，张薇，张逸君，黄启堂，兰思仁. 游憩者环境偏好、恢复性评价与健康效益评估关系研究——以福州国家森林公园为例 [J]. 资源科学，2018（2）.

[10] 陈筝，翟雪倩，叶诗韵，张颖倩，于珏. 恢复性自然环境对城市居民心智健康影响的荟萃分析及规划启示 [J]. 国际城市规划，2016，31（4）：16-26+43.

[11] 贾梅，金荷仙，王声菲. 园林植物挥发物及其在康复景观中对人体健康影响的研究进展 [J]. 中国园林，2016（12）：26-31.

[12] 康宁，李树华，李法红. 园林景观对人体心理影响的研究 [J]. 中国园林，2008，24（7）：69-72.

[13] 刘博新，徐越. 不同园林景观类型对老年人身心健康影响研究 [J]. 风景园林，2016（7）：113-120.

[14] 谭少华，彭慧蕴. 袖珍公园缓解人群精神压力的影响因子研究 [J]. 中国园林，2016（8）：65-70.

[15] 国家卫计委解读. "健康中国2030"规划纲要 [EB/OL]. 新华网（2016-10-26）. http://news.xinhuanet.com/health/2016-10/26/c_1119791234.htm.

[16] 俞美玲，赵湘，黄李春，俞敏，章荣华. 专家解读《中国居民营养与慢性病状况报告（2015）》[J]. 健康博览，2015（8）：4-10.

[17] 汪劲柏. 旅游地规划设计中"空间半影"的概念及度量方法思考 [J]. 中国园林，

2006，22（2）：57-61．

[18] 丁文魁．风景科学导论 [M]．上海：上海科技教育出版社，1993．

[19] （加）斯蒂芬·L.J.史密斯．游憩地理学：理论与方法 [M]．吴必虎，等，译．北京：高等教育出版社，1992：9．

[20] 吴承照．现代城市游憩规划设计理论与方法 [M]．北京：中国建筑工业出版社，1998．

[21] （英）曼纽尔·鲍德－博拉，弗雷德 劳森．旅游与游憩规划设计手册 [M]．唐子颖，吴必虎，等，译校．北京：中国建筑工业出版社，2004．

[22] 吴志强，吴承照．城市旅游规划原理 [M]．北京：中国建筑工业出版社，2005．

[23] 成都市公园城市建设领导小组．公园城市：城市建设新模式的理论探索 [M]．成都：四川人民出版社，2019．

[24] 吴承照，王婧．遗产保护性利用与旅游规划研究 [M]．北京：中国建筑工业出版社，2019．

[25] 方家，吴承照．基于游憩理论的城市开放空间规划研究 [M]．上海：同济大学出版社，2018．

[26] （美）艾伯特·H．古德．国家公园游憩设计 [M]．吴承照，姚雪艳，严诣青，译．北京：中国建筑工业出版社，2003．

[27] （美）乔治·E．福格．公园游憩设施与场地规划导则 [M]．吴承照，郑娟娟，译．北京：中国建筑工业出版社，2016．

[28] 吴承照．理想空间—景观与旅游规划设计 [M]．上海：同济大学出版社，2005．

[29] 吴承照．现代旅游规划理论与方法 [M]．青岛：青岛出版社，1998．

[30] （美）William E.Hammitt，David N.Cole，Christopher A.Monz．荒野地游憩生态影响与管理 [M]．吴承照，彭婉婷，张娜，译．北京：科学出版社，2018．

2．英文文献

[1] I.Altman．Some Perspective on the Study of Man-environment Phenomena[J]．Representative Research in Social Psychology，1973，4（1）：111．

[2] G.T.Moore．Environment-behavior Studies[M]//J.Snyder，A.Catanese．Introduction to Architecture．New York：McGraw-Hill，1979：46-73．

[3] G.T.Moore．New Directions for Environment-behavior Research in Architecture[M]// J.C.Snyder Architectural Research[M]．New York：Van Nostrand Reinhold，1984．

[4] G.T.Moore，D.P.Tuttle，S.C.Howell．Environmental Design Research Directions：Process and Prospects[M]．New York：Praeger Publishers，1985．

[5] G.T.Moore．Environment and Behavior Research in North America：History，Developments and Unresolved Issue[M]//D.Stokols，I.Altman．Handbook of Environmental Psychology．New York：John Wiley and Sons，1987：1359-1410．

[6] D.Stokols．Environmental psychology[J]．Annual Review of Psychology，1978，29：253-296．

[7] Wei Lu．Formation and Development of Environmental-Behavior Research in China[C]//（KEYNOTE SESSION）IAPS International Network Symposium 2011．Daegu Korea：Program & Abstract Book，2011：31-32．

[8] Yu-Fai，et al．Tourism and Visitor Management in Protected Areas Guidelines for

ustainability[M]. Whole Sense Printing Co., Ltd, 2018.

[9] Roger L.Moore, B.L.Drive. Introduction to Outdoor Recreation, Providing and Managing Natural Resource Based Opportunities[M]. Andover: Venture Publishing, Inc.

[10] Ulrich R.S. View Through a Window May Influence Recovery from Surgery[J]. Science, 1984, 224 (4647): 420-421.

[11] Ulrich R.S, Simons R.F, Losito B.D, et al. Stress Recovery During Exposure to Natural and Urban Environments[J]. Journal of Environmental Psychology, 1991, 11 (3): 201-230.

[12] Kaplan Stephen. The restorative benefits of nature: Toward an integrative framework[J]. Journal of Environmental Psychology, 1995, 15 (3): 169-182.

[13] Ulrich Roger S. Effects of healthcare environmental design on medical outcomes; proceedings of the Design and Health: Proceedings of the Second International Conference on Health and Design Stockholm, Sweden: Svensk Byggtjanst, F, 2001[C].

[14] Richardson E. A, Pearce J, Mitchell R., et al. Role of physical activity in the relationship between urban green space and health[J].Public Health.2013.127 (4): 318-324.

[15] Nakamura Jeanne, Csikszentmihalyi, Mihaly.The Concept of Flow [M].Springer Netherlands, 2014.

[16] Carrus Giuseppe, Scopelliti Massimiliano, Lafortezza Raffaele, Colangelo Giuseppe, Ferrini Francesco, Salbitano, Fabio, Sanesi Giovanni. Go greener, feel better? The positive effects of biodiversity on the well-being of individuals visiting urban and peri-urban green areas [J]. Landscape & Urban Planning, 2015, 134: 221-228.

[17] Barton J, Hine R, Pretty J. The health benefits of walking in greenspaces of high natural and heritage value [J]. Journal of Integrative Environmental Sciences, 2009, 6 (4): 261-278.

[18] Pretty J, Peacock J, Hine R, Sellens M, South N, Griffin M. Green exercise in the UK countryside: effects on health and psychological well-being, and implications for policy and planning [J]. 2007, 50 (2): 211-231.

[19] Petruzzello Steven J, Landers Daniel M, Hatfield Brad D, Kubitz Karla A, Salazar Walter. A Meta-Analysis on the Anxiety-Reducing Effects of Acute and Chronic Exercise [J]. Sports Medicine, 1991, 11 (3): 143-182.

[20] Mackay Graham J, Neill James T. The effect of "green exercise" on state anxiety and the role of exercise duration, intensity, and greenness: A quasi-experimental study [J]. Psychology of Sport and Exercise, 2010, 11 (3): 238-245.

[21] Berman Marc G, Jonides, John, Kaplan, Stephen. The cognitive benefits of interacting with nature [J]. Psychological Science, 2008, 19 (12): 1207-1212.

[22] Taylor A. F, Kuo, F. E. Children with attention deficits concentrate better after walk in the park [J]. Journal of Attention Disorders, 2009, 12 (5): 402-409.

[23] Abele. B.A, Brehm.W. The conceptualization and measurement of mood: The development of the "Mood Survey" [J]. Diagnostica, 1986, 32: 209-228.

[24] Jackson Laura E. The relationship of urban design to human health and condition [J]. Landscape and Urban Planning, 2003, 64 (4): 191-200.

[25] Hansmann Ralf, Hug, Stella Maria, Seeland, Klaus. Restoration and stress relief through physical activities in forests and parks [J]. Urban Forestry & Urban Greening, 2007, 6 (4): 213-25.

[26] Duncan Mitch J, Spence John C, Mummery W. Kerry. Perceived environment and physical activity: a meta-analysis of selected environmental characteristics [J]. International Journal of Behavioral Nutrition and Physical Activity, 2005, 2 (1): 1-9.

[27] Godbey G. Outdoor recreation, health, and wellness: understanding and enhancing the relationship [J]. Ssrn Electronic Journal, 2009.

[28] Healthy Parks Healthy People: The state of the evidence 2015 [M]. Healthy parks healthy people website.

[29] Healthy Parks Healthy People US: Strategic Action Plan [M]. National Park Service Health and Wellness Executive Steering Committee, 2011.

[30] Wagar J A. The carrying capacity of wild lands for recreation[J]. Forest Science, 1964, 10 (Supplement 7): a0001-a0001.

[31] Stankey G.H, Lucas D. N, Petersen R. C, et al. The limits of acceptable change (LAC) system for wilderness planning[R]. USDA, Ogden. Forest Service, 1985.

[32] Clark R.N, Stankey G.H.The recreation opportunity spectrum: A framework for planning, managemeng, and research.USDA Forest Service GTR-PNW-98, 1979.

[33] Hammitt W.E. Outdoor Recreation: Is it a multi-phase experience?Journal of Leisure Research, 1980.

[34] Gramann J.H. Toward a behavior theory of crowding in outdoow recreation: a evaluation and synthesis of research.Leisure Sciences, 1982.

[35] Hull R.B. Mood as a produce of leisure: cause and consequences.Journal of Leisure Research, 1990.

[36] Hull R.B, Stewart W.P, Young K.Y. Experience patterns: capturing the dynamic nature of a recreation Experience.Journal of Leisure Research, 1992.

[37] Carroll, Mary Eleanor, River recreation evaluation and stream order classification, UNIVERSITY OF WATERLOO (CANADA), 1981.

[38] Perry J.Brown and Glenn E.Haas, Wilderness Recreation Experiences: The Rawah Case, Journal of Leisure Research, 1980.

[39] Tsunetsugu Y, Park B. J, Miyazaki Y. Trends in research related to "Shinrin-yoku" (taking in the forest atmosphere or forest bathing) in Japan[J]. Environmental Health and Preventive Medicine. 2010. 15 (1): 27-37.

[40] Xinxin W, Susan R, Chengzhao W, et al. Stress recovery and restorative effects of viewing different urban park scenes in Shanghai, China[J]. Urban Forestry & Urban Greening, 2016, 15: 112-122.

[41] Zhai Y, Korça Baran.P, Wu.C.Z. Can trail spatial attributes predict trail use level in urban forest park? An examination integrating GPS data and space syntax theory. Urban Forestry & Urban Greening. 2018, 29 (Supplement C): 171-182.

[42] Hartig T, Evans G. W, Jamner L. D, et al. Tracking restoration in natural and urban field settings[J]. Journal of Environmental Psychology. 2003. 23 (2): 109-123.

[43] Berman M. G, Jonides J, Kaplan S. The Cognitive Benefits of Interacting with

Nature[J]. Psychological Science. 2008. 19（12）：1207-1212.

[44] Bratman G. N, Daily G. C, Levy B. J, et al. The benefits of nature experience：Improved affect and cognition[J]. Landscape and Urban Planning. 2015.138：41-50.

[45] Wood L, Hooper P, Foster S, et al. Public green spaces and positive mental health - investigating the relationship between access, quantity and types of parks and mental wellbeing [J].Health & Place. 2017, 48：63-71.

[46] Berto R. Exposure to restorative environments helps restore attentional capacity[J]. Journal of Environmental Psychology. 2005, 25（3）：249-259.

[47] Wolch J. R, Byrne J. A, Newell J. P. Urban green space. public health, and environmental justice：The challenge of making cities "just green enough"[J]. Landscape and Urban Planning.2014, 125：234-244.

[48] Ruijsbroek A, Mohnen S. M, Droomers M, et al. Neighbourhood green space, social environment and mental health：an examination in four European cities[J]. International Journal of Public Health. 2017. 62（6）：657-667.

[49] Knecht C. Urban Nature and Well-Being：Some Empirical Support and Design Implications[J]. Berkeley Planning Journal. 2016.17（1）：82-108.

[50] Cheesbrough A. E. Garvin T. Nykiforuk C I J. Everyday wild：Urban natural areas, health, and well-being[J]. Health & Place. 2019. 56：43-52.

[51] White M, Smith A, Humphryes K, et al. Blue space：The importance of water for preference, affect, and restorativeness ratings of natural and built scenes[J]. Journal of Environmental Psychology. 2010. 30（4）：482-493.

[52] Bell S. L, Phoenix C, Lovell R, et al. Seeking everyday wellbeing：The coast as a therapeutic landscape[J]. Social Science & Medicine. 2015. 142：56-67.

[53] Xiaobo W, Hanlun Z, Zhendong S, et al.The Influence of Viewing Photos of Different Types of Rural Landscapes on Stress in Beijing[J]. Sustainability. 2019.11（9）：2537.

[54] Hipp J. A, Ogunseitan O. A. Effect of environmental conditions on perceived psychological restorativeness of coastal parks[J]. Journal of Environmental Psychology. 2011, 31（4）：421-429.

[55] Tomao A, Secondi L, Carrus G, et al. Restorative urban forests：Exploring the relationships between forest stand structure, perceived restorativeness and benefits gained by visitors to coastal Pinus pinea forests[J]. Ecological Indicators. 2018, 90：594-605.

[56] Jorgensen A, Hoyle H, Hitchmough J. All about the 'wow factor'？The relationships between aesthetics, restorative effect and perceived biodiversity in designed urban planting[J]. Landscape & Urban Planning. 2017. 164：109-123.

[57] Sandifer P. A, Sutton-Grier A. E, Ward B. P. Exploring connections among nature, biodiversity, ecosystem services, and human health and well-being：Opportunities to enhance health and biodiversity conservation[J]. Ecosystem Services. 2015. 12：1-15.

[58] Grahn P, Stigsdotter U. K. The relation between perceived sensory dimensions of urban green space and stress restoration[J]. Landscape and Urban Planning. 2010. 94（3-4）：264-275.

[59] David N.Cole, Christopher A.Monz. Spatial patterns of recreation impact on experimental campsites[J]. Journal of Environmental Management, 2004（70）：73-84.

[60] Jinyang Deng, et al. Assessment on and perception of visitors' environmental impacts of nature tourism: a case study of Zhangjiajie National Forest Park, China[J]. Journal of Sustainable Tourism, 2003 (6): 529–548.

[61] Peter Newman, et al. Integrating resource, social, and managerial indicators of quality into carrying capacity decision-making[J]. The George Wright Forum, 2001 (3): 28–40.

[62] DelMoral R. Predicting human impact on high elevation ecosystems In Proceedings: Recreational Impact on Wildlands. Washington: USDA Forest Service Pacific Northwest Region, 1979. 292–303.

[63] Watson Alan, David Cole. LAC indicators: an evaluation of progress and list of proposed indicators. In Merigliano Linda L.. Ideas for limits of acceptable change process: book two. USDA Forest Service, 1992. 65–84.

[64] Merigliano Linda L.. The identification and evaluation of indicators to monitor wilderness conditions. University of Idaho. 1987.

[65] Yu-Fai Leung, Jeffrey L.Marion. The influence of sampling interval on the accuracy of trail impact assessment[J].Landscape and Urban Planning, 1999 (43): 167–179.

[66] A.B.Rouphael, G.J. Inglis. Impacts of recreational SCUBA diving at sites with different reef topographies[J]. Biological Conservation, 1997 (3): 329–336.

[67] D.Sun, D.Walsh. Review of studies on environmental impacts of recreation and tourism in Australia[J]. Journal of Environmental Management, 1998 (53): 323–338.

[68] Lindsay J.J. Carrying capacity for tourism development in national parks of the United States. UNEP Industry and Environment, 1986 (1–3): 17–20.

[69] Peter Newman, Jeffrey L.Marion, Kerri Cahill. Integrating resource, social, and managerial indicators of quality into carrying capacity decision-making. The George Wright FORUM, 2001, 18 (3): 28–40.

[70] Kenneth Chilman, John Titre, James Vogel, Greg Brown. Evolving concepts of recreational carrying capacity management. http//www.prr.msu.edu/trends2000/pdf/chilmanCC.pdf, 2000.

后 记

从 1997 年博士毕业，即开始讲授"景观游憩学"课程，至今已有 25 个年头，在这期间相继出版 10 多本著作，讲课 PPT 年年改，唯独这本书没有出版。1998 年博士论文《现代城市游憩规划设计理论与方法》出版，得到广泛关注，1999 年、2000 年、2001 年连续三年再版，2002 年编辑同我联系再版事宜，问我是否需要修订、增加内容，我说待修改完善后再版，当时编辑同意我的意见，就没有再版，等我修编稿，这一等就是 20 年。说起来实在惭愧。

在这 20 年，中国社会发生深刻变化，人们思想观念、生活方式、交通方式均发生历史性转变，风景园林实践领域快速扩展，面对纷呈多样的规划设计市场，经常躲进小楼独自思考，扪心自问，风景园林学科理论建设问题，什么是风景园林学？风景园林学的本质是什么？风景园林是研究与设计人地关系的一门学科，这是目前比较广泛的一种认识，这种定义为风景园林学在更高更广平台上发挥作用，施展才华，但同时也带来更大挑战，人地关系是多门学科的战场，风景园林学的核心优势在哪里？需要在课堂上给学生讲清楚。围绕这个问题纠结了 20 年，边实践边思考，断断续续，写写停停，中文语境下的游憩同西方语境下的"recreation"对等吗？为什么西方发达国家很多大学都有"recreation department"？中国大学没有？中国众多大学都有旅游学系，同"recreation department"的区别是什么？这种差别是社会发展阶段的差别还是文化的差别？还是学科发展方向的不同？本书试图回答这些问题，本书的主要观点主要来自实践中的思考，写书的好处是强迫自己把知识系统化，平时零星思考的思想火花，聚集成一束光，与志同道合者携手共进。